FACHWERK BIOLOGIE

Baden-Württemberg 10

Cornelsen

FACHWERK BIOLOGIE

Autorinnen und Autoren:
Dr. Udo Hampl, Andreas Marquarth, Anke Pohlmann

Teile dieses Buches beruhen auf Arbeiten von:
Ulrike Dives, Marianne Hermann, Kathrin Janik, Birgit Lange, Katrin Oberschelp, Dr. Peter Pondorf, Dorothea Ratke, Reinhold Rehbach, Matthias Ritter, Alexandra Schulte, Ingmar Stelzig, Ulrike Tegtmeyer, Lysann Tessendorf, Steffen Wachs, Dr. Adria Wehser, Josef Johannes Zitzmann

Redaktion: Dr. Sabine Klonk

Bildrecherche: Moritz Vennemann

Illustrationen: Christine Faltermayr; Atelier Tigercolor, Tom Menzel; www.biologiegrafik.de; Jörg Mair; Karin Mall; newVISION! GmbH, Bernhard A. Peter

Umschlaggestaltung: Zweimanns Grafik, Michaela Müller für Corngreen GmbH, Leipzig

Layoutkonzept: Farnschläder & Mahlstedt, Hamburg

Layout und technische Umsetzung: Michaela Müller für Corngreen GmbH, Leipzig

Begleitmaterialien zum Lehrwerk für Lehrerinnen und Lehrer

E-Book des Schülerbuches	ISBN 978-3-06-014752-6
Lösungen zum Schülerbuch	ISBN 978-3-06-014876-9
Handreichungen für den Unterricht mit Gefährdungsbeurteilungen	ISBN 978-3-06-015868-3
Begleitmaterial auf USB-Stick mit Unterrichtsmanager und E-Book auf scook.de	ISBN 978-3-06-015874-4

www.cornelsen.de

Dieses Werk enthält Vorschläge und Anleitungen für Untersuchungen und Experimente. Vor jedem Experiment sind mögliche Gefahrenquellen zu besprechen. Beim Experimentieren sind die Richtlinien zur Sicherheit im Unterricht einzuhalten.

Die Webseiten Dritter, deren Internetadressen in diesem Lehrwerk angegeben sind, wurden vor der Drucklegung sorgfältig geprüft. Der Verlag übernimmt keine Gewähr für die Aktualität und den Inhalt dieser Seiten oder solcher, die mit ihnen verlinkt sind.

Soweit in diesem Buch Personen fotografisch abgebildet sind und ihnen von der Redaktion Namen, Berufe, Dialoge und Ähnliches zugeordnet oder diese Personen in bestimmte Kontexte gesetzt werden, dienen diese Zuordnungen und Darstellungen ausschließlich der Veranschaulichung und dem besseren Verständnis des Buchinhalts.

1. Auflage, 2. Druck 2020

Alle Drucke dieser Auflage sind inhaltlich unverändert und können im Unterricht nebeneinander verwendet werden.

Druck und Bindung: Livonia Print, Riga

ISBN 978-3-06-014875-2

Inhalt

Grundlagen der Vererbung 6

Angewandte Genetik 44

Stammesgeschichtliche Entwicklung 86

Evolution des Menschen

126

Grundlagen der Vererbung

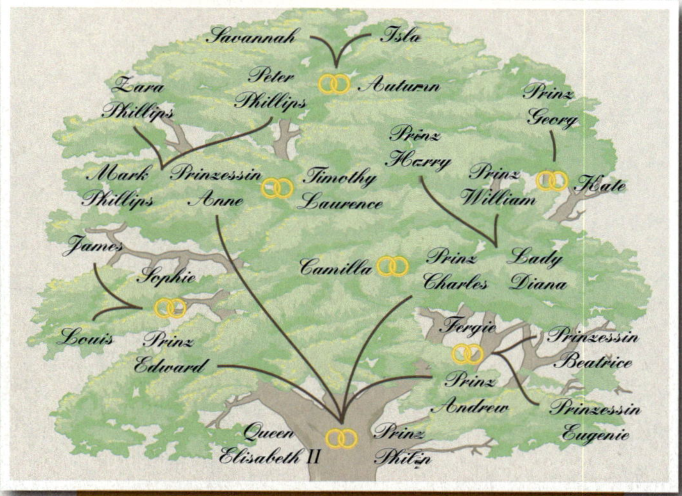
Savannah
Isla
Peter Phillips
Autumn
Zara Phillips
Prinz Georg
Prinz Harry
Mark Phillips
Prinzessin Anne
Timothy Laurence
Prinz William
Kate
James
Sophie
Camilla
Prinz Charles
Lady Diana
Louis
Prinz Edward
Fergie
Prinzessin Beatrice
Prinz Andrew
Prinzessin Eugenie
Queen Elisabeth II
Prinz Philip

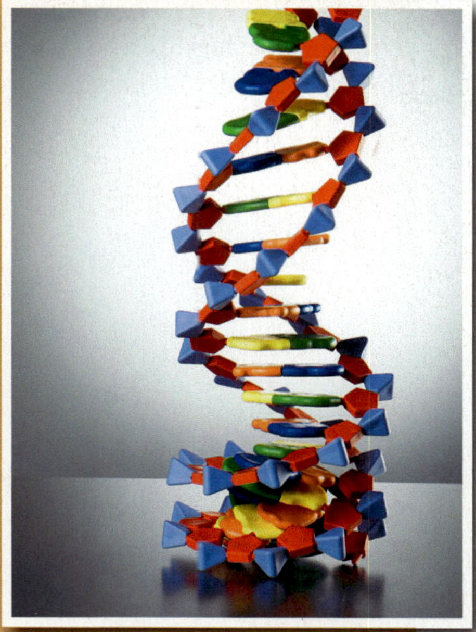

Vererbung – Weitergabe von Erbinformationen

Zu Lisas Geburtstag sind viele Verwandte gekommen. »Groß bist du geworden. Die blonden Haare und dieser Mund – ganz die Mama.« – »Ja, aber die blauen Augen und die Nase hat sie vom Vater.«

Heute ist es für uns ganz selbstverständlich, dass die Ähnlichkeit zwischen Eltern und Kindern auf Vererbung beruht.

1 Aussehen beruht auf Vererbung.

Merkmale und Erbinformationen

Verwandte sind meist anhand von äußerlichen *Merkmalen* zu erkennen. Merkmale sind Eigenschaften wie äußerliche Kennzeichen und Begabungen, aber auch Aufbau und Funktionen des Körpers.

Die Ausprägung eines Merkmals hängt sowohl von den *Erbinformationen* als auch von Umwelteinflüssen ab. Viele Merkmale wie die Augenfarbe mit mehreren Farbtönen sind aber nicht eindeutig abgrenzbar. Ebenso gibt es veränderbare Merkmale wie die Muskulatur, das Gewicht oder auch verschiedene Fähigkeiten. Daher sind eindeutige Aussagen über die Regeln der Vererbung nur bei bestimmten, abgrenzbaren Einzelmerkmalen möglich. Diese müssen über Generationen hinweg erkennbar sein. Beispiele hierfür sind angewachsene Ohrläppchen oder besondere Nasenformen.

Genetik – die Wissenschaft der Vererbung

Menschen und alle anderen Lebewesen ähneln in ihren Merkmalen den Eltern und Vorfahren. Es müssen also Informationen zur Ausbildung dieser Merkmale von den Eltern an die Nachkommen weitergegeben werden. Die Weitergabe dieser Erbinformationen von einer Generation zur nächsten nennt man *Vererbung*. Die Wissenschaft, die die Regeln der Vererbung untersucht, ist die *Genetik*.

Historische Vorstellungen

Bis ins 19. Jahrhundert nahmen die Gelehrten an, dass der gesamte Organismus im Spermium oder im Tierei vorgebildet sei und sich nur noch entfalten und wachsen müsse. Diese Präformationslehre wurde bereits in der Antike entwickelt. Man glaubte sogar, in den menschlichen Spermien vorgeformte Kinder zu erkennen. Mit der Entwicklung leistungsfähiger Mi-

2 Die Fellfarbe ist kein eindeutig abgrenzbares Merkmal.

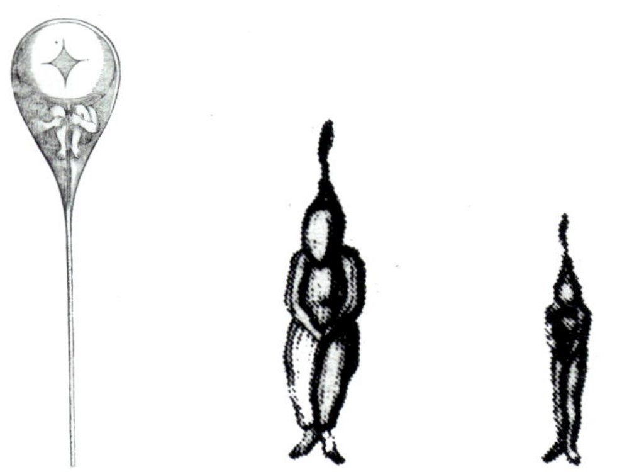

3 Spermien in der Vorstellung der Präformationslehre

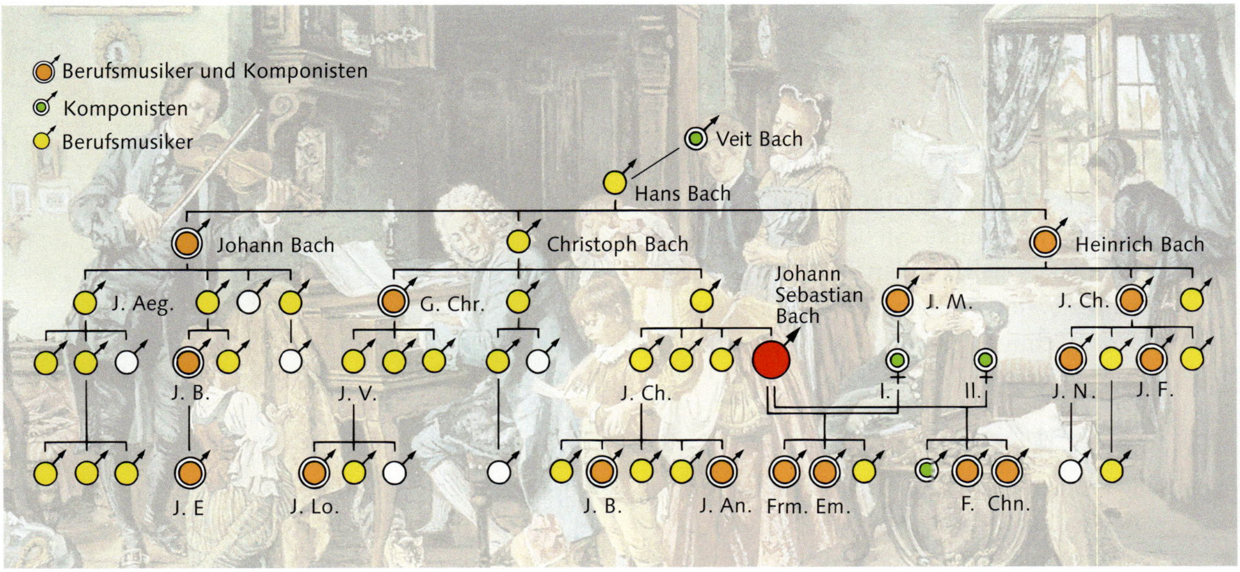

4 Stammbaum der Familie von Johann Sebastian Bach

kroskope wurde diese Vorstellung widerlegt, da nun einzelne Zellbestandteile sichtbar gemacht werden konnten. Jetzt erkannte man, dass bei der Befruchtung einer Eizelle durch ein Spermium die beiden Zellkerne verschmelzen.

Aus der Geschichte der Genetik

Mitte des 19. Jahrhunderts untersuchte der Mönch Gregor Mendel die Vererbung von eindeutigen Merkmalen bei Erbsen. Aus seinen Ergebnissen leitete er Vererbungsregeln ab, die bis heute gelten.

Im letzten Jahrhundert wurden die Erbinformationen immer genauer untersucht und beschrieben. Inzwischen sind sämtliche Erbinformationen des Menschen bekannt. Die Gesamtheit dieser Erbinformationen eines Lebewesens bezeichnet man als *Genom*.

Methoden der Genetik

Anhand von Stammbäumen kann die Familienforschung feststellen, ob ein bestimmtes Merkmal über Generationen weitervererbt wird. So erkennt man die Weitergabe von Begabungen oder Krankheiten.

Statistische Verfahren werden verwendet, um Häufigkeit, Veränderung und Verteilung von Merkmalen in der Bevölkerung zu erforschen. Mit Hilfe mikroskopischer und biochemischer Verfahren untersucht man den Aufbau der Erbinformationen.

Den Zusammenhang zwischen Erbinformationen und Umwelteinflüssen kann man besonders gut bei eineiigen Zwillingen beobachten, die getrennt voneinander aufgewachsen sind.

Eineiige Zwillinge entstehen durch Teilung einer befruchteten Eizelle und haben dieselben Erbanlagen.

Nur bei Pflanzen und Tieren darf man die Weitergabe von Erbinformationen durch Experimente untersuchen. Dazu gehören vor allem Kreuzungsversuche.

In Kürze

Die Genetik untersucht mit unterschiedlichen Methoden die Weitergabe von Erbinformationen zur Ausbildung von Merkmalen bei Lebewesen.

Aufgaben

1 □ Beschreibe, was man unter Genetik versteht.

2 □ Nenne eindeutige Merkmale des Menschen, die die Genetik untersuchen kann.

3 ◪ Begründe, weshalb es falsch ist zu sagen, dass Lisa »die Nase vom Vater geerbt hat«. Formuliere den Sachverhalt korrekt.

Zellkern – Speicher der Erbinformationen

Bei der Betrachtung von Zellpräparaten im Mikroskop kann man in fast jeder Zelle eine runde, dunkle Stelle erkennen. Hierbei handelt es sich um den Zellkern. Da er in nahezu allen Zellen vorhanden ist, muss er eine wichtige Funktion haben. Aber welche Aufgabe hat er?

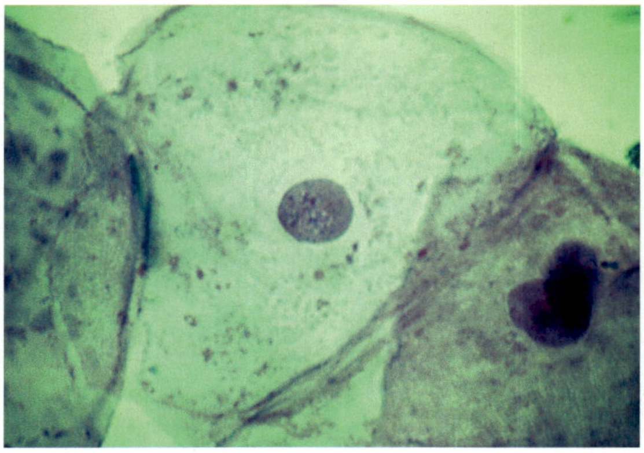

1 Menschliche Zellen mit Zellkernen

Erforschung des Zellkerns

Die Erfindung des Lichtmikroskops ermöglichte den Wissenschaftlern, den Befruchtungsvorgang sowie den Aufbau von Spermien und Eizellen zu betrachten. Dabei beobachteten sie, dass nur der Zellkern aus dem Kopf des Spermiums in die Eizelle eindringt, Mittelstück und Schwanz bleiben außerhalb. In der Eizelle verschmelzen dann nach einer Ruhephase von etwa 20 Stunden die Kerne von Ei- und Spermienzelle miteinander. Aus diesem Verschmelzungsprodukt, der *Zygote,* entwickelt sich ein neues Lebewesen mit mütterlichen und väterlichen Merkmalen. Da die Merkmale in der Erbinformation enthalten sind, wurde vermutet, dass diese in den Zellkernen vorhanden sein muss, da nur der Zellkern von einem Spermium in die Eizelle übergeht.

Heute ist diese Vermutung Gewissheit. Der Zellkern oder *Nukleus* ist der Speicher der Erbinformation.

Aufgaben des Zellkerns

Dem Zellkern kommt eine zentrale Bedeutung zu. Zerstört oder entfernt man ihn, stirbt die Zelle. Der Zellkern muss die Erbinformation sicher verwahren und bei jeder Zellteilung identisch an die Tochterzellen weitergeben. Er steuert außerdem alle Lebensvorgänge in der Zelle nach den in der Erbinformation gespeicherten Anweisungen.

Äußerer Bau des Zellkerns

Betrachtet man eine Zelle mit Hilfe des Elektronenmikroskops, erkennt man die verschiedenen Bestandteile des Zellkerns. Umgeben ist er von einer Hülle, der *Kernmembran.* Diese besitzt viele winzige »Löcher«, die *Kernporen.* Durch sie erfolgt über das Endoplasmatische Reticulum der Informationsaustausch zwischen dem Kerninneren und dem Zellplasma. Dadurch können alle Vorgänge in der Zelle gesteuert werden.

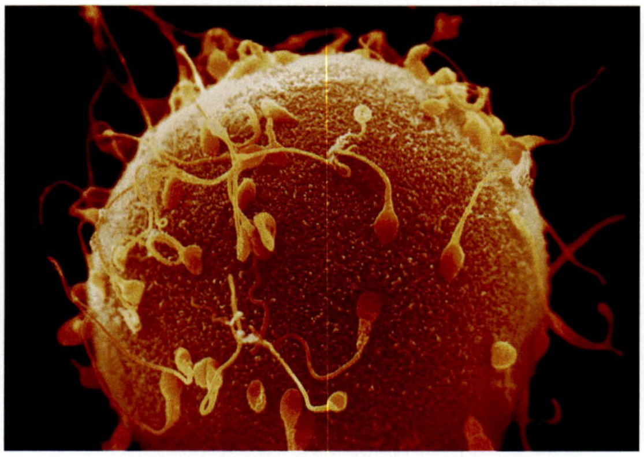

2 Eizelle und Spermien

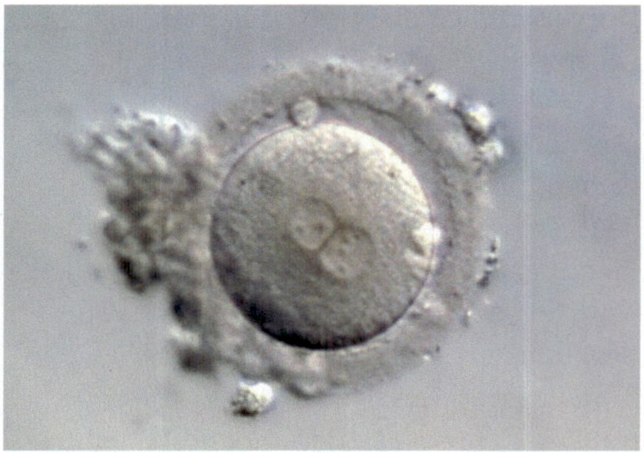

3 Befruchtete Eizelle vor der Kernverschmelzung

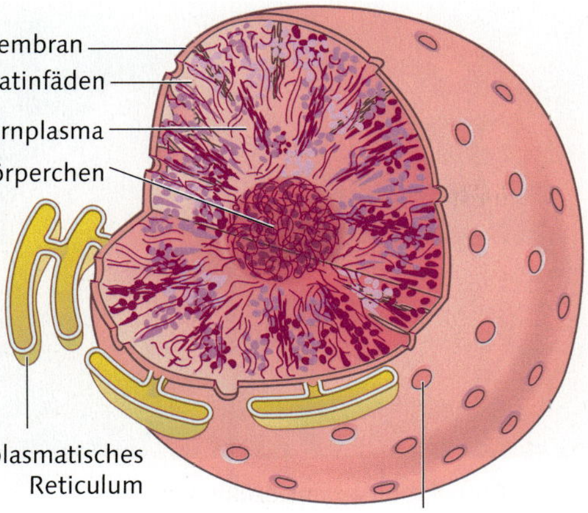

4 Schema eines Zellkerns mit Bauelementen

Innerer Bau des Zellkerns

Der Zellkern ist im Lichtmikroskop besonders gut sichtbar, wenn das Zellpräparat vorher angefärbt wurde.

Im Kerninneren befindet sich eine Grundsubstanz, das *Kernplasma*. Darin erkennt man zahlreiche fadenförmige, anfärbbare Gebilde. Diese Fadenstruktur nennt man *Chromatin,* nach dem griechischen Wort »chroma« für Farbe. Die einzelnen Fäden sind die *Chromatinfäden*. Sie enthalten die *Gene,* die eigentlichen Erbanlagen. Außer dem Chromatin sind im Zellkern noch weitere kugelige, ebenfalls anfärbbare Partikel zu erkennen, die man *Kernkörperchen* nennt. Sie sind an der Produktion der Ribosomen beteiligt. Außerdem liefern sie die Baustoffe für die Herstellung der Proteine nach den in den Erbinformationen gespeicherten Bauanleitungen.

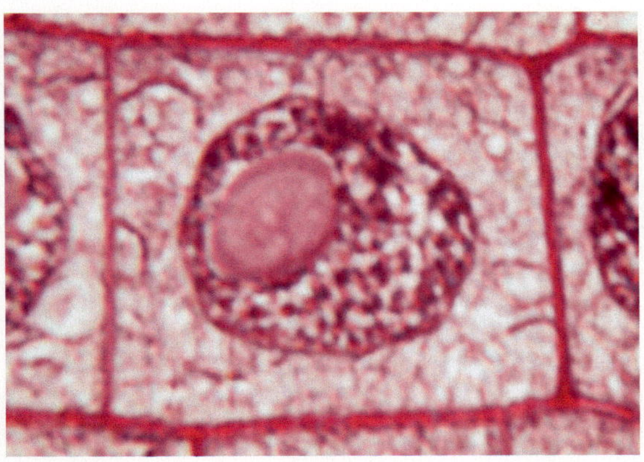

5 Zellkern mit Chromatingerüst und Kernkörperchen

Extra

Differenzierte Zellen und Stammzellen

Die Zellen in den unterschiedlichen Geweben des Körpers übernehmen verschiedene Funktionen. Deshalb unterscheiden sie sich in ihrem Aufbau und in ihrem Stoffwechsel. Eine Leberzelle unterscheidet sich stark von einer Muskelzelle. Man spricht von differenzierten Zellen. Sie sind meist nicht mehr teilungsfähig. Stammzellen dagegen haben keine bestimmten Aufgaben in Geweben übernommen. Sie sind teilungsfähig. Ihre Tochterzellen können sich wiederum ausdifferenzieren und spezialisieren. Es gibt verschiedene Arten von Stammzellen. Sie werden nach der unterschiedlichen Differenzierungsfähigkeit ihrer Tochterzellen eingeteilt.

Zellkern und Erbinformation

Bei der geschlechtlichen Fortpflanzung werden die Erbinformationen von Mutter und Vater gemischt und neu kombiniert. Somit hat jedes Lebewesen seine ganz individuelle Erbinformation. Nach der Befruchtung wird die Erbinformation bei jeder Zellteilung identisch an die Tochterzellen weitergegeben. Somit enthalten alle Körperzellen eines Lebewesens, egal ob Nervenzelle, Knochenzelle oder Muskelzelle, die gleiche Erbinformation.

In Kürze

Der Zellkern speichert die Erbinformation und steuert alle Lebensvorgänge in der Zelle. Die Chromatinfäden enthalten die Gene. Bei der Zellteilung werden die Erbinformationen identisch an die Tochterzellen weitergegeben. Kernporen ermöglichen den Informationsaustausch mit dem Zellplasma.

Aufgaben

1 □ Nenne Bestandteile des Zellkerns und ihre Aufgaben. Fertige dazu eine Tabelle an.

2 □ Erkläre, weshalb Zellen ohne Zellkern abgestorbene Zellen sind.

3 ◪ Unterscheiden sich verschiedene Zelltypen eines Lebewesens bezüglich ihrer Gene? Begründe deine Antwort.

Die Chromosomen

Wilhelm Waldeyer entdeckte 1888 in menschlichen Zellen während der Zellteilung schleifenförmige Gebilde. Er nannte sie wegen ihrer guten Anfärbbarkeit Chromosomen oder Farbkörperchen. 1904 vermutete Theodor Bovari, dass Chromosomen die Träger der Erbinformation sind. Erst 1919 wurde diese Chromosomentheorie der Vererbung von dem Genetiker Thomas Hunt Morgan experimentell bewiesen.

Arbeitsform und Transportform

Chromosomen sind nur während der Zellteilung sichtbar. Ihre Form ist verschieden und variabel. Solange sich eine Zelle nicht teilt, liegt die Erbinformation in langen, dünnen *Chromatinfäden* vor. Sie sind nur wenige Nanometer dick, deshalb sind einzelne Chromatinfäden im Lichtmikroskop nicht zu erkennen. In einem Chromatinfaden ist die Erbsubstanz um Proteine gewickelt. Vielfach verschlungen bilden sie das *Chromatingerüst* im Zellkern. Die Chromatinfäden stellen die *Arbeitsform* der Erbinformation dar. Die Zelle betreibt aktiven Stoffwechsel, dabei wird die Erbinformation im Zellkern abgelesen und im Zellplasma umgesetzt.

Bei der Zellteilung löst sich die Kernmembran auf und die Chromatinfäden ziehen sich zusammen. Sie verdichten sich, nehmen eine typische kompakte Gestalt und Größe an und

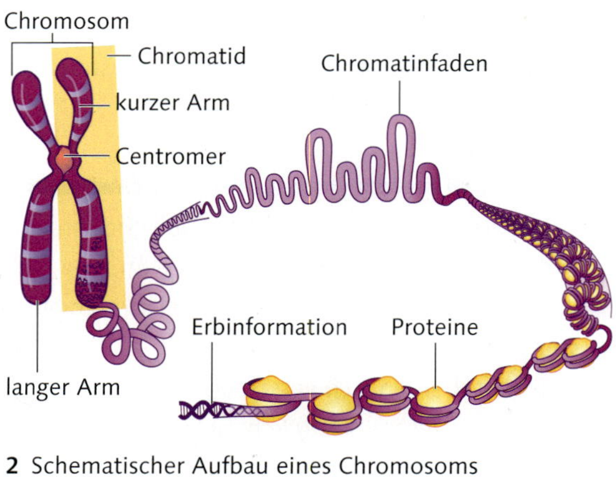

2 Schematischer Aufbau eines Chromosoms

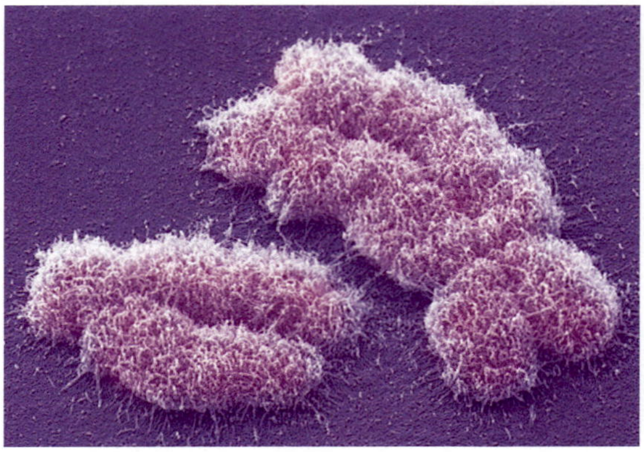

1 EM-Aufnahme zweier Chromosomen

werden als *Chromosomen* im Zellplasma sichtbar. Die Erbinformation kann in dieser *Transportform* nicht abgelesen werden. Diese Form gewährleistet jedoch eine geordnete Aufteilung der Chromosomen auf die Tochterzellen.

Chromosomenaufbau

Chromosomen sind einheitlich aufgebaut. Sie bestehen aus zwei Längshälften, den *Chromatiden*, die an einer Stelle, dem *Centromer*, zusammenhängen. In diesem Zustand ist die Erbinformation bereits verdoppelt, sodass die beiden Chromatiden erbgleich sind. Je nach Lage des Centromers haben die *Chromosomenarme* nach dem Anfärben unterschiedliche Längen mit einer gut erkennbaren Bänderung. Menschliche Chromosomen sind bis zu 13 Mikrometer lang und damit im Lichtmikroskop gut sichtbar.

Chromosomen bestehen aus Proteinen und Nukleinsäuren. Die Nukleinsäureketten sind um kugelförmige Proteine gewickelt und bilden dadurch einen Chromatinfaden. Dieser ist vielfach verknäuelt und verdichtet im Chromosom eingebunden sowie von Hüllproteinen umgeben.

Chromosomenvielfalt

In allen tierischen, pflanzlichen und menschlichen Zellen sind Chromosomen die universelle Transportform der Erbinformation. Nur ihre Anzahl, Größe und Gestalt ist bei den verschiedenen Arten unterschiedlich. Sie enthalten die Gesamtheit aller *Gene* eines Lebewe-

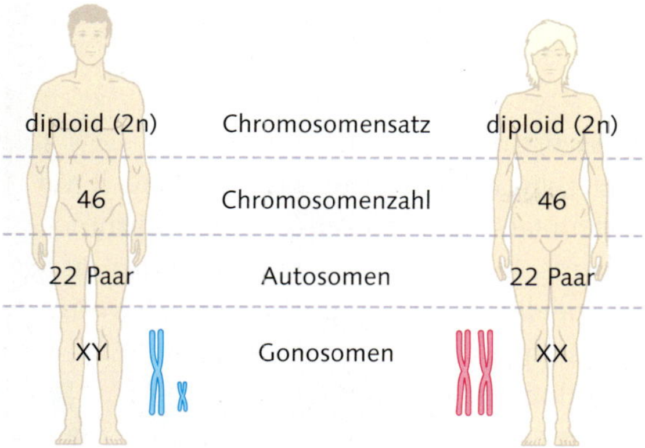

3 Chromosomen von Mann und Frau

Lebewesen	Chromosomenzahl
Champignon	8
Stubenfliege	12
Mensch	46
Schimpanse	48
Kartoffel	48
Hund	78
Schachtelhalm	216
Natternzunge (Farnart)	480

5 Chromosomenzahl verschiedener Lebewesen

sens. Ein Gen ist ein bestimmter Abschnitt eines Chromatinfadens. In den Genen sind die Informationen für die Ausbildung der Merkmale gespeichert. Die Körperzellen der meisten Organismen besitzen einen doppelten Chromosomensatz, man nennt sie *diploid*. Die Keimzellen dagegen enthalten nur einen einfachen Chromosomensatz und werden als *haploid* bezeichnet.

Man unterscheidet Geschlechtschromosomen, die *Gonosomen*, von den Körperchromosomen, den *Autosomen*. Sie treten paarweise auf. Gleiche Chromosomen nennt man *homologe Chromosomen*. Sie sind je väterlichen und mütterlichen Ursprungs und haben die gleiche Größe und Form. Mit Ausnahme der Gonosomen haben sie jeweils den gleichen Genbestand. In homologen Chromosomen ist jedes Gen vierfach vorhanden, da beide Chromatiden eines Chromosoms identisch sind.

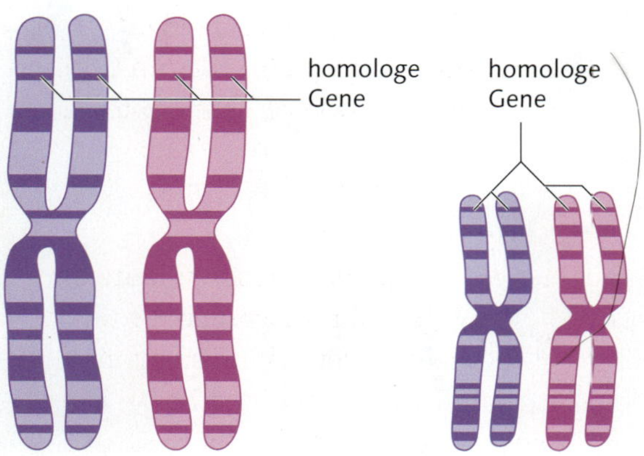

4 Zwei homologe Chromosomenpaare

Chromosomenanzahl

Der Mensch besitzt in jeder Körperzelle 46 Chromosomen. Die Chromosomenzahl ist artspezifisch. Von ihr lässt sich aber nicht auf die Höherentwicklung eines Lebewesens schließen. Die unterschiedlichen Chromosomenzahlen haben sich im Laufe der Entwicklung der Lebewesen ergeben. Warum sich die Anzahl der Chromosomen bei Lebewesen so stark unterscheidet, können Wissenschaftler bis heute nicht eindeutig erklären. Eine mögliche Erklärung ist zum Beispiel das Zerbrechen der Chromosomen durch UV-Strahlung. Genetische Verwandtschaften kann man an den typischen Bändermustern der Chromosomen erkennen, die nach dem Anfärben sichtbar werden.

In Kürze

Die Chromosomen sind die Transportform der Erbinformation und nur während der Zellteilung im Lichtmikroskop zu erkennen. In der Arbeitsform liegen sie in der Form von Chromatinfäden vor. Die Anzahl der Chromosomen ist kennzeichnend für eine Art.

Aufgaben

1 □ Stelle anhand einer Schemazeichnung ein Chromosom dar. Beschrifte alle Bestandteile.

2 □ Nenne die Bedeutung der Begriffe Autosome und Gonosome.

3 ◪ Beschreibe den Unterschied zwischen Chromatin und Chromosom.

Chromosomenmodelle

Bau von Chromosomenmodellen

Material für 6 Chromosomenmodelle (3 Paare): 12 Pfeifenreiniger in 2 verschiedenen Farben, alternativ 12 Drahtstücke in verschiedenen Farben, zum Beispiel Blumendraht grün, Eisendraht silbern, Kupferdraht braun, 6 größere Druckknopfpaare, Bleistift oder Kugelschreiber, Fotoapparat

Durchführung Ziehe je einen Pfeifenreiniger durch zwei gegenüberliegende Löcher einer Druckknopfhälfte. Lass die Enden paarig gleich lang stehen und füge die beiden Druckknopfhälften wieder zusammen. Dann wickelst du die freien Enden der Pfeifenreiniger um einen Bleistift oder einen Kugelschreiber. Jetzt hast du ein Chromosomenmodell. Fertige auf diese Weise Modelle von drei verschiedenen homologen Chromosomenpaaren an. Verwende für jedes Chromosom Drähte unterschiedlicher Länge, um verschieden große Chromosomenmodelle zu bauen.

Auswertung

1 Vergleiche dein Chromosomenmodell mit dem tatsächlichen Aufbau eines Chromosoms. In welchen Eigenschaften stimmt das Modell mit dem Original überein? Worin bestehen Unterschiede?

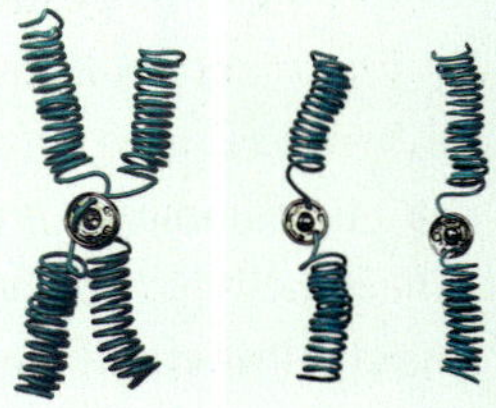

2 Ordne den Bestandteilen eines Chromosoms die Elemente des Modells zu: Pfeifenreiniger, Druckknopf, Schraubenform.

3 Demonstriere mit dem Modell die Arbeits- und die Transportform eines Chromosoms.

4 Stelle mit den Modellen die einzelnen Phasen der Mitose dar.

5 Stelle mit den Modellen die einzelnen Phasen der Meiose dar.

6 Fotografiere alle Phasen von Aufgabe 4 und 5. Fertigt in der Gruppe mit den Bildern ein Plakat an, das den gesamten Ablauf einer Mitose beziehungsweise einer Meiose zeigt. Beschriftet die einzelnen Phasen. Vervollständigt auf dem Plakat zeichnerisch die kompletten Zellen mit Zellmembran und eventuell Zellkern.

1 Schüler basteln Chromosomenmodelle.

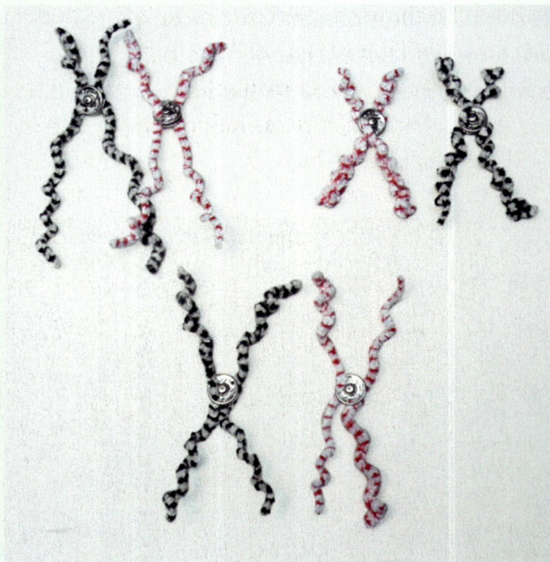

2 Chromosomenmodelle aus Pfeifenreinigern

Erbinformation in Zellkern und Chromosomen

1 Auswertung von Karyogrammen

Karyogramme sind geordnete Darstellungen der Chromosomen einer Zelle. Sie sind ein wichtiges Hilfsmittel in der vorgeburtlichen Diagnostik, um Veränderungen bei der Chromosomenzahl und Chromosomengestalt festzustellen. Menschliche Chromosomen kann man aus weißen Blutkörperchen gewinnen. Hierzu wird aus der Fingerkuppe Blut entnommen. Im Lichtmikroskop sucht man nach Zellteilungsphasen, in denen alle Chromosomen einzeln und gut erkennbar sind. Die Chromosomen werden unter dem Mikroskop fotografiert. Dieses Foto wird vergrößert, die Chromosomen werden ausgeschnitten und nach Größe, Lage des Centromers und Länge der Chromosomenarme sortiert. Bild 1 zeigt das Karyogramm eines Menschen.

a □ Nenne die Ordnungskriterien, nach denen ein Karyogramm erstellt wird.

b ◪ Begründe, weshalb in der Medizin Karyogramme erstellt werden.

c □ Nenne den Karyotyp des Mannes.

Als Karyotyp bezeichnet man den Chromosomensatz der Körperzellen eines Lebewesens, wie er im Karyogramm dargestellt ist. Er wird mit einer Formel angegeben: Zuerst wird die Anzahl der Chromosomen insgesamt genannt, dann werden die Geschlechtschromosomen einzeln aufgeführt. Der Karyotyp der Frau ist: 44, xx.

d ◪ Begründe, woran man erkennen kann, dass es sich im Bild 1 um das Karyogramm eines Menschen handelt.

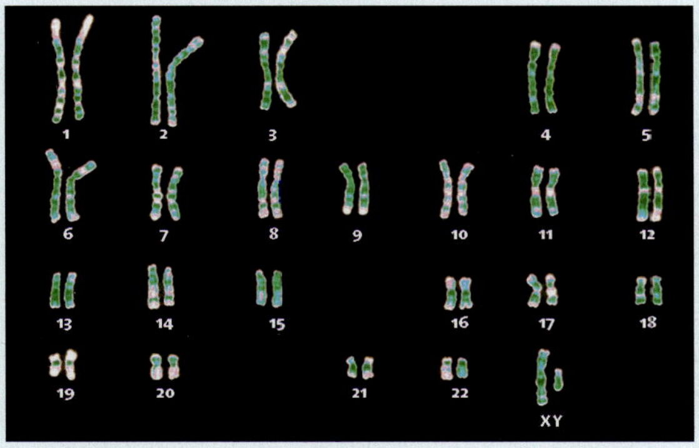

1 Karyogramm eines Menschen

2 Experimente mit Schirmalgen

2 Schirmalgen im Meer

Schirmalgen sind 0,5 bis 10 Zentimeter große einzellige Meeresalgen. Ihr Zellkern befindet sich im unteren wurzelähnlichen Abschnitt. Die verschiedenen Arten unterscheiden sich in Form und Färbung der Schirme. In den 1930er-Jahren experimentierte der Biologe Joachim Hämmerling mit diesen Schirmalgen. Er trennte bei unterschiedlichen Arten Schirm, Stiel und Wurzelbereich voneinander. Dann kombinierte er die Wurzelbereiche von zwei verschiedenen Arten mit den Stielen der jeweils anderen. Der Schirm blieb abgetrennt.

a □ Beschreibe anhand von Bild 3 das Versuchsergebnis.

b ◪ Erkläre das Versuchsergebnis im Hinblick auf die Bedeutung des Zellkerns.

c ◪ Stelle eine begründete Vermutung an, was mit der Schirmalge geschehen würde, wenn nur der Wurzelbereich abgetrennt würde.

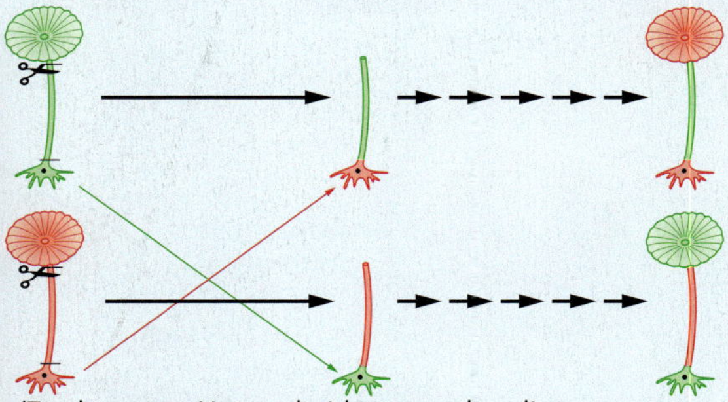

(Zur besseren Unterscheidung wurden die verschiedenen Schirmalgen unterschiedlich angefärbt.)

3 Teilungsexperimente mit Schirmalgen

Mitose

Dieser Embryo ist circa acht Wochen alt und etwa 1,5 Zentimeter groß. Er ist aus einer einzigen Zelle entstanden. Als erwachsener Mensch wird er einmal aus über 60 Billionen Zellen bestehen. Wie entstehen aus einer Zelle viele Zellen mit identischer Erbinformation und wie erfolgt deren Weitergabe?

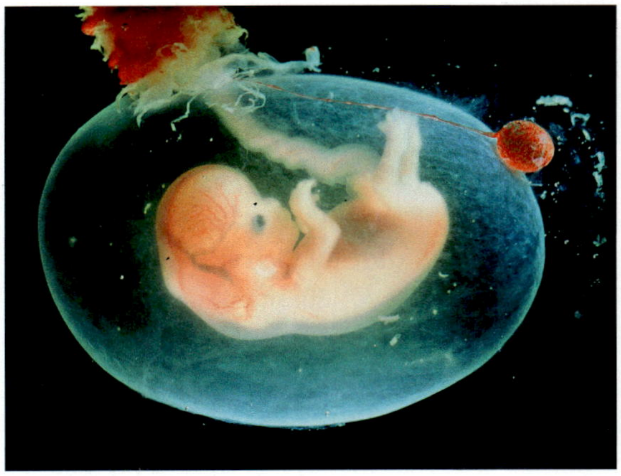

1 Embryo in der Fruchtblase

Vermehrung von Zellen

Wachstum und Entwicklung eines Lebewesens stehen in direktem Zusammenhang mit der Vermehrung von Zellen. Auch nach Verletzungen müssen neue Zellen gebildet und abgestorbene ersetzt werden. Neue *Tochterzellen* entstehen durch Teilung bereits vorhandener Zellen. Diesen Vorgang nennt man *Zellteilung*. Jede neue Zelle enthält wieder die gleiche Erbinformation. Dazu müssen in der *Arbeitsphase* der Zelle neben den Zellorganellen auch die Erbinformationen im Zellkern zuerst verdoppelt und dann aufgeteilt werden. Diese Phase zwischen zwei Zellteilungen nennt man *Interphase*. In ihr finden auch aktiver Stoffwechsel und Zellwachstum statt. Die darauffolgende *Teilungsphase* der Zelle erfolgt in mehreren Schritten.

Vorbereitung der Kernteilung

Vor der Zellteilung erfolgt die Zellkernteilung oder *Mitose*. Zunächst verdichtet sich das Chromatin zur Transportform, den Chromosomen. Kernkörperchen und Kernmembran lösen sich auf. Alle 46 Chromosomen des Menschen liegen nun ungeordnet im Zellplasma. Gleichzeitig entstehen zwei Teilungskörperchen, die an die Pole der Zelle wandern, wo sie den aus dünnen Eiweißfasern bestehenden *Spindelfaserapparat* bilden. Diese Zugfasern verteilen im späteren Verlauf der Mitose die Chromatiden gleichmäßig auf die Tochterzellen. Die erste Phase zur Vorbereitung der Mitose nennt man auch *Prophase*.

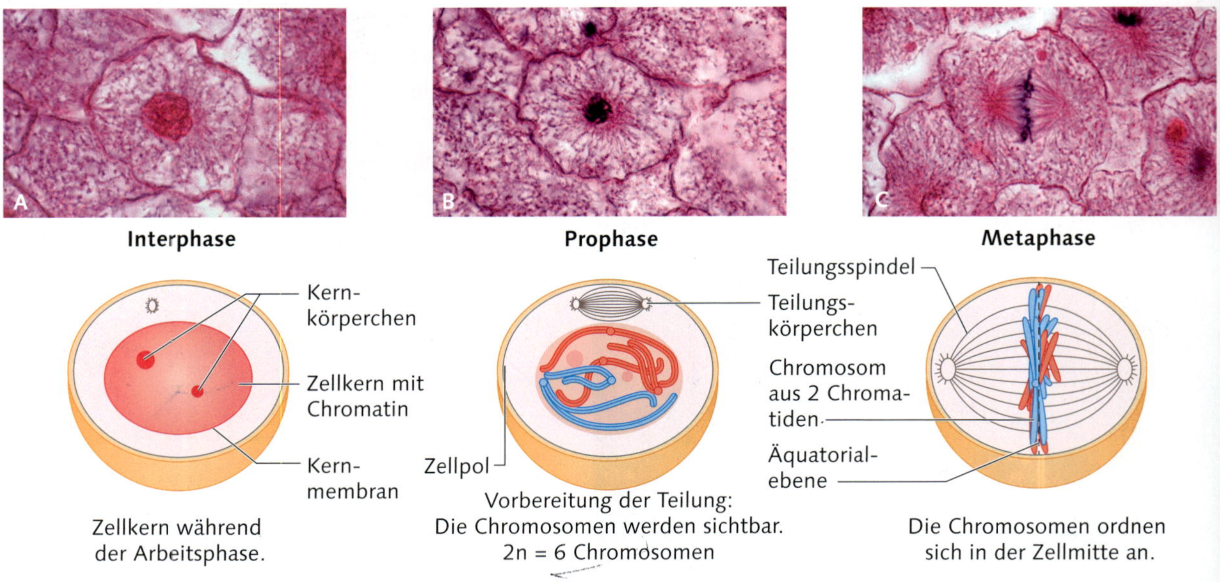

2 Mitosestadien

Chromosomen ordnen sich

In der *Metaphase* ordnen sich alle Chromosomen nebeneinander in einer Ebene in der Zellmitte, der *Äquatorialebene*, an. Dann verbinden sich die Spindelfasern mit je einem Centromer. Auf diese Weise wird eine fehlerfreie Aufteilung der Chromosomen auf die Tochterzellen gewährleistet.

Chromatiden trennen sich

In der *Anaphase* werden die Chromatiden der Chromosomen am Centromer getrennt. Dazu verkürzen sich die Spindelfasern und ziehen die Chromatiden zu den jeweils entgegengesetzten Zellpolen. Die beiden Chromatiden eines Chromosoms enthalten die identische Erbinformation, daher enthält später auch jede Tochterzelle die identische Erbinformation. Mutter- und Tochterzellen sind somit erbgleich.

Abschluss der Kernteilung

An den Zellpolen nimmt die Erbinformation wieder die Arbeitsform an und ist als Chromatin erneut ablesbar. Kernmembran und Kernkörperchen werden gebildet, der Spindelfaserapparat löst sich auf. Nun liegen zwei Zellkerne mit identischer Erbinformation vor. Diesen Abschluss der Mitose nennt man *Telophase*.

Teilung des Zellplasmas

Das Zellplasma und alle Zellbestandteile werden gleichmäßig auf beide Zellen aufgeteilt. Neue Zellorganellen werden gebildet oder vorhandene verdoppelt. Noch während der Telophase bildet sich in der Äquatorialebene eine neue Zellmembran. Aus einer Mutterzelle entstehen zwei erbgleiche Tochterzellen, die wieder in die Arbeitsphase übergehen. Die Erbinformation ist als Chromatin wieder ablesbar, Zellstoffwechsel und Zellwachstum setzen ein. Eine neue Interphase hat begonnen, die so lange dauert, bis sich die Zelle erneut teilt.

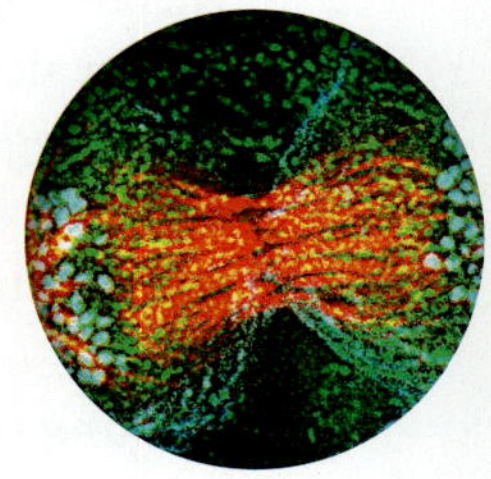

In Kürze

Vor jeder Zellteilung wird die Erbinformation verdoppelt. In der Mitose werden die Chromatiden getrennt und geordnet auf die Tochterzellen verteilt. Nach der Teilung des Zellplasmas sind aus einer Mutterzelle zwei erbgleiche Tochterzellen entstanden.

Aufgaben

1 □ Beschreibe den Verlauf einer Mitose anhand eines Flussdiagramms.

2 ◪ Bei welchen biologischen Prozessen erfolgen Mitosen? Begründe.

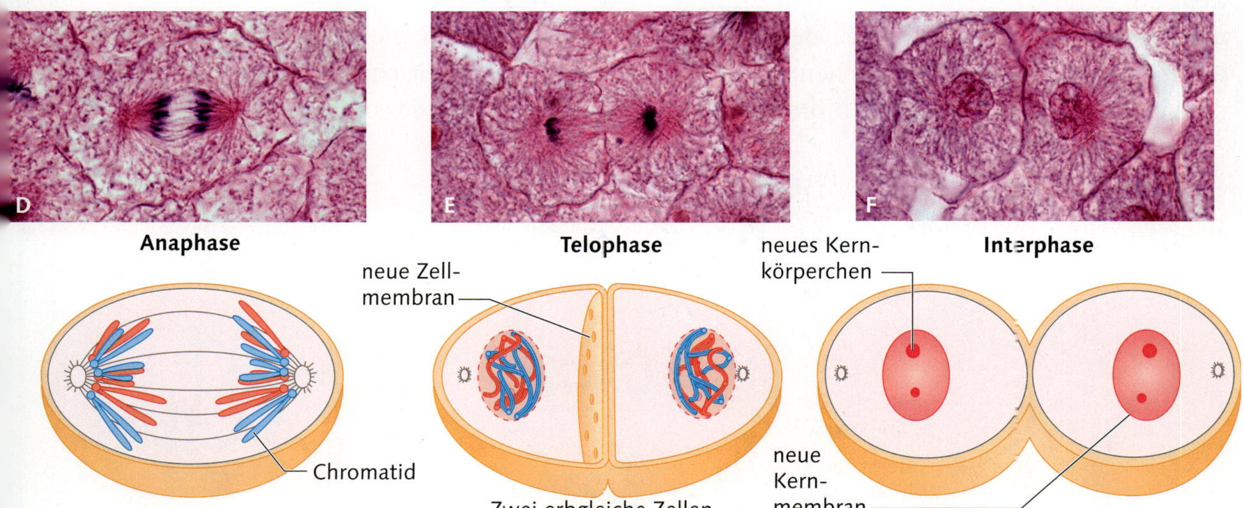

Trennung der Chromatiden.

Zwei erbgleiche Zellen sind entstanden.
2n = 6 Chromatiden

Die zwei Zellkerne gehen zur Arbeitsphase über.

Meiose

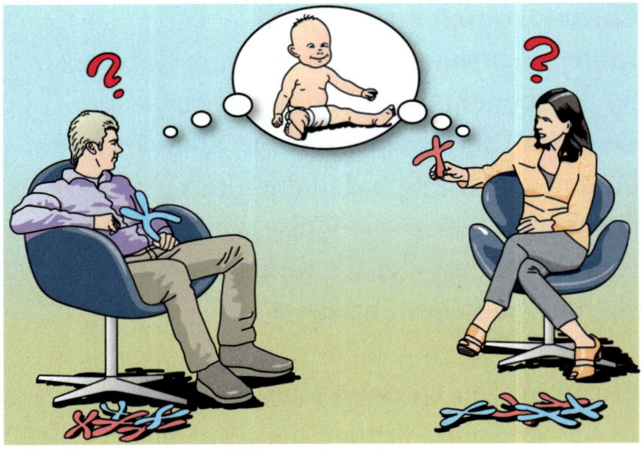

1 Wie geben wir unsere Chromosomen weiter?

Nicole und Jens wünschen sich ein Kind. Sie fragen sich, wie ihre Erbanlagen an ihr Kind weitergegeben werden. Wenn sie Eltern werden, wie viele und welche Chromosomen geben sie an ihre Nachkommen weiter?

Bildung von Keimzellen

Keimzellen entstehen durch Teilung aus besonderen Zellen mit diploidem Chromosomensatz, den unreifen Urkeimzellen. Würden bei der Befruchtung zwei diploide Zellen verschmelzen, würde sich der Chromosomensatz verdoppeln. Alle menschlichen Zellen enthalten aber nur jeweils 46 Chromosomen. Daher müssen Keimzellen einen haploiden Chromosomensatz mit 23 Chromosomen besitzen. Bei der Keimzellenbildung wird deshalb der doppelte Chromosomensatz auf den einfachen Satz reduziert. Dies geschieht durch eine besondere Zellteilung, die *Meiose*.

Die erste Reifeteilung

Bei der Meiose erfolgen zwei Teilungen nacheinander. Bei der ersten Reifeteilung ordnen sich die homologen Chromosomen paarweise nebeneinander in der Äquatorialebene der Zelle an. Dann werden die homologen Chromosomen getrennt und auf die beiden Tochterzellen verteilt. Dadurch entstehen aus einer diploiden Urkeimzelle mit 46 Chromosomen zwei haploide Zellen mit je 23 Chromosomen. Diese erste Reifeteilung nennt man auch *Reduktionsteilung*, da hier der Chromosomensatz auf die Hälfte reduziert wird.

Die zweite Reifeteilung

In den gebildeten haploiden Zellen besteht jedes Chromosom noch aus zwei Chromatiden. In einem zweiten Teilungsschritt werden diese Chromatiden getrennt. Im Unterschied zur Mitose einer Körperzelle ist aber hier jedes Chromosom nur einmal vorhanden. Am Ende der zwei Reifeteilungen sind vier reife, haploide Keimzellen entstanden.

Durchmischung der Erbinformationen

Jede Körperzelle des Menschen besitzt 46 Chromosomen, die 22 homologe Paare und ein Geschlechtschromosomenpaar bilden. Je eine Hälfte wurde vom Vater und von der

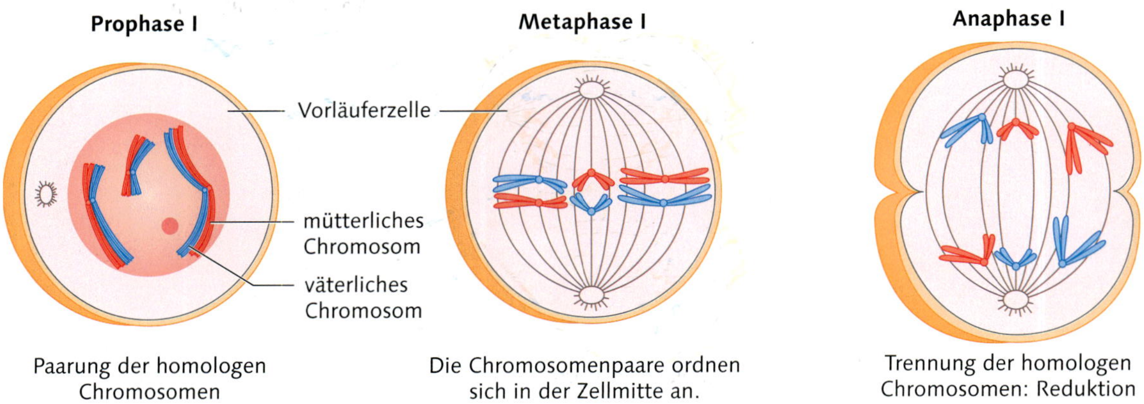

2 Schematischer Ablauf einer Meiose

Mutter vererbt. Somit enthält jede Ureizelle oder Urspermienzelle 23 väterliche und 23 mütterliche Chromosomen. Die Anordnung der homologen Chromosomenpaare in der Äquatorialebene bei der ersten Reifeteilung geschieht rein zufällig. Daher ist es auch dem Zufall überlassen, welche väterlichen beziehungsweise mütterlichen Chromosomen bei der folgenden Trennung in die Keimzellen gelangen. Die Erbinformation wird also bei der Keimzellenbildung gemischt, ursprünglich väterliche und mütterliche Chromosomen werden neu kombiniert. Die reifen Keimzellen sind demnach erblich ungleich. Bei der Befruchtung von Eizellen durch Samenzellen entstehen immer neue Kombinationen der Erbinformationen, daher sind die Nachkommen eines Paares nie vollkommen identisch.

Eizellen- und Spermienbildung

Aus einer diploiden Urspermienzelle entstehen im Hoden durch Meiose vier haploide, reife, plasmaarme Spermienzellen. Bei der Eizellenreifung erfolgt dagegen eine ungleichmäßige Plasmaaufteilung. Aus einer Ureizelle bilden sich im Eierstock eine große plasmareiche reife Eizelle und drei kleine plasmaarme Zellen, die drei *Polkörperchen*. Sie sind nicht befruchtungsfähig und sterben ab. Die reife Eizelle besitzt einen großen Plasmavorrat, aus dem im Fall einer Befruchtung der entstehende Embryo bis zu seiner Einnistung in die Gebärmutter ernährt werden kann.

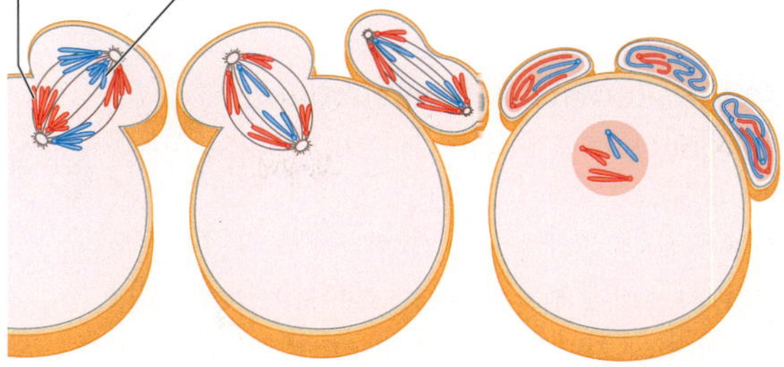

3 Zweite Reifeteilung bei der Eizellenbildung

Das Zellplasma aller Zellen der Nachkommen stammt somit immer von der Mutter.

In Kürze

Die Meiose ist eine besondere Zellteilung, bei der zwei Teilungen nacheinander erfolgen. Dadurch wird der diploide Chromosomensatz mit 46 Chromosomen auf den einfachen Satz reduziert. Es entstehen haploide Keimzellen mit 23 Chromosomen. Väterliche und mütterliche Erbinformationen werden dabei neu gemischt.

Aufgaben

1 □ Beschreibe anhand der Bilder 2 und 3 die einzelnen Teilungsschritte der Meiose.

2 □ Nenne den Unterschied zwischen Spermien- und Eizellenbildung mit Hilfe von Bild 3.

3 ◪ Vergleiche die Anordnung und Trennung der Chromosomen im Verlauf der Meiose und der Mitose.

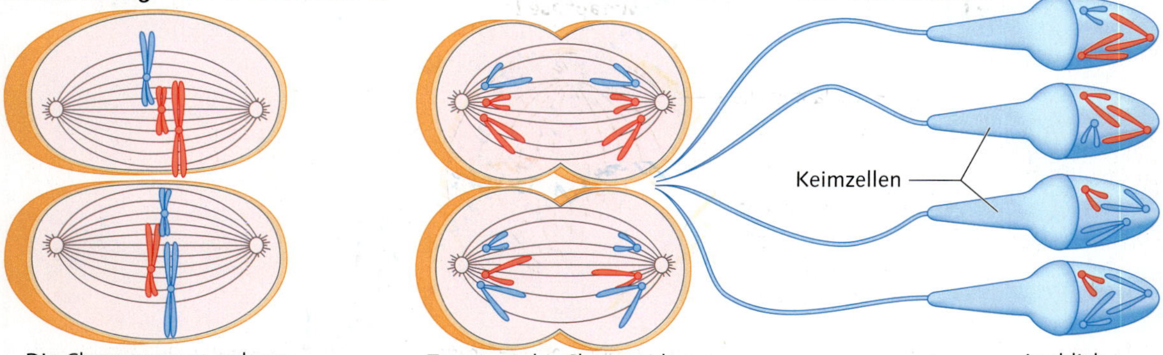

Chromosomen mikroskopieren

Mikroskopische Untersuchung

Material 2 bis 3 Bechergläser (100 ml), Küchenzwiebeln, Wasser, Rasierklingen, Objektträger, Deckglas, Filterpapier, Karminessigsäure (GHS02 und GHS05) zum Färben, Pipetten, Gasbrenner, Mikroskop

Durchführung

1 Anzucht der Wurzeln: Entferne etwa drei Tage vor Versuchsbeginn die äußeren Schalen der Zwiebeln. Schneide die Stelle der Wurzelbildung quer ab, sodass sich eine Wurzelscheibe mit etwa 1 cm Durchmesser ergibt. Setze die Zwiebel nun so auf ein mit Wasser gefülltes Becherglas, dass die Wurzelscheibe die Wasseroberfläche gerade noch nicht berührt. Ergänze das verdunstete Wasser, bis sich neue Wurzeln entwickelt haben.

2 Präparation der Wurzelspitzen: Schneide etwa 2 cm lange Wurzeln 3 bis 4 mm von der Spitze entfernt ab und lege sie auf einen Objektträger. Teile mit der Rasierklinge die Wurzelspitzen mehrmals der Länge nach. Gib einen Tropfen Karminessigsäure zu, lege ein Deckglas auf und erhitze einige Minuten vorsichtig über der Sparflamme des Gasbrenners (Schutzbrille).

3 Herstellung eines Quetschpräparats: Lass den Objektträger abkühlen. Sauge dann mit einem Filterpapierstreifen unter dem Deckglas erneut einige Tropfen Karminessigsäure durch. Mit dem Deckglas nach unten quetschst du das Präparat auf einem Filterpapier kräftig, ohne es seitlich zu verschieben. Das Deckglas darf nicht brechen. Zuletzt saugst du erneut etwas Karminessigsäure durch.

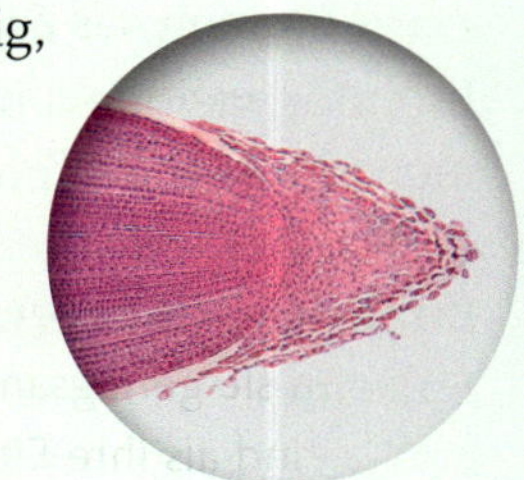

Auswertung

Betrachte das Präparat im Mikroskop bei etwa 400-facher Vergrößerung.

1 Suche nach Zellen, die sich in der Arbeitsphase befinden. Nenne Zellorganellen.

2 Suche nach Zellen, die sich bereits in der Transportphase befinden. Welche Unterschiede im Vergleich zu Zellen in der Arbeitsphase stellst du fest? Beschreibe.

3 Finde verschiedene Teilungsstadien der Mitose und benenne die Phasen.

4 Fertige Übersichts- und Detailskizzen von einzelnen Zellen in verschiedenen Mitosestadien an.

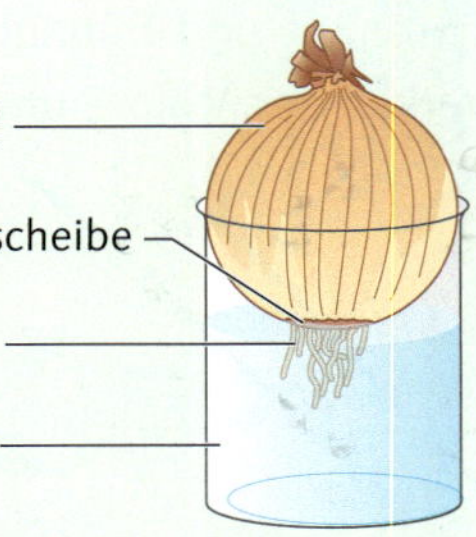

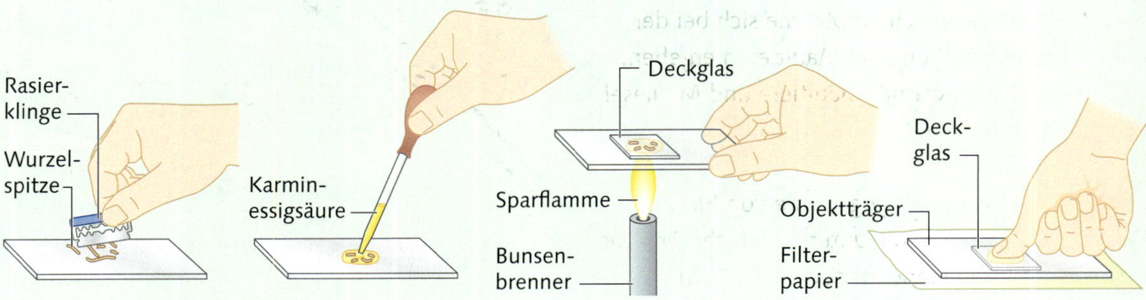

1 Präparation der Wurzelspitzen

Weiter gedacht

Maultiere und Maulesel sind steril

1 Pferdestute und Eselhengst

2 Maultiere als Lasttiere

Maultiere sind das Züchtungsergebnis der Kreuzung eines Eselhengsts und einer Pferdestute. Sie sind fast so groß wie Pferde, haben aber die langen Ohren der Esel. In vielen Ländern werden diese Tiere bevorzugt als Zug- und Lasttiere eingesetzt, da sie genügsamer, ausdauernder und robuster sind als ihre Eltern. Maulesel entstehen dagegen aus der Kreuzung eines Pferdehengsts und einer Eselstute. Sie unterscheiden sich äußerlich kaum von den Eseln und sind weniger leistungsfähig als Maultiere.
Maulesel und Maultiere sind zwar geschlechtlich aktiv, können aber keine Fohlen bekommen, sie sind steril. Pferde und Esel besitzen einen diploiden Chromosomensatz, unterscheiden sich aber in der Chromosomenzahl: Esel haben 62, Pferde 64 Chromosomen.

a □ Nenne die Zahl der Chromatiden in den haploiden Keimzellen von Esel und Pferd.

b □ Ermittle die Chromosomenzahl in einer Körperzelle eines Maulesels bzw. Maultiers.

c □ Beschreibe den Ablauf der Meiose bei einem Maultier.

d ◪ Erläutere, welche Probleme sich bei der Keimzellenbildung bei Maultieren ergeben.

e ◪ Begründe, warum Maultiere und Maulesel unfruchtbar sind.

Vergleicht man die Karyogramme von Pferd und Esel, fallen nicht nur die unterschiedliche Chromosomenanzahl auf, sondern auch die verschiedenen Bandenmuster homologer Chromosomen.
Zum Beispiel sind bestimmte Abschnitte, die beim Esel auf Chromosom 5 liegen, beim Pferd auf den Chromosomen 2 und 19 vorhanden. Das Pferdechromosom 2 enthält wiederum Abschnitte, die beim Esel auf Chromosom 3 liegen.
Bei der Meiose paaren sich in der Prophase normalerweise immer die homologen Chromosomen.

f ■ Erläutere, welche Probleme sich durch diese Besonderheit während der Keimzellenbildung bei einem Maultier oder Maulesel ergeben.

g ■ Begründe, warum diese Probleme ein weiterer Grund für die Sterilität der Maultiere sind.

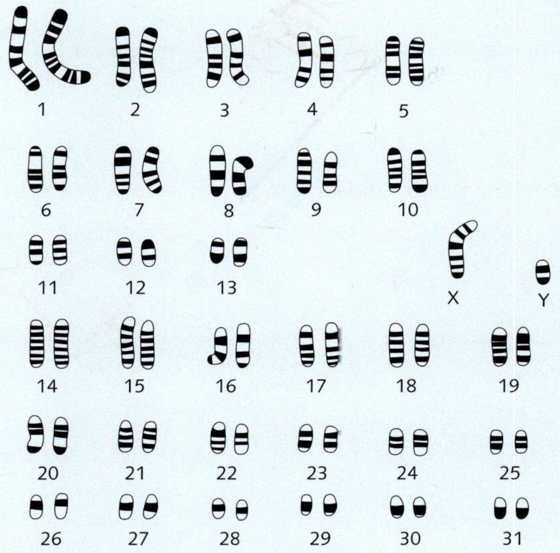

3 Karyogramm eines Pferdes (Schema)

Neukombination von Erbinformationen

Durch Kreuzungen von Hunden mit verschiedenen Merkmalen hat der Mensch eine Vielzahl verschiedenster Rassen gezüchtet. Heute gibt es weit über 400 unterschiedliche Hunderassen. Da alle Rassen zu einer Art gehören, stellt sich die Frage, wie es zu dieser genetischen Vielfalt kommen kann.

1 Genetische Vielfalt bei Hunderassen

Vielfalt durch Meiose

Neben der Reduktion der Chromosomenzahl auf den einfachen Satz hat die Meiose eine zweite wichtige Bedeutung. Bei der ersten Reifeteilung kommt es zur Umordnung und Durchmischung der ursprünglich väterlichen und mütterlichen Erbinformationen. Dabei ist es dem Zufall überlassen, welche der von der Mutter und vom Vater stammenden Chromosomen in eine Tochterzelle gelangen.

Ein Spielkartenmodell kann die Kombinationsmöglichkeiten der Chromosomen veranschaulichen. Ein Kartenpaar entspricht einem homologen Chromosomenpaar. Bei drei verschiedenen Kartenpaaren ergeben sich 2^3, also $2 \times 2 \times 2 = 8$ Kombinationsmöglichkeiten. Übertragen auf den Menschen mit 23 Chromosomenpaaren sind somit 2^{23}, also 8388608 Kombinationen denkbar. Es ist damit sehr unwahrscheinlich, dass zwei Eizellen oder Spermien eines Menschen die gleiche Kombination von Chromosomen enthalten. Folglich entsteht bei jeder Befruchtung ein erblich individuelles Lebewesen. Daher gleicht kein Mensch dem anderen.

Neukombination von Genen

Ein weiteres Phänomen, das die Kombinationsmöglichkeiten der Erbinformation um ein Vielfaches erhöht, ist bei der Meiose auch im Lichtmikroskop zu beobachten. Während der ersten Reifeteilung sind die homologen Chromosomen paarweise angeordnet. Sie liegen sehr dicht aneinander oder sogar übereinander, sodass es zu Überkreuzungen von

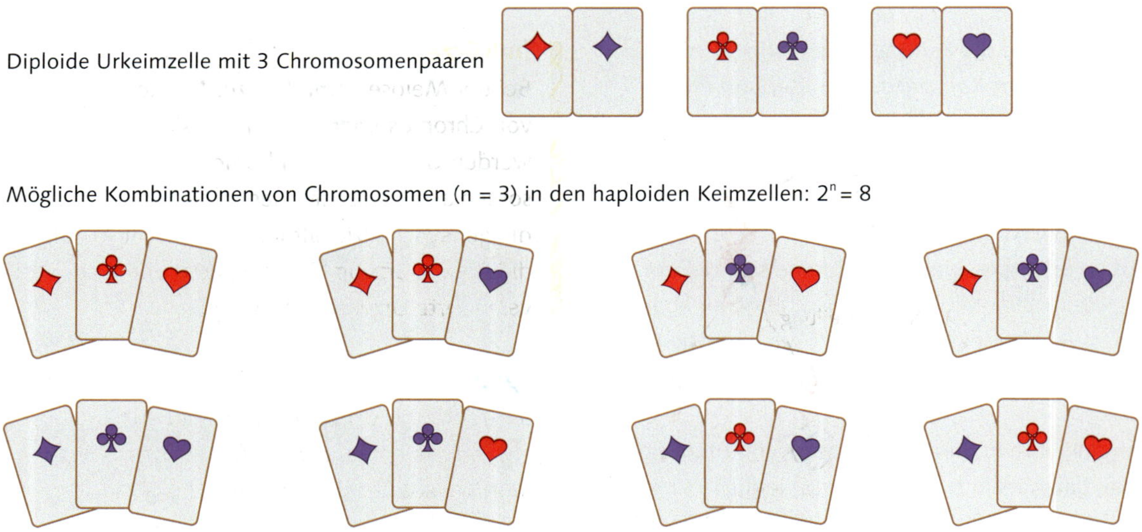

2 Spielkartenmodell zu den Kombinationsmöglichkeiten der Chromosomen bei der Meiose

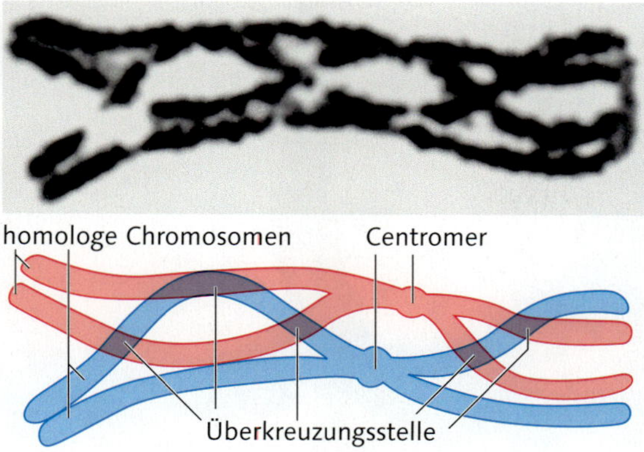

3 Crossing-over im Elektronenmikroskop und schematisch

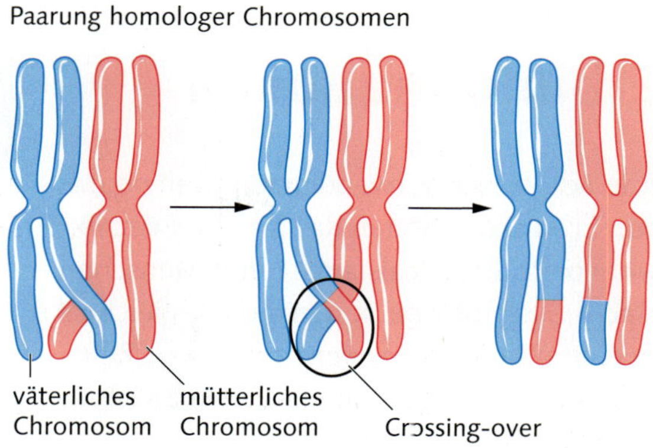

5 Schema eines Crossing-over

homologen Chromatiden kommen kann. Dabei erfolgt ein gegenseitiger Austausch von Erbsubstanz. Dieser Vorgang wird als *Crossing-over* bezeichnet. Nach der Trennung der Chromosomen enthält nun jedes Chromosom ein Stück des jeweils anderen. Dadurch sind Gene zwischen den homologen Chromosomen ausgetauscht worden. Vor der Meiose und einem Crossing-over enthält jedes Chromosom ausschließlich Erbinformationen von Mutter oder Vater. Nach Meiose und Crossing-over-Ereignissen liegen nun in den Chromosomen der haploiden Keimzellen Neukombinationen von mütterlicher und väterlicher Erbinformation vor. Bei der Keimzellenbildung des Menschen liegt die Häufigkeit bei etwa zwei bis drei Crossing-over pro Chromosomenpaar.

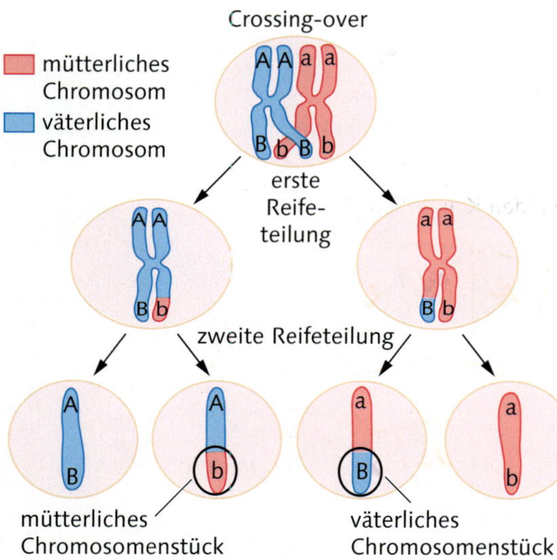

4 Crossing-over führt zur Bildung von vier erblich ungleichen Keimzellen.

Genetische Vielfalt und Evolution

Es gibt zwei Möglichkeiten, wie Erbinformationen während der Meiose neu kombiniert werden können: erstens durch Neukombination ganzer Chromosomen bei der ersten Reifeteilung und zweitens durch Neukombination von Genen innerhalb von Chromosomen durch Crossing-over. Dadurch entstehen immer neue Gen- und Merkmalskombinationen. Sie sind die Ursache für die genetische Vielfalt innerhalb einer Art, die wiederum Voraussetzung ist für Angepasstheiten der Lebewesen an sich verändernde Umweltbedingungen. Ohne die Neukombination von Erbinformationen wäre die Entwicklung der Vielfalt von Lebewesen kaum möglich. Der natürliche Evolutionsprozess würde deutlich langsamer verlaufen.

In Kürze

Bei der Meiose kommt es zur Neukombination von Chromosomen. Durch Crossing-over werden Gene zwischen homologen Chromosomen ausgetauscht. Dies ist die Ursache für die genetische Vielfalt innerhalb einer Art und die Voraussetzung für Angepasstheiten an veränderte Umweltbedingungen.

Aufgaben

1 □ Ermittle für ein Lebewesen, das sechs Chromosomenpaare besitzt, die Anzahl möglicher Neukombinationen bei der Meiose.

2 ◪ Beschreibe den Vorgang des Crossing-over und erläutere seine Bedeutung.

DNA – Träger der Erbinformationen

Alle Lebewesen verwenden zur Weitergabe von Erbinformationen das gleiche Prinzip. Sowohl beim Frosch als auch beim Menschen sind die Erbinformationen auf die gleiche Art in einem Molekül gespeichert. Lange Zeit blieb die Frage offen, aus welchen Stoffen die Erbinformation aufgebaut ist.

Die Experimente von Frederick Griffith ...
Der englische Arzt Frederick Griffith experimentierte 1928 mit zwei Bakterienstämmen, die Lungenentzündung hervorrufen. Der S-Stamm besitzt eine Schleimhülle. Das S im Namen stammt vom englischen Wort »smooth«, das bedeutet glatt. Das Immunsystem kann diese Bakterien kaum bekämpfen, dadurch werden sie lebensgefährlich. Dem R-Stamm fehlt diese Hülle. Das R im Namen stammt vom englischen Wort »rough«, das bedeutet rau. Der R-Stamm ist harmlos, weil das Immunsystem diese Bakterien bekämpfen kann. Bei seinen Versuchen fand Griffith heraus, dass abgetötete Bakterien des tödlichen S-Stamms ihre Erbinformationen auf den harmlosen R-Stamm übertragen können. Injiziert man Mäusen sowohl inaktive S-Bakterien als auch aktive R-Bakterien, sterben die Mäuse.

1 Die Erbinformation ist in Molekülen gespeichert.

... und von Oswald Avery
Der kanadische Arzt Oswald Avery zerlegte 1944 mit Hilfe biochemischer Methoden abgetötete Bakterien des S-Stamms in den Proteinanteil und den Nukleinsäureanteil. Infizierte er Mäuse mit einer Mischung aus der Nukleinsäure des S-Stamms und lebenden Bakterien des R-Stamms, starben die Mäuse. Infizierte er Mäuse mit einer Mischung aus Protein des S-Stamms und Bakterien des R-Stamms, überlebten die Mäuse. Avery wies damit nach, dass die Nukleinsäure Träger der Erbinformationen ist. Die Information zur Herstellung der Schleimhülle wurde durch die Nukleinsäure der S-Bakterien in die lebenden R-Bakterien übertragen. Diese bildeten nun Schleimhüllen.

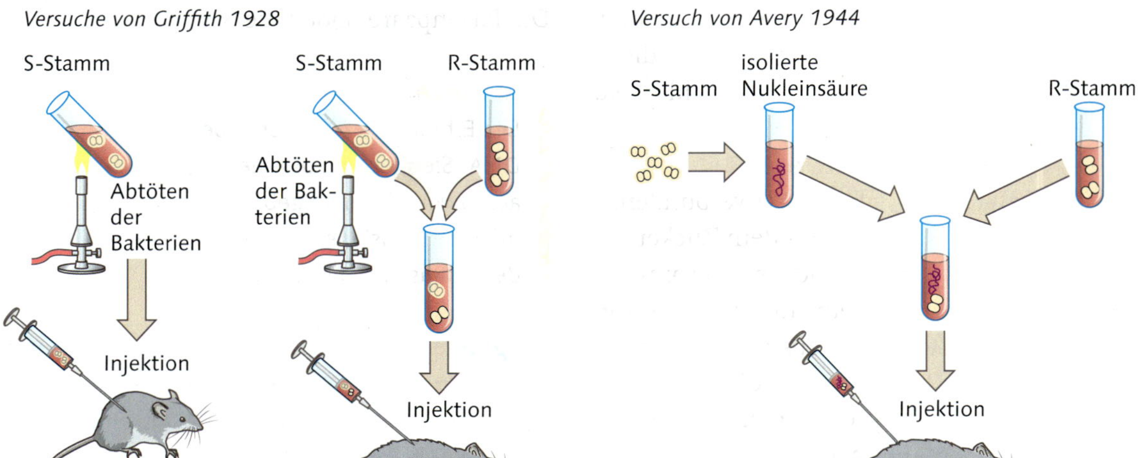

2 Versuche von Griffith und Avery

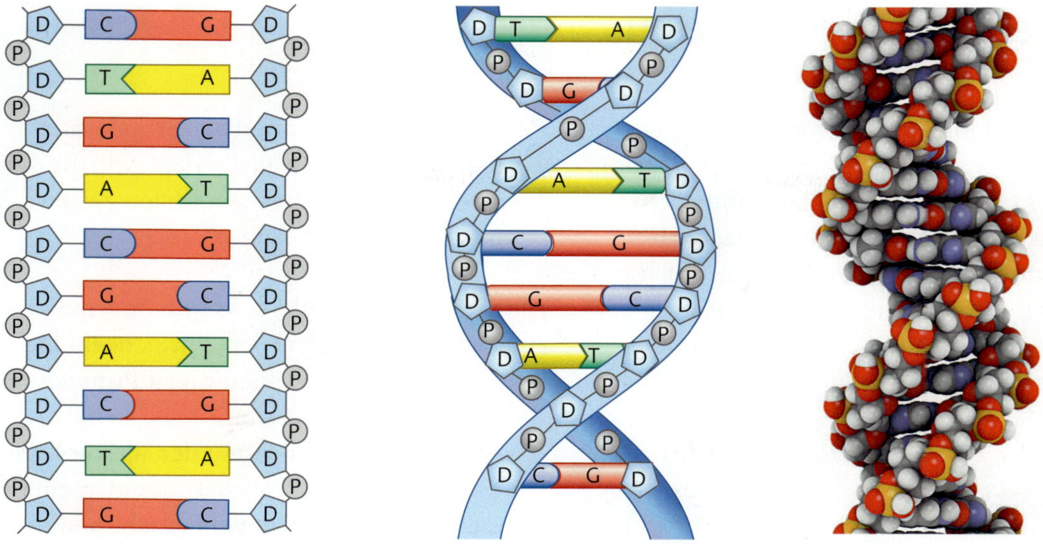

3 DNA-Modelle, linear und dreidimensional

Aufbau der Erbinformation

Die beiden Wissenschaftler James Watson und Francis Crick konnten 1953 den Bau und die Molekülstruktur der Erbinformation aufklären.

Die *Desoxyribonukleinsäure*, kurz DNA, ist ein langes, kettenförmiges Molekül. Das A in der Abkürzung DNA steht für das englische Wort »acid«, das bedeutet Säure. Die Grundbausteine der DNA sind *Nukleotide*.

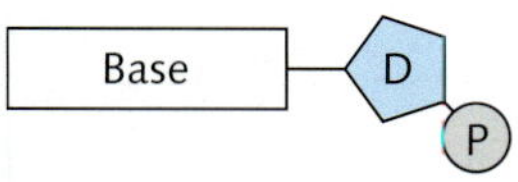

Jedes Nukleotid besteht aus einer Phosphatgruppe, einem Zuckermolekül, der Desoxyribose, und einer der vier Basen *Adenin*, *Cytosin*, *Guanin* oder *Thymin*. In der Reihenfolge dieser Basen ist die Erbinformation verschlüsselt.

Räumlicher Aufbau der DNA

Die Nukleotide sind miteinander verbunden. Dabei bildet das Phosphat mit dem Zucker des nächsten Nukleotids eine feste Verbindung. Dadurch entsteht ein langer Strang, von dem die Basen nach innen abstehen. Ein zweiter, passgenauer Strang ist über die Basen mit dem ersten Strang verbunden. Zwischen den Basen wirken schwache Bindungskräfte, sogenannte *Wasserstoffbrückenbindungen*. Adenin kann sich immer nur mit Thymin verbinden und Guanin nur mit Cytosin, daher spricht man von *spezifischer Basenpaarung*. Den dadurch entstehenden Doppelstrang kann man mit einer Strickleiter vergleichen. Die Holme der Leiter entsprechen den Zucker-Phosphat-Ketten und die Sprossen den *komplementären*, das heißt sich ergänzenden Basenpaaren.

Weitere Untersuchungen von Watson und Crick ergaben, dass die beiden DNA-Stränge schraubig umeinandergewunden sind, es entsteht eine *Doppelhelix*. Der Begriff Helix ist griechisch und bedeutet Schraube. Im Modell wird die gerade Strickleiter in sich verdreht. Die Basenpaare bilden die Sprossen.

In Kürze

Die Erbinformation aller Lebewesen ist die DNA. Sie besteht aus einem Doppelstrang, der aus Nukleotiden aufgebaut ist. Die Erbinformation ist als Abfolge der vier verschiedenen Basen gespeichert.

Aufgaben

1 □ Überlege dir eine Basenabfolge von mindestens zwölf Basen und zeichne einen DNA-Strang dazu. Ergänze ihn zu einem Doppelstrang.

2 ◪ Stelle die DNA in einem geeigneten Modell dar.

Praxis

Bau eines DNA-Modells

Dreidimensionales DNA-Modell

Material farbige Maisstücke, Zahnstocher, 2 Seilabschnitte ca. 30 cm, Schlauchabschnitte, 2 Drahtstücke, Schwammtuch, Wasser, Smartphone, Pfeifenreiniger

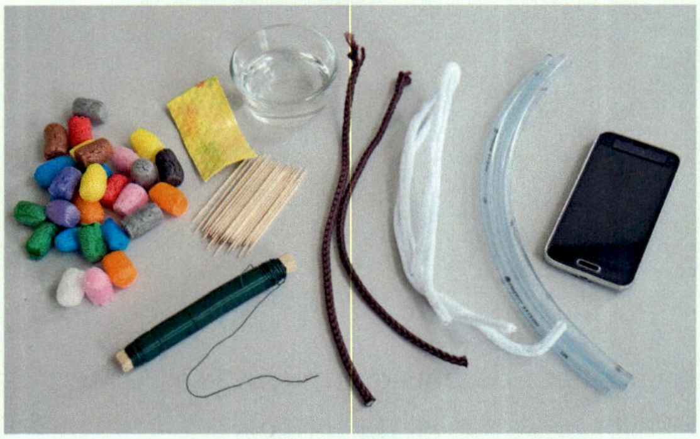

1 Material

Planung Entwickelt ein Modell, mit dem ihr den Aufbau der DNA zeigen könnt. Ordnet die einzelnen Teile des Modells den entsprechenden Teilen des Originals zu. Erstellt dazu eine Tabelle, die dies verdeutlicht.

Tipps
- Es müssen nicht alle Materialien verwendet werden.
- Die Maisstückchen können durch leichtes Befeuchten fest verbunden werden.

Verwende folgendes Muster:

Modell	Entsprechung in der Realität
	Thymin

Durchführung Baut gemeinsam das Modell. Bereitet zusammen eine kurze Präsentation für die Klasse vor, in der ihr den Aufbau der DNA erklärt. Macht euch Notizen zu den einzelnen Bestandteilen. Verteilt in der Gruppe die Darstellung des Aufbaus.

Präsentation Präsentiert als Gruppe euer Modell vor der Klasse. Überlegt, wie ihr die einzelnen Bestandteile am besten zeigen und kommentieren könnt.

Modellkritik Modelle sind immer vereinfachte Darstellungen der Wirklichkeit. Sie stimmen immer nur in einigen Punkten mit der Realität überein.
Vergleicht euer Modell mit der Wirklichkeit. Beschreibt dazu, in welchen Punkten euer Modell der Wirklichkeit entspricht und in welchen es davon abweicht. Zeigt auch die Grenzen des Modells auf.

Kriterien der Modellkritik

1 Entsprechung und Ähnlichkeit
Das Modell muss in den wesentlichen Eigenschaften dem Original entsprechen. Es muss ihm in seinen Hauptmerkmalen ähnlich sein.

2 Einfachheit
Das Modell muss einfacher als das Original sein. Es soll nur die Eigenschaften des Originals verdeutlichen, die wichtig für die Fragestellung sind.

3 Exaktheit und Aussagekraft
Das Modell muss so exakt sein, dass Voraussagen und Erkenntnisse über das Original gemacht werden können.

Auswertung
1 Überlegt gemeinsam, ob eure Präsentation den Aufbau der DNA deutlich gezeigt hat. Sucht nach Verbesserungsmöglichkeiten.
2 Gebt den anderen Gruppen Rückmeldung zu ihrer Präsentation.
3 Übertragt die Abfolge der Basen eures DNA-Modells in eure Hefte.
4 Fotografiert euer Modell und beschriftet die Ausdrucke in euren Heften.

Praxis

DNA-Isolierung

Material *Reinigungslösung:* 20 ml Leitungswasser, 1 g Kochsalz, 2,2 g Natriumcitrat, 5 ml Flüssigwaschmittel
Isolierung: Tomaten, Messer, Schneidebrett, Mörser mit Pistill, Spatel, Teesieb, Küchenpapier, Trichter, 2 Pipetten, Holzspieß, Erlenmeyerkolben (250 ml), Reagenzglas, Becherglas (250 ml), Objektträger, Schutzbrille, Brennspiritus (GHS02 und GHS07; sehr kalt), Toluidinblau

Durchführung
Reinigungslösung: Fülle in das Becherglas 20 ml Leitungswasser. Löse darin 1 g Kochsalz und 2,2 g Natriumcitrat durch Umrühren auf. Gib 5 ml Flüssigwaschmittel hinzu und rühre vorsichtig um.

Für die Isolierung der DNA:
Schneide die Tomate auf dem Brett mit dem Messer in sehr kleine Stücke. Reibe die Tomatenstücke im Mörser zu einem Mus. Gib das Tomatenmus in das Becherglas mit der Reinigungslösung (Schutzbrille) und rühre mit dem Spatel um. Lass die Mischung 5 Minuten ruhen. Stelle den Trichter mit einem Stück Haushaltsrolle als Filterpapier in den Erlenmeyerkolben. Filtriere das Tomatenmus mit der Reinigungslösung durch ein Teesieb in den Trichter, sodass die Flüssigkeit in den Erlenmeyerkolben läuft. Fülle das Reagenzglas zu einem Drittel mit dem Filtrat. Gib nun vorsichtig ebenso viel gekühlten Brennspiritus in das Reagenzglas. Lass ihn dazu aus der Pipette vorsichtig am Rand des Reagenzglases hinunterlaufen. Die DNA flockt als weiße Masse aus. Du kannst sie nun mit dem Holzstab entnehmen und anfärben. Dazu gibst du sie auf einen Objektträger und fügst einen Tropfen Toluidinblau mit einer Pipette dazu.

Auswertung Betrachte die DNA im Mikroskop und beschreibe, was du siehst.

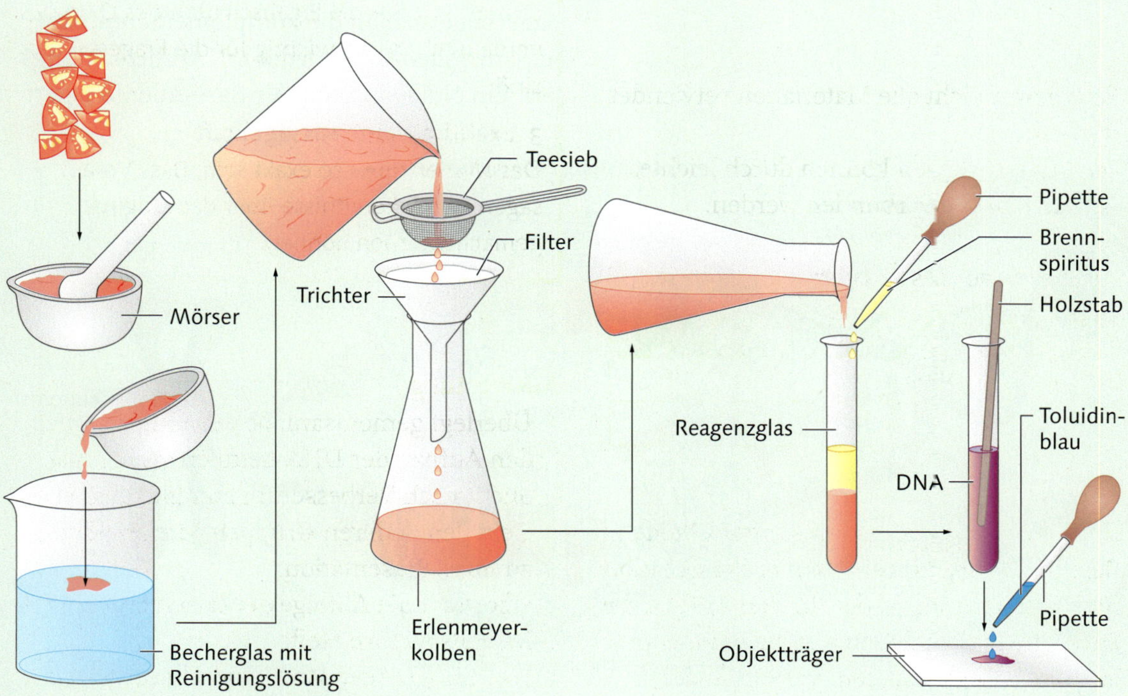

1 Versuchsablauf zur DNA-Isolierung aus Tomaten

Verdopplung der DNA

In der Schule verteilen Lehrer häufig Arbeitsmaterial, das sie zuvor mit Hilfe des Kopierers vervielfältigt haben. Das Original behält der Lehrer und die Kopie erhältst du. Diese Kopie gibt also Informationen vom Lehrer an dich weiter. Das Prinzip des Kopierens gibt es auch in der Natur.

1 Eine Kopie erstellen.

Identische Verdopplung

Erbinformationen müssen bei der Zellteilung unverändert und vollständig an die Tochterzellen weitergegeben werden. Dazu wird die DNA im Zellkern vor der Teilung verdoppelt. Aus jedem Chromatid wird dabei ein Chromosom gebildet, das aus je zwei identischen Chromatiden besteht. Dieser Vorgang ist die Voraussetzung dafür, dass bei der Mitose aus jeder Zelle zwei genetisch gleiche Tochterzellen entstehen können.

Vorgang der Verdopplung

Damit die DNA verdoppelt werden kann, muss sie zuerst aufgedreht werden. Wenn sie als glatter Strang vorliegt, können Enzyme den Doppelstrang öffnen. Dies geschieht ähnlich wie das Öffnen eines Reißverschlusses. Ab einer bestimmten Startstelle löst ein Enzym die Wasserstoffbrücken zwischen den spezifischen Basenpaaren. Jeder der beiden Einzelstränge dient als Vorlage für die Bildung eines zweiten, exakt passenden Strangs. Im Kernplasma befinden sich freie Nukleotide. Sie bestehen aus einer der vier Basen, einem Zuckermolekül und einer Phosphatgruppe. Entsprechend der spezifischen Basenpaarung lagern sie sich an die komplementären, also ergänzenden Basen jedes DNA-Einzelstrangs an. Ein Nukleotid mit der Base Adenin lagert

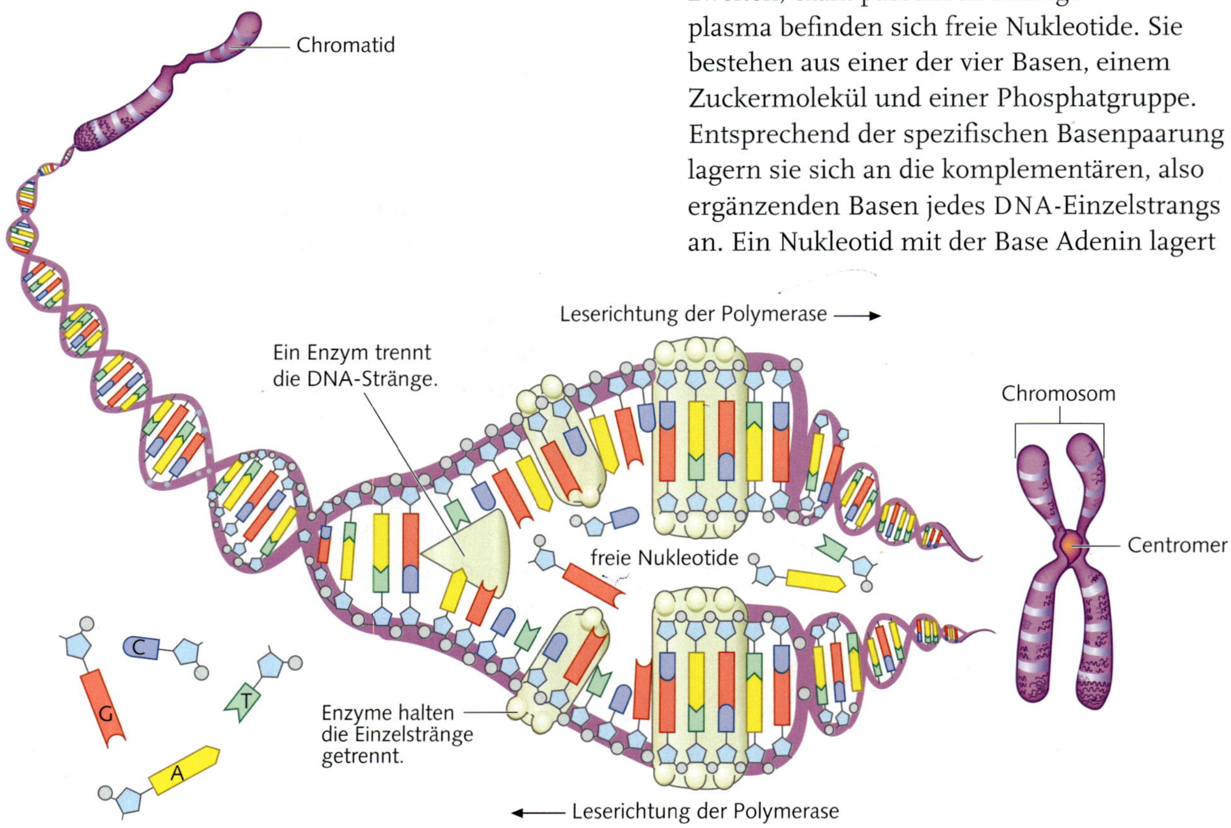

2 Verdopplung der DNA

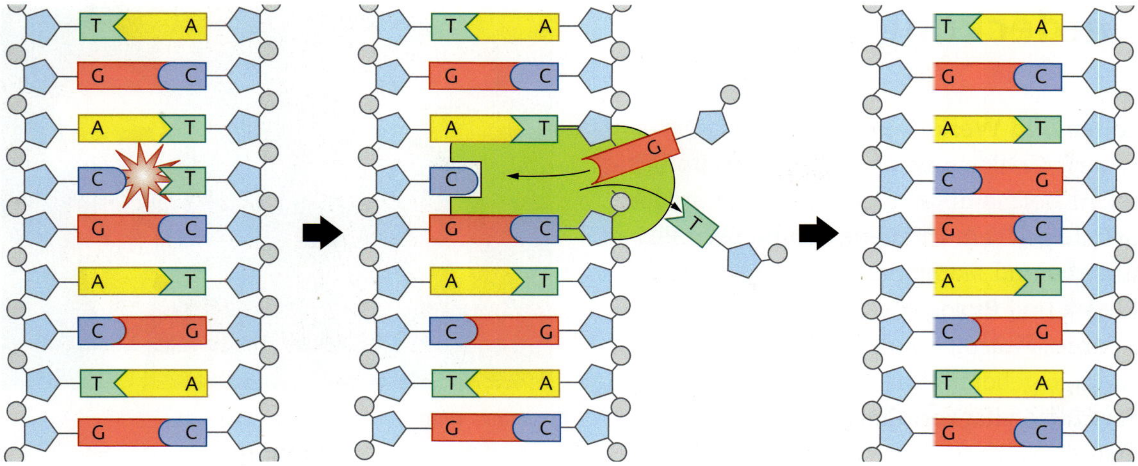

3 Reparatur von Kopierfehlern

sich an die Base Thymin an und umgekehrt. Ebenso finden sich die Basen Cytosin und Guanin. Die Verknüpfung der Nukleotide wird durch das Enzym Polymerase gesteuert. Zwischen den Basen entstehen neue Wasserstoffbrückenbindungen. Auf diese Weise werden zwei Doppelstränge gebildet, die identisch mit dem Mutterstrang sind. Diese Verdopplung nennt man *Replikation*. Abschließend dreht sich jeder der beiden Doppelstränge auf und bildet jeweils eine Doppelhelix.

Extra

Polymerase-Kettenreaktion

An Tatorten werden häufig nur geringe DNA-Mengen gefunden, die für genaue Untersuchungen oft nicht ausreichen. Die DNA muss also vervielfältigt werden. Dies ist möglich durch die Polymerase-Kettenreaktion. Dabei wird die gefundene DNA durch Erhitzen in Einzelstränge zerlegt. Abschließend wird eine Lösung mit freien Nukleotiden und dem Enzym Polymerase, das alle DNA-Stücke gleichzeitig kopiert, zugegeben. Dadurch werden die Einzelstränge zu Doppelsträngen ergänzt. Diese Kopien dienen im nächsten Durchgang wieder als Originale. Wiederholt man dieses Verfahren mehrmals, erhält man eine größere Menge an DNA, die für kriminaltechnische Untersuchungen, beispielsweise Vergleiche mit anderen DNA-Proben, verwendet werden können.

Reparatur von Kopierfehlern

Während der DNA-Replikation werden in relativ kurzer Zeit etwa drei Milliarden Basen kopiert. Dabei können Fehler unterlaufen, beispielsweise kann an ein Cytosin auf dem Vorlagestrang ein Nukleotid mit der Base Thymin angelagert werden. Es gibt in jeder Zelle Reparaturenzyme, die solche Fehler erkennen und falsch eingebaute Nukleotide durch die richtigen, passenden Nukleotide ersetzen. Die Fehler werden dabei nur am neu entstehenden Tochterstrang verbessert, sonst würde die Basenabfolge des Mutterstrangs verändert und dieser Fehler dann bei jedem neuen Kopiervorgang weitergegeben werden. Die DNA kann auch durch UV-Strahlung oder Umweltgifte beschädigt werden. Die meisten dieser Fehler werden von den Reparaturenzymen »erkannt« und beseitigt.

In Kürze

Bei der Replikation wird der DNA-Doppelstrang aufgetrennt. Freie Nukleotide lagern sich an die Basen der Einzelstränge an. Es entstehen zwei identische Tochterstränge aus einem Mutterstrang.

Aufgaben

1 □ Beschreibe den Vorgang der DNA-Verdopplung mit eigenen Worten.

2 ◪ Begründe den Zeitpunkt, an dem die Verdopplung der DNA stattfindet.

Extra

Entdeckung der DNA

1 James Watson und Francis Crick

Leben und Werk

Francis Crick wurde am 8. Juni 1916 im britischen Northampton geboren. Bereits in der Schule galt sein Interesse den Fächern Physik, Chemie und Mathematik. Später studierte er Physik und Biologie.

James Watson wurde am 6. April 1928 in Chicago geboren. Mit 15 Jahren begann er an der Universität von Chicago Zoologie zu studieren.

Watson und Crick lernten sich im Jahr 1952 am Cavendish Laboratory in Cambridge kennen. Watson hatte ein Stipendium für Molekularbiologie bekommen und Crick schrieb erfolglos an seiner Doktorarbeit über Hämoglobin. Obwohl ihnen wichtige Kenntnisse in der Chemie fehlten, widmeten sie sich zunächst in ihrer Freizeit der Frage nach dem Aufbau des DNA-Moleküls.

Watson und Crick entwickeln ein Modell

Um 1950 waren bereits einige Wissenschaftler mit der Untersuchung des DNA-Moleküls beschäftigt. Watson und Crick konnten somit auf viele Erkenntnisse zurückgreifen, die sie genial kombinierten.

Erwin Chargaff stellte 1947 fest, dass die Zusammensetzung der DNA-Basen bei allen Organismen unterschiedlich ist. Innerhalb eines Organismus ist aber der Anteil an Adenin immer gleich dem Anteil an Thymin und die Guaninmenge entspricht immer der Cytosinmenge.

Eine Röntgenaufnahme der DNA-Struktur von Rosalind Franklin brachte Watson und Crick nach vielen Diskussionen und Modellversuchen auf die bahnbrechende Idee, dass die DNA aus zwei Strängen aufgebaut sein könnte, die sich in einer Doppelhelix winden. Sie bastelten ein Modell aus Klammern und Pappstücken zusammen. Die Basen zeigten dabei nach innen und verbanden die beiden Stränge. Eine Beschreibung ihres Modells wurde am 25. April 1953 in der Zeitschrift Nature veröffentlicht.

1962 erhielten Watson und Crick gemeinsam mit Rosalind Franklins Arbeitgeber Maurice Wilkins den Nobelpreis für die Entwicklung des DNA-Modells. Der Nobelpreis wird nur an noch lebende Personen verliehen, Rosalind Franklin war jedoch bereits 1958 gestorben.

2 Rosalind Franklin

3 Maurice Wilkins

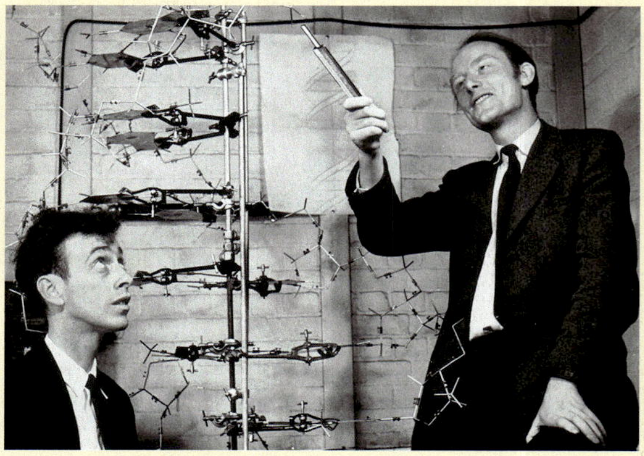

4 DNA-Modell von Watson und Crick

Dem Täter auf der Spur

Durch einen genetischen Fingerabdruck können Personen eindeutig identifiziert werden. Es reichen winzigste DNA-Spuren, wie man sie in Haaren oder auf Zigarettenkippen finden kann. In einem forensischen, also kriminaltechnischen Labor werden sie untersucht, um einen Verdächtigen zu überführen oder zu entlasten. Durch diese Methode lassen sich auch Verwandtschaftsverhältnisse, wie die Feststellung der Vaterschaft, klären.

Die DNA besteht nur zu etwa 10 Prozent aus Genen. Für den genetischen Fingerabdruck sind nichtcodierende Abschnitte entscheidend. In ihnen findet man Bereiche, in denen zwei bis sieben Nukleotide häufig wiederholt werden. Man nennt sie »short tandem repeats«, abgekürzt STRs. Betrachtet man die Anzahl der Wiederholungen mehrerer STR-Stellen, so entsteht ein Muster, das für jeden Menschen einzigartig ist. Wird am Tatort eine Probe gefunden, so werden mit Hilfe von Enzymen mehrere STR-Stellen aus der DNA geschnitten und anschließend vervielfältigt. Um die STRs nach ihrer Größe aufzutrennen, werden sie auf ein Gel aufgebracht, an das eine Spannung angelegt wird. Die verschieden großen geladenen Teilchen wandern nun mit unterschiedlichen Geschwindigkeiten zu einem Pol. Wird der Vorgang unterbrochen, so entsteht ein typisches Bandenmuster, das mit Hilfe eines Computers verarbeitet wird.

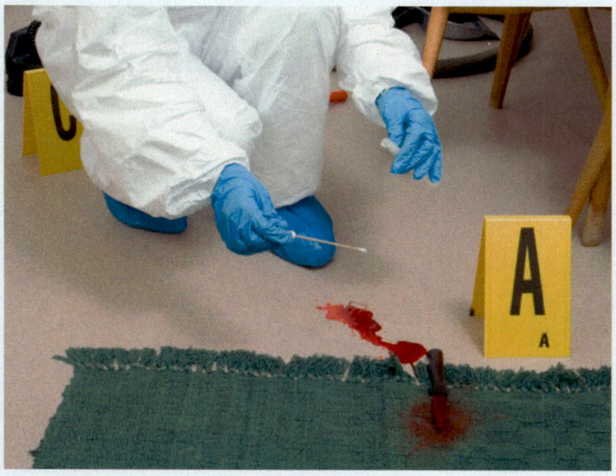

1 Kriminaltechniker bei der Arbeit

a ◪ Erstelle ein Flussdiagramm zur Auswertung eines genetischen Fingerabdrucks.

b ◪ Bild 3 zeigt den Vergleich von Speichelproben mit der Tatortspuren. Werte den Test aus.

c ■ Begründe, warum nur Bereiche der DNA verwendet werden, die keine Information enthalten.

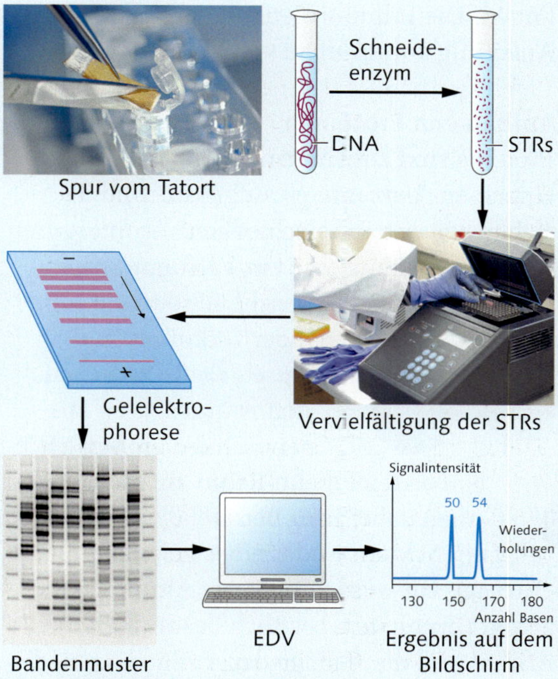

2 Erstellung eines genetischen Fingerabdrucks

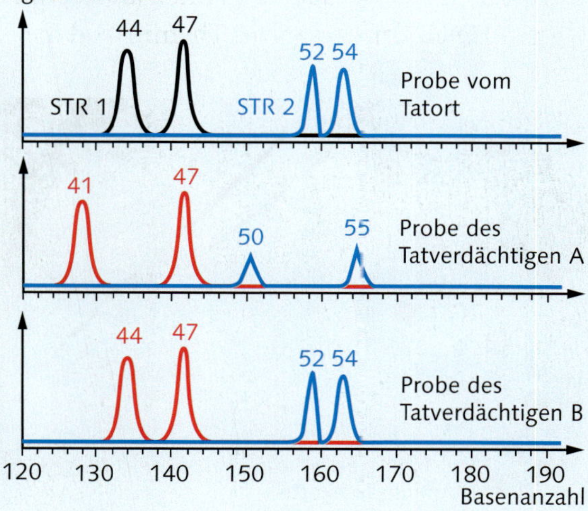

3 Auswertung eines Tests von Speichelproben

Proteine – Grundlage der Merkmale

In einer Schwangerschaft wächst ein neues Lebewesen heran. Die Mutter muss deshalb darauf achten, ausreichend Proteine zu sich zu nehmen. Proteine sind für die Ausprägung der Merkmale verantwortlich. Dazu gehören nicht nur die äußerlichen Merkmale und der Aufbau des Körpers, sondern auch seine Funktionen. Die Erbinformationen enthalten die Anleitung zum Aufbau von Proteinen.

1 Proteine sind wichtig in der Schwangerschaft.

Aufbau von Proteinen

Proteine sind kettenförmige Moleküle, die aus einzelnen *Aminosäuren* aufgebaut sind. Es stehen etwa 20 unterschiedliche Aminosäuren als Bausteine zur Verfügung, die über chemische Bindungen miteinander verknüpft sind.

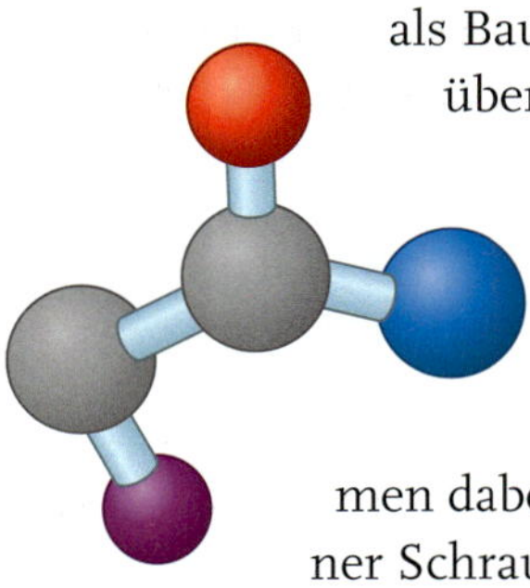

Durch Kräfte zwischen den Aminosäuren ordnen sich die großen Moleküle im Raum an. Sie nehmen dabei zum Beispiel die Gestalt einer Schraube oder eines gefalteten Blattes an. Oft werden mehrere Aminosäureketten kombiniert. Letztlich bestimmen die Anzahl und die Abfolge der Aminosäuren, die *Aminosäuresequenz*, den Aufbau der Kette und somit den räumlichen Bau sowie die Funktion des Proteins. Durch die beträchtliche Anzahl von Kombinationsmöglichkeiten der verschiedenen Aminosäuren kann eine unvorstellbar große Zahl unterschiedlicher Proteine gebildet werden.

Proteine als Baustoffe

Proteine geben dem Körper als Baustoffe seine feste und gleichzeitig elastische Gestalt. Sie bestimmen die Form von Zellen, Geweben und Organen. Etwa ein Drittel der Körperproteine des Menschen sind Kollagene. Sie sind unter anderem am Aufbau der Haut, der Knochen, der Sehnen oder der Knorpel beteiligt. Andere Proteine sind Baustoffe für Haare und Nägel. Die Muskeln bestehen aus Proteinen, die ihre Form verändern und Bewegungen ermöglichen können.

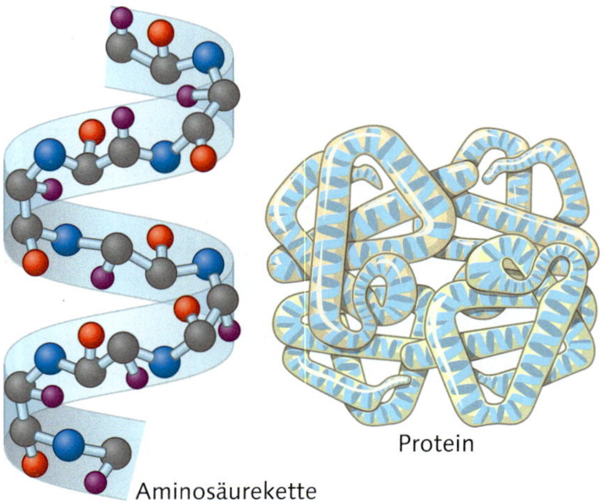

2 Aufbau von Proteinen

3 Faserförmige Kollagene in der Haut

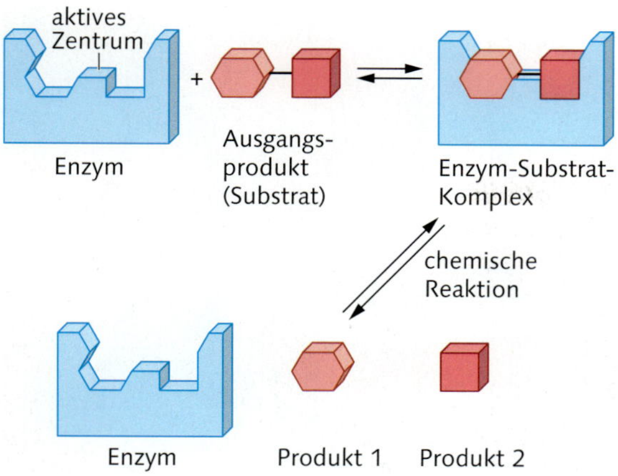

4 Enzymwirkung nach dem Schlüssel-Schloss-Prinzip

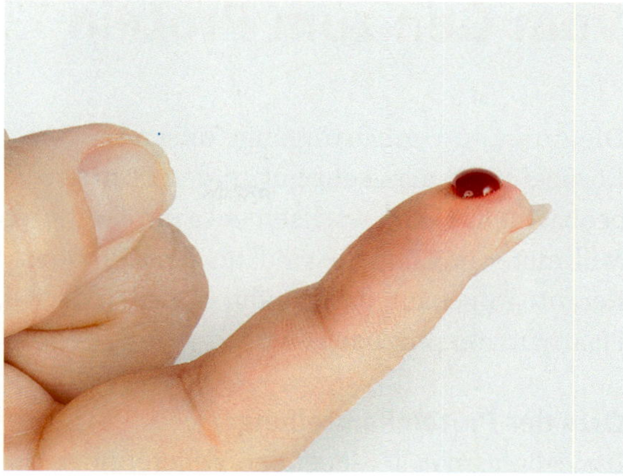
5 Auch im Blut übernehmen Proteine wichtige Aufgaben.

Proteine als Enzyme

Proteine besitzen eine zentrale Bedeutung für die Stoffwechselvorgänge des Körpers. Als Biokatalysatoren oder *Enzyme* steuern sie sämtliche chemische Reaktionen. Sie bestimmen, welche Stoffe auf- und abgebaut werden oder welche genetische Information wann und in welchem Umfang abgelesen wird. Dadurch wirken sie entscheidend an der Ausprägung von Merkmalen mit. Viele Enzyme arbeiten nach dem *Schlüssel-Schloss-Prinzip*. Der Ausgangsstoff tritt dabei in Wechselwirkung mit dem aktiven Zentrum des Enzyms, in das er wie ein Schlüssel in ein Schloss passt. Die nun ablaufende chemische Reaktion ist für Stoffe, die nicht »in das Schloss passen«, unmöglich.

Proteine als Botenstoffe

Hormone bilden neben den Nerven das zweite Informationssystem des Körpers. Viele Botenstoffe oder *Hormone* sind Proteine. Sie werden in speziellen Drüsen gebildet und über das Blut im Körper verteilt. Hormone docken nach dem Schlüssel-Schloss-Prinzip an ihren Zielzellen an. Anschließend entfalten sie ihre Wirkung. Die an der Blutzuckerregulation beteiligten Hormone Insulin und Glucagon sind beispielsweise Proteine.

Weitere Aufgaben

Im Blut sind Proteine am Transport von Sauerstoff beteiligt. Wunden werden durch das Zusammenwirken verschiedener Proteine bei der Blutgerinnung verschlossen und der Blutverlust gestoppt. Als Antikörper spielen Proteine eine wichtige Rolle bei der Abwehr von Krankheitserregern.

Körpereigene Proteine

Viele Proteine sind bei allen Menschen gleich gebaut, manche dagegen individuell unterschiedlich.

Für die Herstellung der Proteine werden die Einzelbausteine, die Aminosäuren, benötigt. Mit der Nahrung nehmen wir körperfremde Eiweiße auf und spalten sie durch Verdauungsprozesse in einzelne Aminosäuren auf. In den Zellen werden daraus die körpereigenen Proteine aufgebaut.

In Kürze

Proteine sind Moleküle aus Aminosäuren. Sie erfüllen als Enzyme sowie als Bau- und Botenstoffe wichtige Aufgaben im Körper. Sie bestimmen die Ausprägung von Merkmalen.

Aufgaben

1 □ Nenne die Aufgaben der Proteine im Körper.

2 □ Beschreibe den Aufbau eines Proteins.

3 ◪ Erläutere das Schlüssel-Schloss-Prinzip und nenne Beispiele.

Vom Gen zum Protein

Die Auf- und Umbauvorgänge unseres Körpers kann man sehr gut an den Haaren beobachten. Haare wachsen etwa ein Drittel Millimeter pro Tag. Sie sind aus dem Protein Keratin aufgebaut, das ständig in Zellen der Haarwurzeln produziert wird.

1 Haare bestehen aus Proteinen.

Orte der Proteinherstellung

Im Zellplasma aller lebenden Zellen findet man zigtausend Ribosomen. Dies sind kleinste Zellorganellen, die nur mit einem Elektronenmikroskop sichtbar gemacht werden können. An den Ribosomen werden Proteine hergestellt. Es ist der Ort der *Proteinsynthese*.

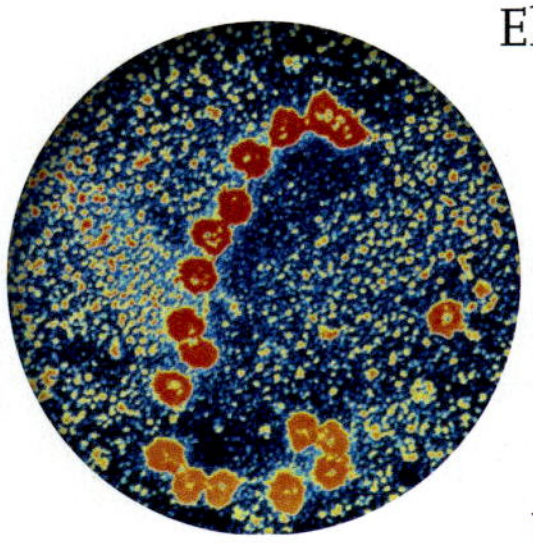

Doppeltes Transportproblem

Die Bauanleitungen für Proteine sind in der Erbinformation gespeichert. Die DNA verlässt jedoch den schützenden Zellkern nie. Für die Proteinherstellung muss die Information aber zu einem Ribosom im Plasma transportiert werden.

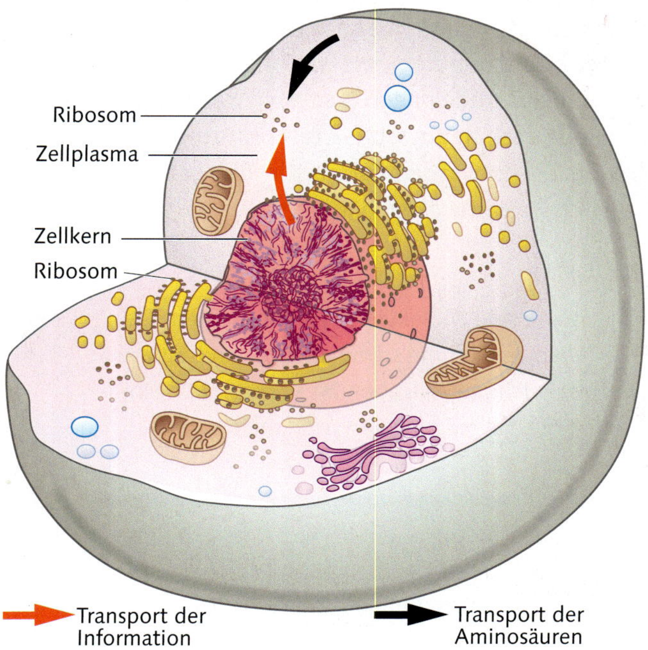

2 An den Ribosomen werden Proteine hergestellt.

Die Bausteine der Proteine, die Aminosäuren, schwimmen frei im Zellplasma. Auch sie müssen gezielt zum Ribosom gebracht werden.

Ein Gen wird kopiert

Um die Informationen eines Gens vom Zellkern zu einem Ribosom zu transportieren, wird eine Kopie des entsprechenden DNA-Abschnitts hergestellt. Dieser Vorgang wird als *Transkription* bezeichnet. Dazu trennt sich der DNA-Doppelstrang auf. Einer der beiden Stränge dient als Vorlage. Nach dem Prinzip der spezifischen Basenpaarung lagern sich passende freie Nukleotide an. Es entsteht eine einsträngige Kopie, die *messenger-RNA* oder kurz *m-RNA*. Am Ende des Gens ist die m-RNA fertiggestellt. Sie löst sich von der DNA ab und wandert durch die Kernporen in das Zellplasma. So transportiert sie die Information für den Bau eines Proteins vom Zellkern zum Ribosom.

Der Code des Lebens

In der Abfolge der Basen auf der DNA, der *Basensequenz*, ist die Erbinformation verschlüsselt oder *codiert*. In dem »genetischen Alphabet« stehen nur vier Basen zur Verfügung. Es müssen aber 20 Aminosäuren unterschieden werden können. Eine Aminosäure wird durch eine Kombination aus drei Basen, einem *Basentriplett*, codiert. Dieser *genetische Code* ist für nahezu alle Lebewesen gültig.

Übersetzung in ein Protein

Am Ribosom wird die Basensequenz der m-RNA in die Aminosäuresequenz eines Proteins übersetzt. Bei diesem Vorgang, der als *Translation* bezeichnet wird, dient die *transfer-RNA* oder *t-RNA* als eine Art Transporter. Jedes t-RNA-Molekül besitzt auf der einen Seite ein bestimmtes Basentriplett, auf der anderen Seite kann eine passende Aminosäure chemisch gebunden werden. Eine t-RNA belädt sich im Zellplasma mit ihrer spezifischen Aminosäure und transportiert sie zum Ribosom. Passt das Triplett zu dem Basentriplett der m-RNA, dockt die t-RNA an. Im Ribosom werden die so herantransportierten Aminosäuren verknüpft. Triplett für Triplett wandert das Ribosom auf der m-RNA entlang. Ist das Ende erreicht, ist eine Aminosäurekette des Proteins fertig. Um viele Aminosäureketten zu produzieren, wird die m-RNA von mehreren Ribosomen nacheinander abgelesen.

In Kürze

Von der Bauanleitung für ein Protein, die die DNA im Zellkern enthält, wird eine Kopie, die m-RNA, erstellt. Diese wandert ins Zellplasma zu einem Ribosom. Die t-RNA transportiert die Aminosäuren zum Ribosom. Hier wird die m-RNA abgelesen und in eine Abfolge von Aminosäuren übersetzt. Immer drei Basen der DNA codieren eine Aminosäure.

Aufgaben

1 □ Nenne den Ort der Proteinsynthese in der Zelle.

2 □ Beschreibe die für die Proteinsynthese nötigen Transportvorgänge.

3 ◪ Beschreibe den Vorgang der Translation.

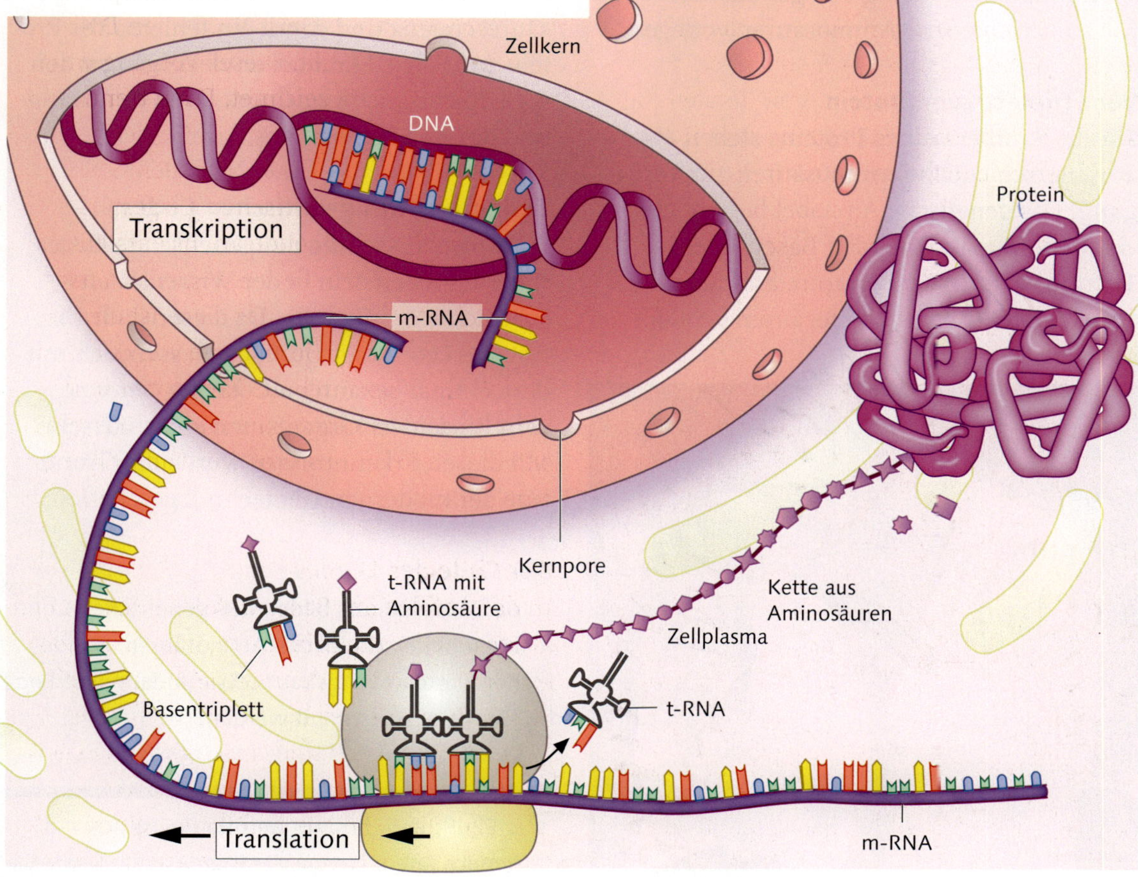

3 Schematische Darstellung der Proteinherstellung

Der genetische Code

Nach fast 15 Jahren Forschungsarbeit konnte 2004 das gesamte Genom des Menschen mit über drei Milliarden Basen entschlüsselt werden. Aufgeschrieben als Basensequenz würde das »Buch des Lebens« 1000 Bände mit je 500 Seiten bei 6000 Buchstaben pro Seite umfassen.

1 Das »Buch des Lebens« würde eine Bibliothek füllen.

Entschlüsselung des genetischen Codes

Watson und Crick konnten 1953 die molekulare Struktur der DNA aufklären. Allerdings blieb es noch viele Jahre ein Geheimnis, wie in der Basensequenz die Information für den Bau eines Proteins verschlüsselt sein konnte. 1961 entschlüsselte der deutsche Biochemiker Matthaei das erste Basentriplett für eine Aminosäure. Nach weiteren fünf Jahren konnte er in Zusammenarbeit mit dem amerikanischen Biochemiker Nirenberg den genetischen Code für 20 verschiedene Aminosäuren vorlegen.

Vom Triplett zum Protein

Für die Synthese eines Proteins stehen etwa 20 unterschiedliche Aminosäuren zur Verfügung. Das genetische Alphabet besteht aus vier Code-Buchstaben, den Basen Adenin, Thymin, Cytosin und Guanin, aus denen 20 »Wörter« für die Aminosäuren gebildet werden. Bei einer Kombination von je zwei Basen für eine Aminosäure ergeben sich nur 16 Kombinationsmöglichkeiten. Erst die Kombination von drei Basen, einem Triplett, ergibt über 20, nämlich 64 Kombinationsmöglichkeiten. Manche Aminosäuren werden durch mehrere Basentripletts codiert. Somit hat eine durch Kopierfehler falsch eingebaute Base nicht zwangsläufig eine veränderte Aminosäuresequenz und damit ein fehlerhaftes Protein zur Folge. Matthaei entdeckte unter den 64 Tripletts auch vier Codes, die den Anfang und das Ende eines Gens anzeigen.

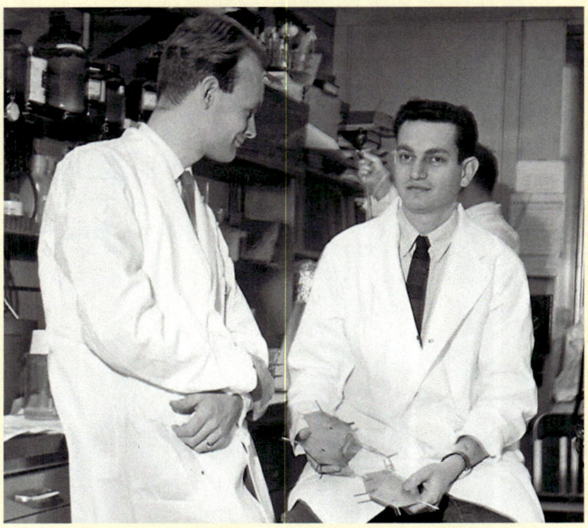

2 Heinrich Matthaei und Marshall Nirenberg

Bedeutung des genetischen Codes

Die Entschlüsselung des genetischen Codes war ein Meilenstein in der Wissenschaftsgeschichte der Genetik. Da dieser Code für fast alle Lebewesen gültig ist, lassen sich mit dem einmal bekannten Code die Genome verschiedenster Organismen entschlüsseln. Mit diesen Erkenntnissen wurde die Grundlage der modernen Gentechnik geschaffen.

In Kürze

64 Basentripletts bilden den genetischen Code für 20 unterschiedliche Aminosäuren, aus denen Proteine aufgebaut sowie Anfang und Ende eines Gens bestimmt werden.

Aufgabe

1 □ Ein Protein besteht beispielsweise aus 150 Aminosäuren. Nenne die Mindestanzahl der Basen des entsprechenden Gens. Begründe.

DNA – ein besonderes Molekül

1 Modelle der DNA

Bild 1 zeigt verschiedene Darstellungen beziehungsweise Modelle der DNA, mit deren Hilfe man unterschiedliche Aussagen über die DNA treffen kann.

a □ Vergleiche die einzelnen Darstellungsformen.

b ◪ Jede Darstellungsform zeigt bestimmte Eigenschaften der DNA besonders gut, während andere vernachlässigt werden. Erstelle eine Tabelle, die dies veranschaulicht. Verwende folgendes Muster:

Modell	zeigt gut, dass	zeigt nicht, dass
A		
B		
C		

c ■ Skizziere ein weiteres DNA-Modell, das einen Aspekt der spezifischen Basenpaarung besonders gut zeigt.

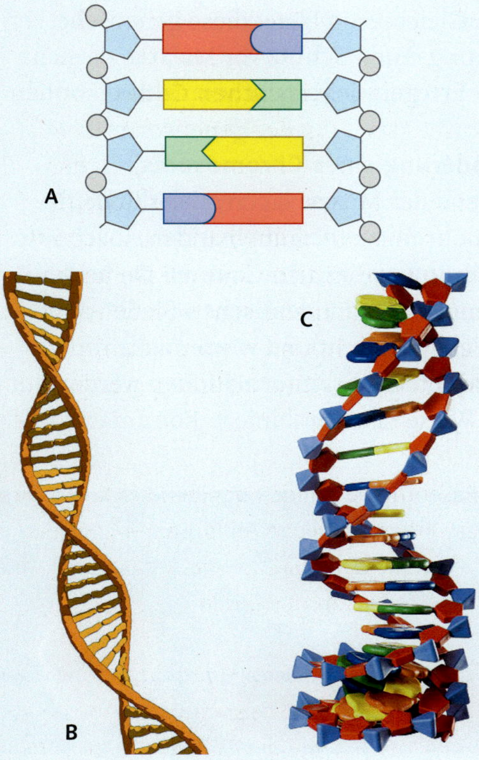

1 Unterschiedliche Darstellungen der DNA

2 Von der DNA zum Protein

Bild 2 zeigt einen Abschnitt eines DNA-Einzelstrangs, der gerade abgelesen wird.

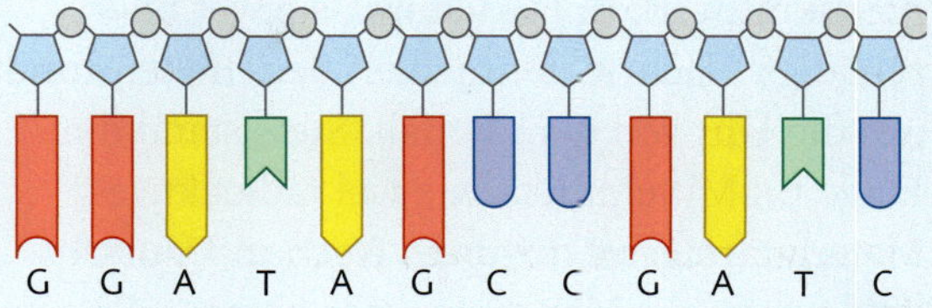

2 DNA Einzelstrang

a □ Zeichne die Abfolge der Basen in dein Heft und ergänze den Gegenstrang nach folgendem Beispiel: G–C.

b ◪ In der m-RNA wird statt Thymin die Base Uracil, abgekürzt U, verwendet. Zeichne die m-RNA-Sequenz, die an diesem DNA-Abschnitt gebildet wird.

c ◪ Die m-RNA wandert zum Ribosom. Dort wird sie abgelesen. Die t-RNA transportiert die Aminosäuren herbei. Durch welche drei Basen eine Aminosäure auf der m-RNA codiert ist, kann man auf der »Code-Sonne« ablesen. Sie wird von innen nach außen gelesen.
Nenne, welche Aminosäuren nun zusammengesetzt werden, zum Beispiel A–G–C: Serin.

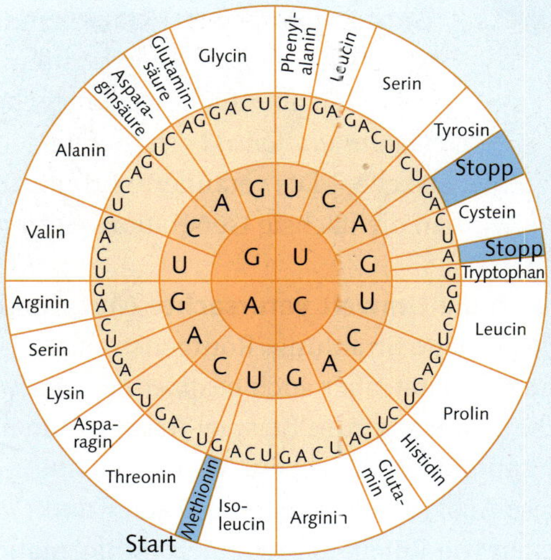

3 Code-Sonne

Veränderung der Erbinformationen

Im März 2012 stockte der Welt der Atem. Durch ein schweres Erdbeben und eine anschließende Flutwelle wurde das japanische Atomkraftwerk in Fukushima schwer beschädigt. Nachrichtenmedien berichteten rund um die Uhr von dem Unfall. Stets stand die Frage im Mittelpunkt, wie viel radioaktives Material freigesetzt wurde. Auch in Deutschland waren die Menschen sehr besorgt. Bereits geringste Mengen radioaktiven Materials können die Erbinformationen verändern.

Die Erbinformationen verändern sich

Obwohl die DNA geschützt im Zellkern liegt und es Reparaturmechanismen gibt, kann es zu Veränderungen der Erbinformation kommen. Diese *Mutationen* können ohne äußere Einflüsse spontan auftreten. Sie sind ungerichtet, das heißt, dass Mutationen nicht auf ein Ziel hin oder zu einem bestimmten Zweck passieren. Die Auswirkungen von Mutationen sind daher nicht vorhersehbar. Viele Mutationen bleiben unbemerkt. Sie können für das Lebewesen einen Überlebensvorteil bedeuten oder aber Nachteile wie schwere Behinderungen oder gar den Tod mit sich bringen. *Somatische Mutationen* betreffen Körperzellen. Sie können schwere Krankheiten wie etwa Hautkrebs hervorrufen, sie werden aber nicht weitergegeben. *Keimbahnmutationen* betreffen die Geschlechtszellen. Die veränderte Erbinformation wird an die nächste Generation vererbt.

Durch die Umwelt verursachte Mutationen

Ultraviolette Strahlung, Röntgenstrahlen, Radioaktivität, aber auch bestimmte chemische Stoffe wie zum Beispiel Asbest können Mutationen verursachen. Man bezeichnet diese Auslöser als *Mutagene*. Auch Krankheiten wie Röteln können die Erbinformation verändern.

1 Das Kernkraftwerk von Fukushima nach dem Unfall

Veränderung eines Gens

Bei der *Gen-* oder *Punktmutation* wird nur ein einziges Gen, im Fall der Sichelzellenanämie nur eine einzige Base der DNA, verändert. Durch die fälschliche Verwendung von Adenin statt Thymin wird eine andere Aminosäure in ein Eiweiß der roten Blutkörperchen eingebaut. Dies hat zur Folge, dass sich die Zellform sichelartig verändert. Bei Menschen mit Sichelzellenanämie ist der Sauerstofftransport eingeschränkt, sie sind weniger leistungsfähig. Gleichzeitig bietet diese genetische Veränderung einen Schutz vor Malaria, da sich deren Erreger nicht mehr vermehren können.

Veränderung eines Chromosoms

Während der Meiose lagern sich die homologen Chromosomen aneinander. Abschnitte der Chromosomenarme können bei beiden Chromosomen an identischen Stellen abbrechen, ausgetauscht und wieder zusammengefügt werden. Erbinformationen werden auf diese Weise neu kombiniert. Kommt es hier-

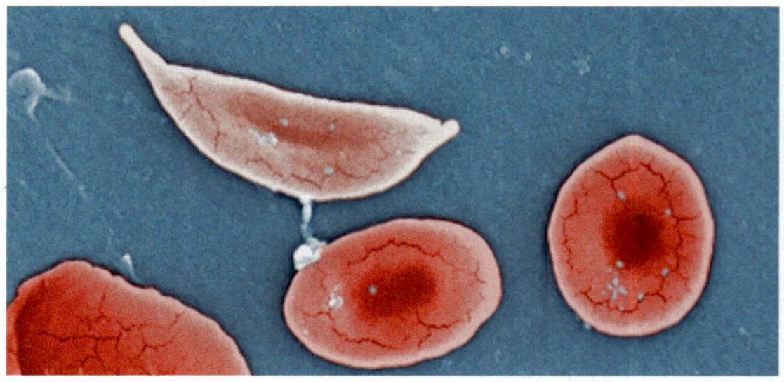

2 Rote Blutkörperchen bei Sichelzellenanämie

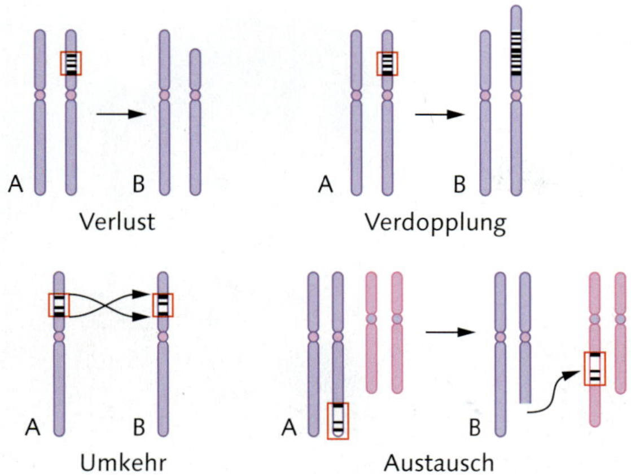

3 Formen der Chromosomenmutationen

5 Kind mit Trisomie 21

bei zu Fehlern, ist nicht nur ein Gen, sondern das ganze Chromosom von der Mutation betroffen. Bei diesen *Chromosomenmutationen* unterscheidet man vier Formen: Beim Verlust geht ein Bruchstück verloren. Bei der Verdopplung verbindet es sich mit einem Chromosom, das kein Bruchstück verloren hat. Bei der Umkehrung verbindet es sich falsch herum und beim Austausch entsteht eine Verbindung an einer anderen Stelle.

Veränderung der Chromosomenzahl

Verändert sich die Anzahl der Chromosomen, spricht man von einer *Genommutation*. Sie geschieht meist während der Meiose, wenn durch einen Fehler zwei homologe Chromosomen in eine Tochterzelle wandern. Dadurch kommt es zu *Trisomien*, das heißt, die Zellen weisen ein Chromosom dreifach auf. Beim Down-Syndrom ist das Chromosom 21 dreimal vorhanden. Dies beeinflusst die körperliche und geistige Entwicklung in unterschiedlicher, nicht vorhersehbarer Weise. Ursache hierfür ist, dass zu große Mengen an Proteinen, die im Chromosom 21 codiert sind, produziert werden. Trisomien können sowohl die Autosomen als auch die Geschlechtschromosomen betreffen. Die meisten autosomalen Trisomien führen aufgrund von schwerwiegenden Störungen zu Fehlgeburten oder einer kurzen Lebenserwartung der Betroffenen.

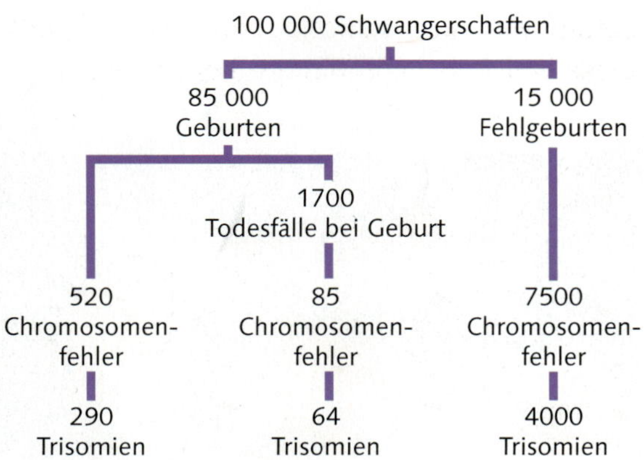

4 Häufigkeit von Mutationen

Häufigkeit von Mutationen

Ohne Einflüsse durch Mutagene sind Genmutationen dank gut funktionierender Reparaturmechanismen sehr selten. Sie sind unter anderem abhängig von der Größe des Gens. Statistisch mutiert ein Gen bei bis zu einer Million Zellteilungen nur einmal

In Kürze

Mutationen sind spontane und ungerichtete Veränderungen der Erbinformation. Sie können durch Mutagene hervorgerufen werden. Man unterscheidet Gen-, Chromosomen- und Genommutationen.

Aufgaben

1 □ Nenne drei Formen von Mutationen.

2 ◪ Erkläre die Formen der Chromosomenmutationen.

3 ■ Beurteile mit Hilfe von Bild 4 die Häufigkeit von Chromosomenfehlern.

Fehler bei der Chromosomenverteilung

Auf den ersten Blick ein ganz normales Fotoshooting: die Scheinwerfer, die Kameras und der Fotograf. Nur das Modell passt nicht in unser gewohntes Bild. Lis hat einen Gendefekt, der sich bei ihr auch auf die Körperproportionen auswirkt. Kleidung »von der Stange« sitzt bei ihr deshalb nicht richtig. Nun haben Modedesigner erstmals Kleidungsstücke entworfen, die ihr gut passen.

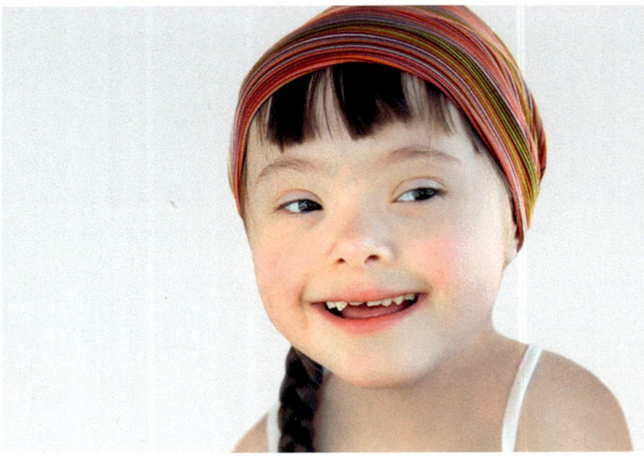

1 Lis beim Fotoshooting

Fehler während der Meiose

Keimzellen sind haploid, das heißt, sie besitzen jedes Chromosom nur einmal. Diese Halbierung des Chromosomensatzes geschieht während der Meiose in den Keimdrüsen. Werden dabei homologe Chromosomen während der ersten Reifeteilung oder die Chromatiden eines Chromosoms während der zweiten Reifeteilung nicht getrennt, so kommt es zu Fehlverteilungen.

Als Folge besitzen die entstehenden Keimzellen dieses Chromosom doppelt oder es fehlt ihnen völlig. Nach der Befruchtung mit einer normalen Keimzelle ist das entsprechende Chromosom in der Zygote entweder dreifach oder nur einmal vorhanden. Diese Verteilungsfehler nennt man Trisomie beziehungsweise *Monosomie*.

Autosomale Fehler

Eine veränderte Chromosomenzahl der Autosomen hat meist schwerwiegende Folgen. Die richtige Funktion der Erbinformation hängt nicht nur von dem Vorhandensein der Erbinformation ab, sondern auch von der *Genbalance*. Ist sie gestört, entsteht in den Zellen ein Ungleichgewicht der Gene. Die von ihnen codierten Stoffe werden nicht in den richtigen Mengenverhältnissen produziert. Die Zellen können ihre Funktionen nicht fehlerfrei erfüllen.

Bei Monosomien fehlt die genetische Information eines gesamten Chromosoms und damit von sehr vielen Genen. Dies führt zu schwerwiegenden Fehlbildungen, sodass bereits der Embryo abstirbt. Aber auch Trisomien der Autosomen verlaufen bis auf die Trisomien 13, 18 und 21 tödlich.

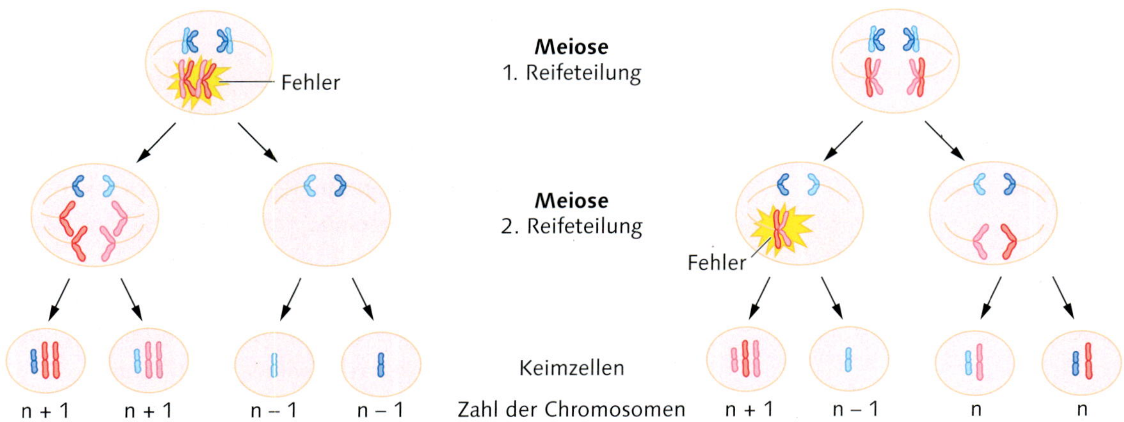

2 Mögliche Fehlverteilungen von Chromosomen während der Meiose

3 Pablo Pineda hat das Down-Syndrom und einen Hochschulabschluss.

Normale Spermien

Mutierte Eizellen

	1n/23 X	1n/23 Y	
1n/23 + 1 XX	2n/47 XXX Poly-X-Syndrom	2n/47 XXY Klinefelter-Syndrom	Trisomien
1n/23 – 1 –	2n/45 – X Turner-Syndrom	2n/45 – Y Letal †	Monosomien

5 Anomalien der Geschlechtschromosomen

Das Down-Syndrom

Beim *Down-Syndrom* oder der *Trisomie 21* ist das Chromosom 21 dreifach vorhanden. Es handelt sich hierbei nicht um eine Krankheit, die behandelt werden kann, sondern um eine genetische Mutation. Sie ist aufgrund von Verzögerungen und Störungen der Embryonalentwicklung meist mit geistigen und körperlichen Einschränkungen verbunden. Dies führt gehäuft zur Ausbildung einer schlaffen Körpermuskulatur oder zu Fehlbildungen innerer Organe, zum Beispiel des Herzens.

Menschen mit Down-Syndrom erkennt man an dem flachen Gesicht, den schrägen Augenlidern und einer Hautfalte am inneren Augenwinkel. Diese Merkmale können ebenso wie die geistigen Fähigkeiten individuell sehr unterschiedlich ausgeprägt sein. Das Risiko, ein Kind mit Down-Syndrom zu bekommen, steigt mit dem Alter der Mutter.

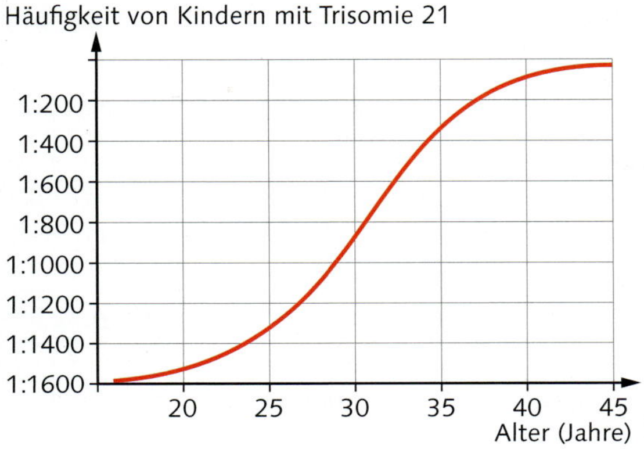

4 Das Risiko ist abhängig vom Alter der Mutter.

Gonosomale Fehler

Auch die Geschlechtschromosomen können fehlerhaft verteilt sein. Beim *Turner-Syndrom* fehlt eines der beiden X-Chromosomen oder es ist so verändert, dass es seine Funktion nicht erfüllen kann. Frauen mit dieser Chromosomenstörung erreichen durchschnittlich nur eine Körpergröße von 1,45 Metern. Ihre Eierstöcke sind mangelhaft entwickelt, daher sind sie unfruchtbar. Das Turner-Syndrom tritt bei einer von 2500 Geburten auf.

Männer mit dem *Klinefelter-Syndrom* besitzen ein zusätzliches X-Chromosom. Mit einer Häufigkeit von ein bis zwei pro 1000 Geburten ist dies eine der häufigsten Chromosomenanomalien. Aufgrund des Mangels an männlichen Sexualhormonen bleiben die Betroffenen meist steril. Da die Symptome insgesamt wenig eindeutig sind, werden über 90 Prozent aller Fälle nicht erkannt.

In Kürze

Fehler bei der Chromosomenverteilung während der Meiose führen zu einer veränderten Chromosomenzahl beim Embryo. Dies kann erhebliche Beeinträchtigungen zur Folge haben.

Aufgaben

1 □ Nenne Beispiele für Fehler bei der Chromosomenverteilung und mögliche Symptome.

2 □ Beschreibe, wie es während der Meiose zu Fehlern bei der Chromosomenverteilung kommen kann.

Teste dich

Grundlagen der Vererbung

1 Aufbau und Funktion des Zellkerns

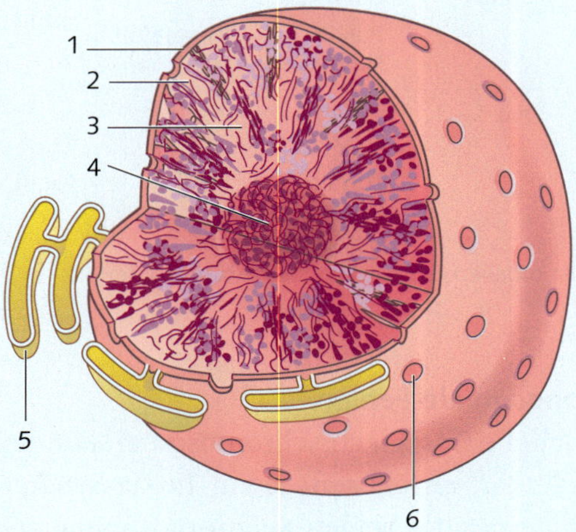

1 Schemazeichnung eines Zellkerns

a □ Benenne alle Bestandteile des Zellkerns, die in Bild 1 mit Ziffern beschriftet sind.

b □ Nenne die Funktionen der Bestandteile des Zellkerns.

c ◪ Beschreibe sowohl die Arbeits- als auch die Transportform der Erbinformation.

2 Chromosomen und Erbinformation

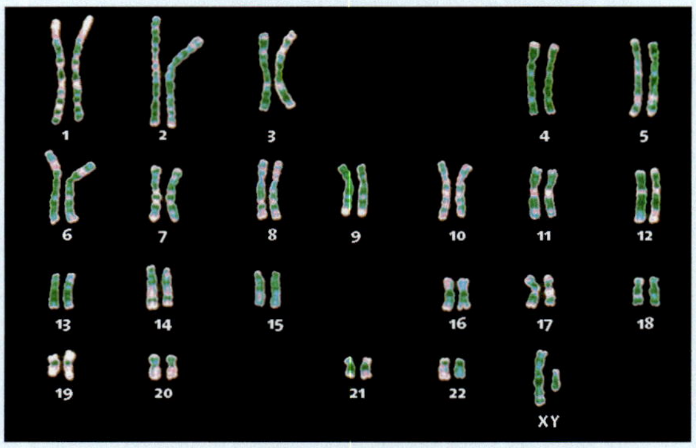

2 Chromosomensatz eines Menschen

a □ Zeichne schematisch ein Chromosom und beschrifte die einzelnen Elemente.

b ◪ Bild 2 stellt ein Karyogramm mit geordneten Chromosomen dar. Leite daraus Ordnungskriterien für Chromosomen ab.

3 Mitose – Meiose

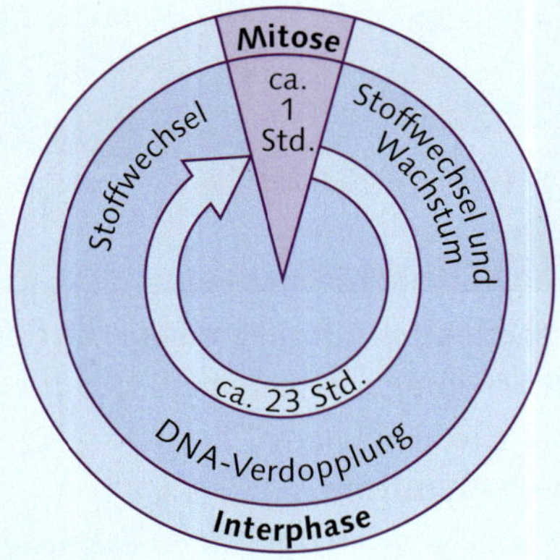

3 Der Zellzyklus

a □ Beschreibe mit Hilfe von Bild 3 das zeitliche Verhältnis der Aktivitäten von Zellen unter besonderer Beachtung der Mitose.

b ◪ Erläutere die Veränderung der Erbinformation und die Vorgänge bei der Mitose.

c ◪ Nenne mehrere Vorgänge und Prozesse, bei denen Mitosen erfolgen müssen.

d ■ Erläutere, wodurch es bei der Meiose zur Vermischung der mütterlichen und väterlichen Erbinformation kommt.

e ◪ Stelle den Vorgang des Crossing-over mit einer schematischen Zeichnung dar.

f ■ Erläutere die genetische Bedeutung des Crossing-over.

4 Die DNA als Erbsubstanz

a □ Beschreibe den Aufbau der DNA. Zeichne dazu einen kurzen Abschnitt eines DNA-Modells mit mindestens fünf Nukleotiden als Doppelstrangmodell.

b ◪ Vor jeder Zellteilung muss die DNA verdoppelt werden. Stelle diese Replikation der DNA als Flussdiagramm dar.

c ◪ Erkläre die Bedeutung der Basenpaarung in Bezug auf die DNA-Replikation.

d ■ Die DNA-Replikation sollte möglichst fehlerfrei ablaufen. Beschreibe Mechanismen, durch die Kopierfehler behoben werden.

5 DNA und Proteinbiosynthese

a □ Nenne die Bausteine von Proteinen.

b □ Beschreibe, wodurch Funktion und räumlicher Bau eines Proteinmoleküls bestimmt werden.

c ◪ Beschreibe die wesentlichen Vorgänge der Transkription und Translation bei der Proteinsynthese.

d ◪ Erkläre die Bedeutung der Basentripletts für die Proteinsynthese.

e ◪ Für die Synthese eines Proteins werden außer der DNA noch die m-RNA und die t-RNA benötigt. Beschreibe die Funktion dieser Nukleinsäuren.

6 Veränderung von Erbinformationen

a □ Beschreibe die Unterschiede und Gemeinsamkeiten von Gen-, Chromosomen- und Genommutationen.

b □ Nenne Beispiele für Mutagene. Erläutere ihren Einfluss auf die natürliche Mutationsrate.

c ■ Mutationen können bei den Betroffenen Krankheiten verursachen. Formuliere eine Hypothese, die einen Zusammenhang zwischen der Art der Mutation und der Schwere der Krankheit herstellt. Finde Argumente, die für, und welche, die gegen diese Hypothese sprechen.

7 Fehlerhafte Chromosomenverteilung

a □ Beschreibe die Entstehung von Trisomien während der Meiose.

b □ Beschreibe den Unterschied zwischen Trisomien und Monosomien.

c ◪ Das Klinefelter-Syndrom ist eine Trisomie der Gonosomen mit der Verteilung XXY. Begründe, ob betroffene Personen eher männlich oder weiblich sind.

d ■ Die Wahrscheinlichkeit, Kinder mit Trisomie 21 zu bekommen, steigt mit dem Alter der Mutter. Stelle Hypothesen auf, mit denen der Zusammenhang zwischen dem Alter der Mutter und der Trisomie des Kindes erklärt werden kann.

Grundlagen der Vererbung

- Die Erbinformation befindet sich im Zellkern. Sie regelt und steuert alle Vorgänge in der Zelle. Jede Körperzelle eines Organismus enthält die identische Erbinformation. Jeder Organismus besitzt eine individuelle Erbinformation.

- Die Chromosomen sind die Transportform der Erbinformation. Jeder Mensch hat einen diploiden Chromosomensatz mit 22 Paaren homologer Autosomen und einem Paar Gonosomen.

- Bei Zellteilungen wird durch die Mitose die Erbinformation identisch an die Tochterzellen weitergegeben. Bei der Meiose entstehen reife Keimzellen, die einen haploiden Chromosomensatz besitzen. Dabei wird die Erbinformation neu kombiniert.

- Die DNA ist ein fadenförmiges Molekül in Form einer Doppelhelix. In ihrer Basensequenz ist die Information für den Aufbau von Proteinen als genetischer Code verschlüsselt.

- Transkription und Translation sind die Teilschritte der Proteinsynthese. Proteine wirken bei der Ausprägung von Merkmalen mit.

- Veränderungen der Erbinformation durch Mutation können schwerwiegende Krankheiten zur Folge haben, die vererbt werden können. Umweltbedingte Merkmalsveränderungen sind nicht vererbbar.

Angewandte Genetik

Johann Gregor Mendel

Johann Gregor Mendel gilt als Begründer der Genetik. Zu seinen Lebzeiten waren Begriffe wie Gene, Chromosomen oder gar Genetik unbekannt. Dennoch entdeckte er die Grundlagen der Vererbung, die noch heute die Basis der Genetik bilden. Zu seiner Zeit als »Erbsenzähler« belächelt, fand das Wort »mendeln« inzwischen sogar Eingang in den Duden.

1 Gregor Mendel (1822–1884)

Leben und Werk

Mendel wurde am 20. Juli 1822 in Heinzendorf in der Nähe der heute tschechischen Stadt Brünn geboren. Seine Eltern bewirtschafteten einen kleinen Bauernhof. Hier wuchs er in großer Armut auf. Schon früh half er dem Vater bei der Veredlung von Obstbäumen. 1843 trat Mendel ins Kloster St. Thomas in Brünn ein. Als Mönch erhielt er den Namen Gregorius. Seither nannte er sich Gregor Mendel. Sein Abt erkannte schon sehr früh Mendels naturwissenschaftliche Begabung und schickte ihn an die Universität nach Wien, wo er Naturgeschichte, besonders Botanik und Physik, studierte. Die Abschlussprüfung schaffte er trotz mehrmaliger Versuche nicht. 1854 kehrte Mendel nach Brünn zurück und unterrichtete als Hilfslehrer an der klösterlichen Oberrealschule.

Mendel als »Erbsenzähler«

1856 begann Mendel im Garten des Klosters mit Kreuzungsversuchen an der Gartenerbse. Während seines Studiums in Wien hatte er gelernt, wie man Experimente organisiert und wie man deren Ergebnisse statistisch auswertet. Mendel führte die Anwendung statistischer Methoden in die naturwissenschaftliche Forschung ein.

Im Gegensatz zur damals üblichen Vorgehensweise, an einer Pflanze möglichst viele Merkmale zu untersuchen, ging Mendel genau umgekehrt vor: Er experimentierte mit möglichst vielen Pflanzen, beobachtete an ihnen aber nur ein Merkmal, zum Beispiel die Blütenfarbe. Innerhalb von acht Jahren experimentierte er mit etwa 30 000 Pflanzen. Aufgrund der Ergebnisse, die er alle selbst auszählte und protokollierte, formulierte er die Regeln der Vererbung. Ohne etwas von Genen oder Chromosomen zu wissen, ging Mendel davon aus, dass nicht Merkmale, sondern die Anlagen zu deren Ausbildung vererbt werden. Diese vermutete er in den Geschlechtszellen. Er glaubte, dass es Elemente gibt, die die Träger der Vererbung sind. Diese Anlagen nennt man heute Gene.

Wie Mendel experimentierte: Auswahl

Mendel wählte für seine Kreuzungsversuche die Gartenerbse, da diese in kurzer Zeit viele Nachkommen liefert. Die ausgewählten Erbsensorten unterschieden sich in jeweils nur einem Merkmal, zum Beispiel in der Blütenfarbe. Bevor er mit den Kreuzungsexperimenten begann, baute er die Erbsen über zwei Jahre lang regelmäßig an. Dabei stellte er fest, dass sich die Merkmale der einzelnen Erbsensorten über Generationen hinweg nicht veränderten. Sie waren reinerbig. Mendel erklärte sich die Reinerbigkeit damit, dass Erbsen sich selbst bestäuben.

2 Erbsen in aufbrechender Schote

Mendels Kreuzungstechnik

Mendel führte gezielte Kreuzungen zwischen zwei verschiedenen Erbsensorten durch. Um eine Selbstbestäubung zu verhindern, entfernte er bei der einen Sorte die Staubblätter. Die Bestäubung führte er mit Hilfe eines feinen Pinsels durch. So bestäubte er die Narbe mit dem Pollen der anderen Erbsensorte. Die bestäubte Blüte umhüllte er mit einem dünnen Tuch, um dadurch eine Fremdbestäubung zu verhindern. Mit diesem aufwendigen Verfahren führte Mendel über 10 000 Kreuzungsversuche durch. Mit Hilfe seiner äußerst sorgfältig geplanten und durchgeführten Versuche erhielt er aussagekräftige Ergebnisse. Die Auswertung seiner jahrelang durchgeführten Kreuzungsversuche führte zur Formulierung seiner Vererbungsregeln.

Mendel war seiner Zeit weit voraus

1865 stellte Mendel die Ergebnisse seiner Kreuzungsversuche in Brünn vor. Sowohl bei den Zuhörern als auch bei den Naturforschern seiner Zeit stießen seine Ergebnisse auf Unverständnis. Enttäuscht stellte er daraufhin seine Kreuzungsexperimente ein. Dennoch war er von der Richtigkeit seiner Ergebnisse überzeugt. Kurz vor seinem Tod sagte er, dass seine Zeit noch kommen werde. Mendel starb am 6. Januar 1884. 16 Jahre später wurde die Richtigkeit seiner Ergebnisse bestätigt. Drei Wissenschaftler kamen unabhängig voneinander auf die gleichen Ergebnisse wie er. Ihm zu Ehren nannte man diese grundlegenden Regeln der Vererbung »Mendel'sche Regeln«.

In Kürze

Gregor Mendel ist der Begründer der Genetik. Er experimentierte mit sehr vielen Pflanzen, beobachtete dabei aber nur ein Merkmal. Mendel führte statistische Auswertungsmethoden in die naturwissenschaftliche Forschung ein. Für seine Kreuzungsversuche wählte er die Gartenerbse. Bei seinen Zeitgenossen stießen die Ergebnisse auf Unverständnis.

Aufgaben

1 □ Informiere dich über die Bedeutung des Verbs »mendeln«. Nenne deine Informationsquelle.

2 ◪ Beschreibe Mendels Vorgehensweise bei seinen Kreuzungsversuchen.

3 Bestäubung der Erbsenpflanzen: A Entfernung der Staubblätter; B Bestäubung mit Pinsel; C Verhinderung der Fremdbestäubung

1. und 2. Mendel'sche Regel

Ein Klostergarten war der Ausgangspunkt für Forschungen, wie bestimmte Merkmale an die Nachkommen weitergegeben werden. Die dabei entdeckten Vererbungsregeln sind auch heute noch aktuell und wichtig für uns.

1 Erbsenpflanzen im Klostergarten

1. Regel: Alle sind gleich

Mendel kreuzte reinerbige Erbsenpflanzen mit gelber Samenfarbe mit einer Sorte mit grüner Samenfarbe. Die Ausgangspflanzen bezeichnete er als *P-Generation*. Das P steht für das lateinische Wort »parentes«, das bedeutet Eltern. Die Nachkommen einer Kreuzung zweier Arten bezeichnete er als *Hybride*. Alle zusammen bilden die *F_1-Generation*. Das F steht für das lateinische Wort »filia«, das bedeutet Tochter. Mendel stellte fest, dass in der F_1-Generation nur gelbe Erbsen vorkamen.

Vergleichbare Ergebnisse erhielt er auch bei Kreuzungen anderer reinerbiger Elternpflanzen, die sich in einem Merkmal unterschieden. Mendel formulierte daraufhin die *Uniformitätsregel:* Kreuzt man Individuen, die sich in einem Merkmal reinerbig unterscheiden, dann sind ihre Nachkommen in Bezug auf dieses Merkmal untereinander gleich oder uniform.

2. Regel: Ein festes Zahlenverhältnis

Mendel fragte sich, was mit der grünen Samenfarbe geschehen war, und experimentierte weiter. Er zog aus den Samen der F_1-Generation neue Erbsenpflanzen und kreuzte diese anschließend untereinander. In der *F_2-Generation* traten nun wieder beide Samenfarben auf. Es entstanden jedoch mehr gelbe als grüne Erbsen. Nach Mendels Aufzeichnungen waren es 6022 gelbe und 2001 grüne. Das entspricht einem Zahlenverhältnis von 3,01 zu 1. Dieses Zahlenverhältnis in der F_2-Generation bestätigte sich auch bei der Betrachtung anderer Merkmale und anderer Erbsensorten. Mendel formulierte die *Spaltungsregel:* Kreuzt man Individuen der F_1-Generation untereinander, dann spalten sich in der F_2-Generation die Merkmale in einem festen Zahlenverhältnis auf.

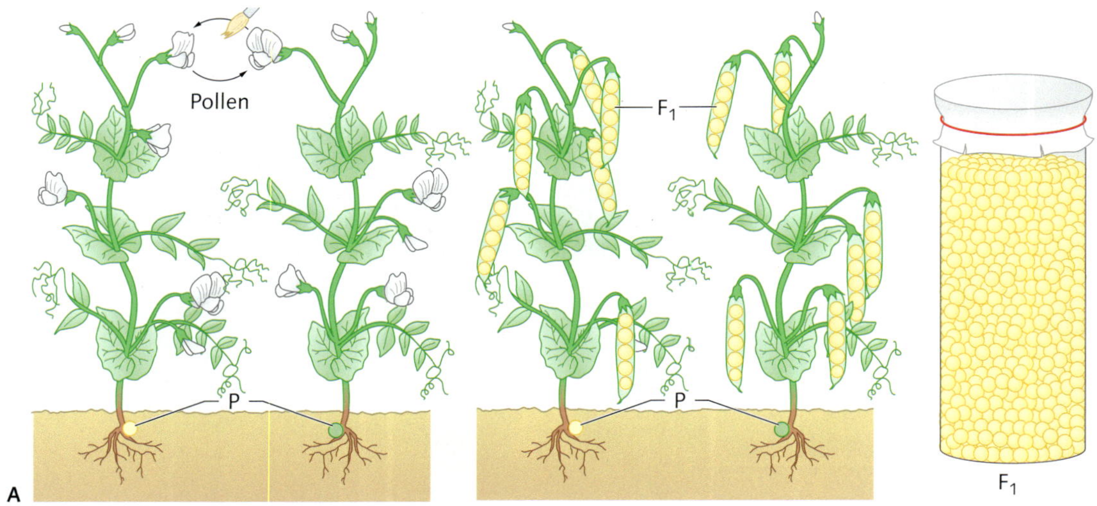

2 Erste (A) und zweite Mendel'sche Regel (B)

Chromosomentheorie der Vererbung

Erst nach Mendels Tod wurden die Chromosomen als Träger der Erbinformationen entdeckt. Diploide Körperzellen besitzen einen doppelten Chromosomensatz und daher für jedes Merkmal zwei Erbanlagen. Haploide Keimzellen besitzen dagegen nur eine Erbanlage für jedes Merkmal. Diese genetische Ausstattung bezeichnet man als *Genotyp*. Davon wird das äußere Erscheinungsbild abgegrenzt und *Phänotyp* genannt.

Heutige Erklärung der Ergebnisse

Im diploiden Chromosomensatz der Erbsen sind für jedes Merkmal zwei Erbanlagen vorhanden. Eine stammt vom Vater, die andere von der Mutter. Unterschiedliche Varianten einer Erbanlage heißen *Allele*. Sind die beiden Allele in den Körperzellen gleich, ist das Lebewesen *reinerbig*, bei verschiedenen Allelen ist es *mischerbig*. In Mendels Kreuzungsversuchen prägte sich in der F_1-Generation nur ein Merkmal im Phänotyp aus. Dieses Merkmal, das auf ein Allel zurückzuführen ist, wird als *dominant* bezeichnet und mit einem Großbuchstaben gekennzeichnet. Das Merkmal, das sich in der F_1-Generation nicht ausprägt, wird *rezessiv* genannt und mit einem Klein-buchstaben gekennzeichnet. Bei dieser Form der Vererbung handelt es sich um einen *dominant-rezessiven* Erbgang.

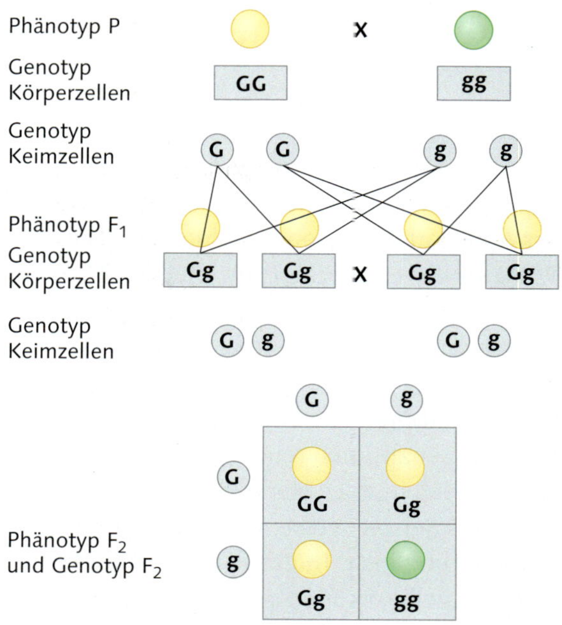

G = Allel für gelbe Samenfarbe
g = Allel für grüne Samenfarbe

3 Erbschema zu Mendels Kreuzungsversuchen

In Kürze

Mendel formulierte aufgrunc von zahlreichen Kreuzungsexperimenten die Jniformitäts- und die Spaltungsregel.

Aufgaben

1 □ Beschreibe den Unterschied zwischen Genotyp und Phänotyp.

2 ◪ Erläutere die ersten beider Vererbungsregeln von Mendel.

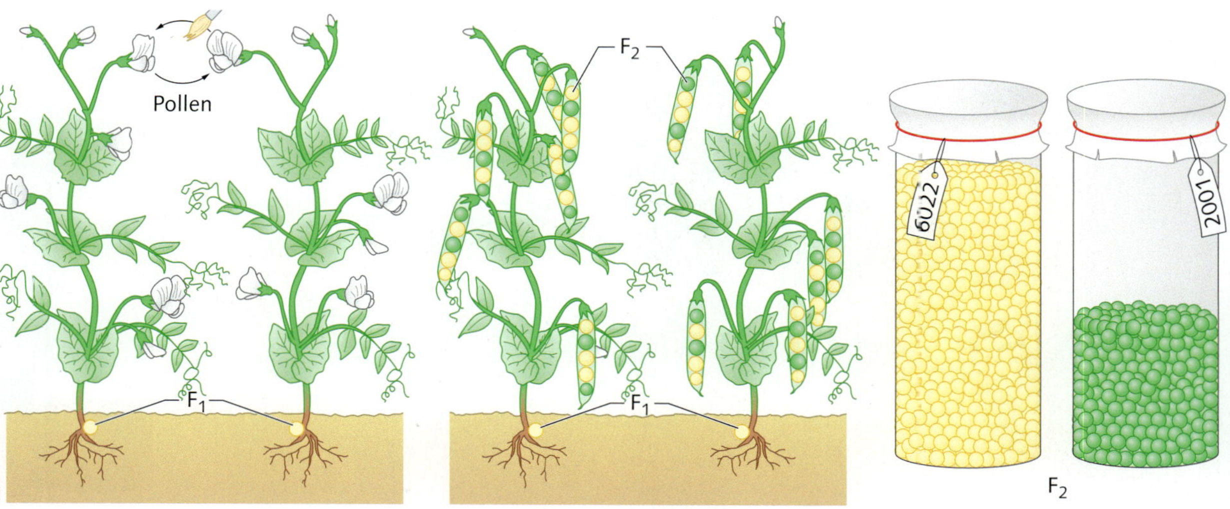

B

3. Mendel'sche Regel

Mendel legte mit seinen Vererbungsregeln den Grundstock für gezielte Züchtungen. 1973 entstand in Australien durch Kreuzung der Apfelsorten Golden Delicious und Lady Williams die neue Pink Lady. Ziel der Züchter war es, einen schmackhaften, haltbaren und optisch ansprechenden Apfel zu erhalten.

1 Durch Kreuzung entstehen neue Apfelsorten.

Neue Kombinationen entstehen

Mendel kreuzte auch reinerbige Erbsenpflanzen, die sich in zwei Merkmalen unterschieden, zum Beispiel gelbe, runde Erbsen mit grünen, runzligen. In der F_1-Generation kamen nur gelbe, runde Samen in den Schoten vor. Mendel kreuzte nun diese Geschwisterpflanzen untereinander. In der F_2-Generation entstanden jetzt auch Erbsen mit neuen Merkmalskombinationen, die weder in der P- noch in der F_1-Generation vorhanden waren. Durch weitere Versuche stellte Mendel ein sich wiederholendes Zahlenverhältnis von etwa 9:3:3:1 fest. Daraus leitete er die *Unabhängigkeitsregel* ab: Kreuzt man Individuen, die sich in mehreren Merkmalen reinerbig unterscheiden, dann treten in der F_2-Generation sämtliche Kombinationen von Merkmalen der Elterngeneration auf. Das bedeutet, die Merkmale werden unabhängig voneinander vererbt.

Heutige Erklärung der Ergebnisse

Während der Meiose werden die Chromosomen zufällig in die neu entstehenden Keimzellen verteilt. Erbinformationen, die auf verschiedenen Chromosomen lokalisiert sind, können somit unabhängig voneinander vererbt werden. Mendel hatte bei der Wahl der betrachteten Merkmale Glück. Die Gene zu den sieben von ihm untersuchten Merkmalen lagen auf vier von sieben Chromosomen. Die Unabhängigkeitsregel gilt nur, wenn die Erbinformationen für die verschiedenen Merkmale auf unterschiedlichen Chromosomen liegen.

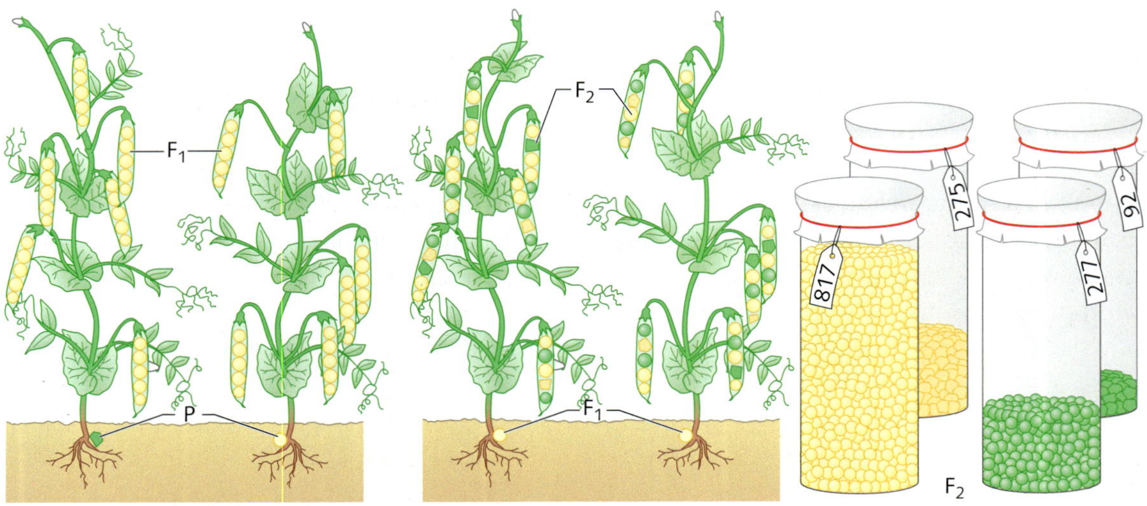

2 Dritte Mendel'sche Regel

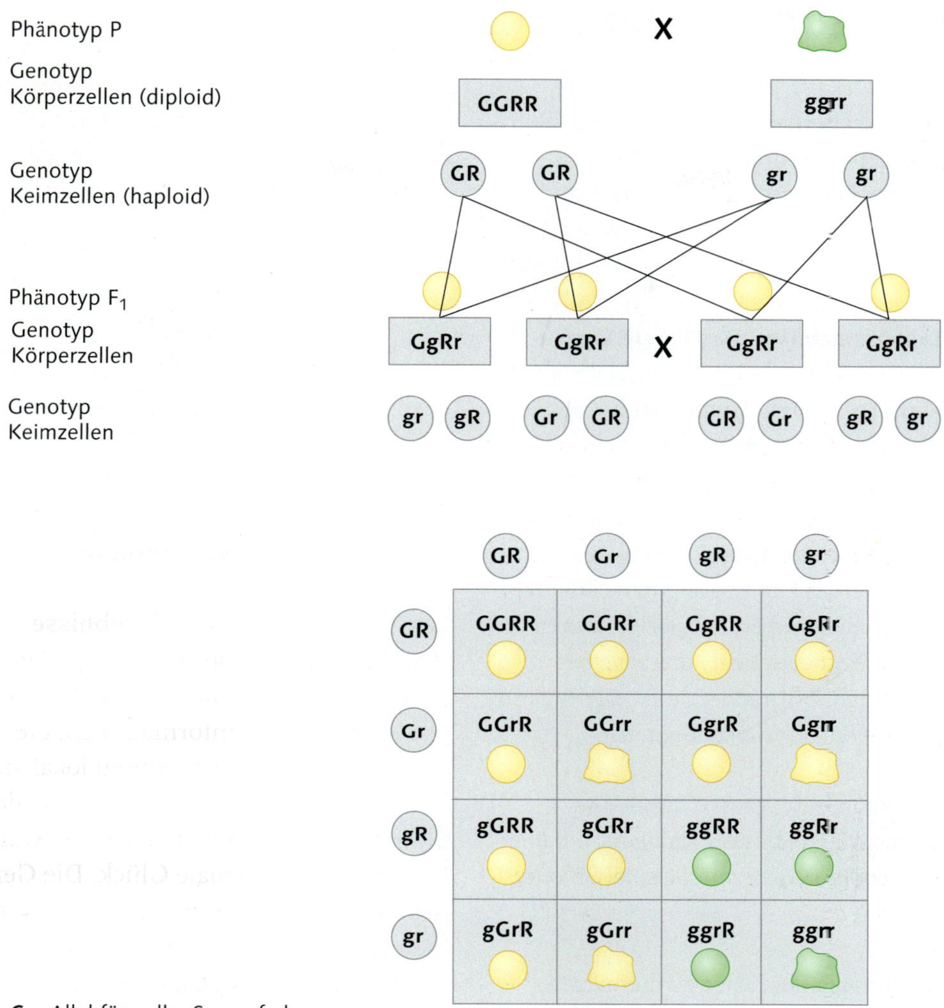

G = Allel für gelbe Samenfarbe
g = Allel für grüne Samenfarbe
R = Allel für runde Samenform
r = Allel für runzlige Samenform

3 Dominant-rezessives Erbschema nach der 3. Mendel'schen Regel

Bedeutung für die Züchtung

Heute versucht man gezielt, bestimmte Eigenschaften von Tieren oder Pflanzen neu zu kombinieren, um die Qualität zu steigern und die Produktionskosten zu senken. Ein Beispiel ist die Kreuzung von Winterweizen mit Sommerweizen. Die vorteilhaften Eigenschaften von Winterweizen, bessere Frostverträglichkeit und hoher Ertrag, werden mit der hohen Kornqualität und Wuchsfreudigkeit des Sommerweizens in einer neuen Sorte vereint. Damit sind die Landwirte flexibler bezüglich des Zeitpunkts der Aussaat und gewinnen einen qualitativ höherwertigen Weizen.

In Kürze

Bei der Kreuzung zweier Individuen, die sich in mehreren Merkmalen reinerbig unterscheiden, treten in der F_2-Generation neue Merkmalskombinationen auf. Das gilt aber nur, wenn die Merkmale auf unterschiedlichen Chromosomen lokalisiert sind.

Aufgaben

1 □ Nenne die dritte Mendel'sche Regel.

2 ◪ Reinerbige Erbsen mit roten Blüten (R) und kurzem Stängel (k) werden mit Erbsen mit weißen Blüten (w) und langem Stängel (L) gekreuzt. Erstelle dazu ein Kreuzungsschema.

Methode

Ein Kreuzungschema erstellen

Ein Kreuzungsschema ist eine vereinfachte Darstellung der Verteilung und Vermischung der elterlichen Allele und der daraus entstehenden Lebewesen bei der geschlechtlichen Fortpflanzung .

1 Phänotyp einzeichnen Das äußere Erscheinungsbild der P-Generation wird gezeichnet oder beschrieben. Dazu können auch Abbildungen eingeklebt oder gelegt werden.

2 Genotyp ermitteln Vorab ist die Information wichtig, um welche Art von Erbgang es sich handelt und ob die Elterntiere misch- oder reinerbig sind. Dominante Erbanlagen werden mit Großbuchstaben bezeichnet, rezessive mit Kleinbuchstaben. Die verwendeten Buchstaben sollten zur Merkmalsausprägung passen.
Zum Beispiel:
dominant Braun → B, rezessiv Weiß → w
Wichtig: Alle Merkmalsausprägungen sind über zwei Allele codiert. Also zum Beispiel BB oder Bw oder ww.

3 Mögliche Keimzellen Jetzt wird ermittelt, welche Allele die Keimzellen der Parentalgeneration enthalten können. Bei der Keimzellbildung in der Meiose entstehen Zellen mit einfachem Chromosomensatz, das heißt, in jeder Keimzelle kann nur ein Allel vorhanden sein.
Beispiele:
Genotyp Körperzellen BB
→ Genotyp aller Keimzellen B
Genotyp Körperzellen Bw
→ Genotypen Keimzelle B und w

4 Erstellung eines Kreuzungsquadrats
Eine Tabelle mit der den Allele entsprechenden Anzahl von Spalten und Zeilen wird erstellt. Die Allele der männlichen Keimzellen werden den Zeilen zuordnet, die weiblichen den Spalten.
Ein weiterer Weg, die möglichen Genotypen zu erhalten, besteht darin, die väterlichen und mütterlichen Keimzellen über Linien miteinander zu verbinden. Diese Methode erfordert sehr sorgfältiges Arbeiten, da sich die Linien überschneiden.

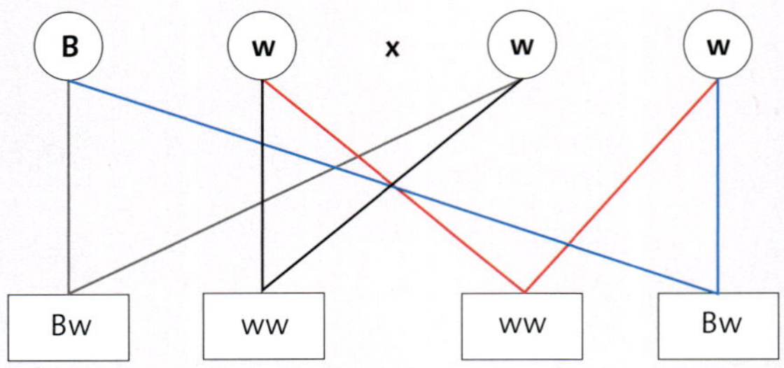

5 Ergänzung der Kreuzungsquadrate
In jede Zelle des Kreuzungsquadrats werden die Allele der männlichen und weiblichen Keimzellen eingetragen. Damit sind die Genotypen der Körperzellen der F_1-Generation ermittelt. Diese werden nochmals übersichtlich in die nächste Zeile übertragen.

6 Beschreibung des Phänotyps
Aus dem Genotyp und der Art des Erbgangs wird der Phänotyp abgeleitet. Das Aussehen, also der Phänotyp, der entstandenen Lebewesen wird beschrieben.
Zum nebenstehenden Beispiel:
Genotyp Körperzellen Bw → braunes Kaninchen
Genotyp Körperzellen Bw → braunes Kaninchen
Genotyp Körperzellen ww → weißes Kaninchen
Genotyp Körperzellen ww → weißes Kaninchen
Hier können zur Visualisierung der abgeleiteten Phänotypen Bilder gezeichnet oder entsprechende Fotos eingeklebt werden.

7 Auswertung In einer weiteren Zeile wird das Ergebnis der Kreuzung ausgewertet und durch ein Zahlenverhältnis angegeben.
Zum nebenstehenden Beispiel:
Aus dieser Kreuzung gehen zwei braune und zwei weißes Kaninchen hervor. Die braunen Kaninchen sind mischerbig, die weißen Kaninchen rezessiv reinerbig in Bezug auf die Fellfarbe. Das Zahlenverhältnis im Fall Fellfarbe beträgt 1:1.

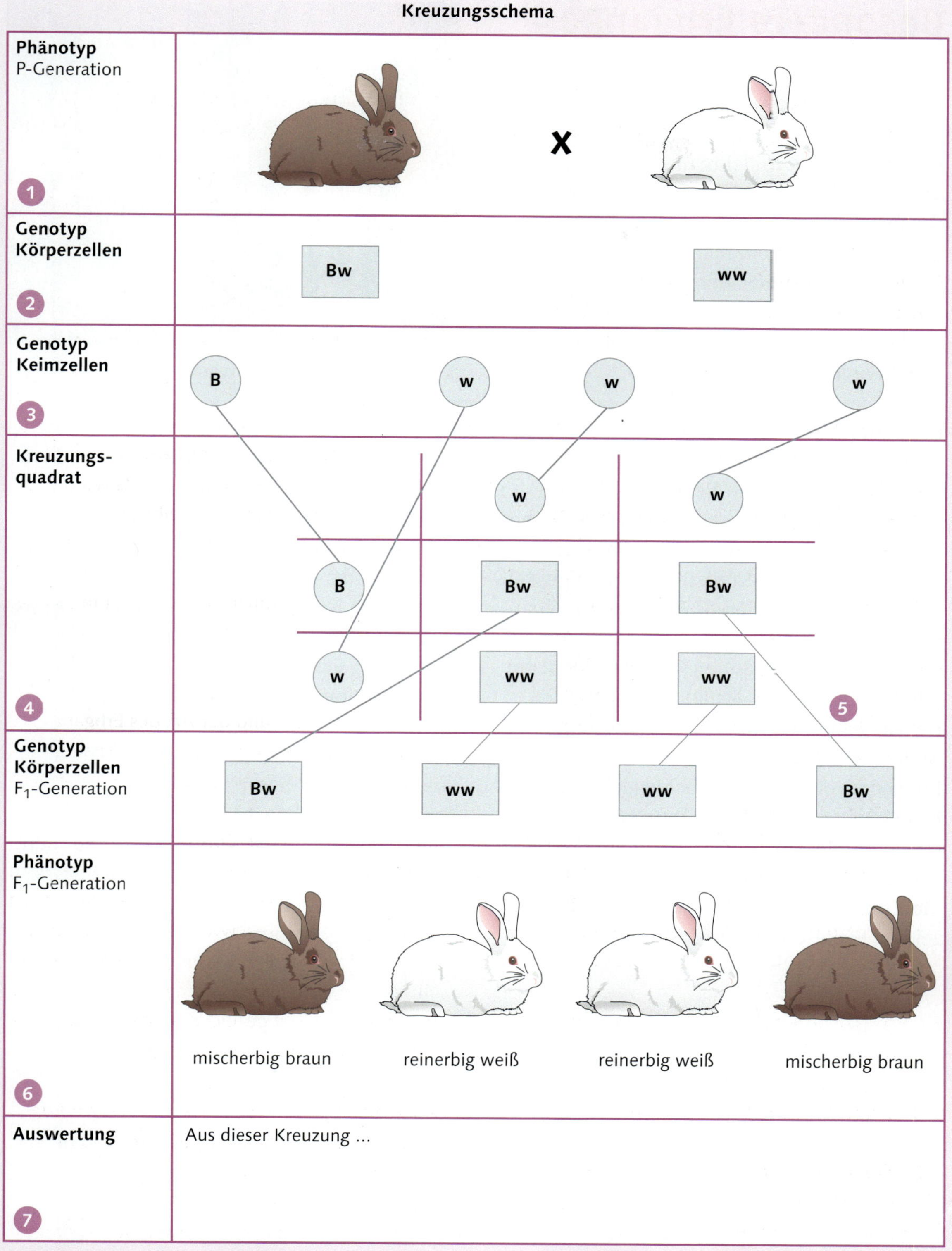

1 Kreuzungsschema mit Schrittfolge zur Erstellung

Aufgabe

Ein kurzhaariges und ein langhaariges Meerschweinchen werden miteinander gekreuzt. Nur die Erbanlage für langes Fell ist rezessiv. Erstelle dazu ein Kreuzungsschema.

Besondere Erbgänge

Das Löwenmäulchen ist eine beliebte Gartenpflanze. Man erhält sie in vielen Blütenfarben. In der Wildform findet man die Farben Rot, Weiß und Rosa. Wenn man Kreuzungsversuche mit ihnen durchführt, gelten die Mendel'schen Regeln nicht, da die rosa Blütenfarbe eine Mischform der roten und weißen Blütenfarbe ist. Einige Ausnahmen gibt es in der Vererbung, die mit den Mendel'schen Regeln nicht zu erklären sind.

1 Rote, weiße und rosa Löwenmäulchen

Kein Merkmal setzt sich durch

Carl Correns, ein Botaniker und Wiederentdecker der Mendel'schen Regeln, führte um 1900 Kreuzungsversuche mit der Wunderblume durch. Dabei stieß er auf einen vermeintlichen Widerspruch: Kreuzte er reinerbige weiß und dunkelrosa blühende Pflanzen miteinander, besaßen alle Pflanzen in der F_1-Generation hellrosafarbene Blüten. Kein Merkmal der Eltern konnte sich vollständig durchsetzen. Die Allele des Gens für die Ausprägung der Blütenfarbe wirken bei der Ausbildung des Phänotyps offensichtlich beide gleich stark. Es entsteht eine Zwischenform mit einer gemischten Merkmalsausprägung. Das bedeutet, dass sich beide Allele gleichzeitig auf die Merkmalsausprägung auswirken. Correns bezeichnete diesen Erbgang als *intermediär*.

Beide Merkmale setzen sich durch

Der Leopardgecko stammt aus Asien und ist ein beliebtes Haustier. Bei der gezüchteten Variante »White & Yellow« bilden sich zwei Merkmale gleichzeitig aus: der gelbbraun gepunktete Rumpf der Wildform und der weißgrau gebänderte Schwanz einer Zuchtform. Beide Merkmale werden nebeneinander ausgebildet. Bei dieser Form wirken sich zwei Allele eines Gens unabhängig voneinander auf den Phänotyp aus. Beide Allele sind gleich stark dominant. Ein solcher Erbgang wird *kodominant* genannt.

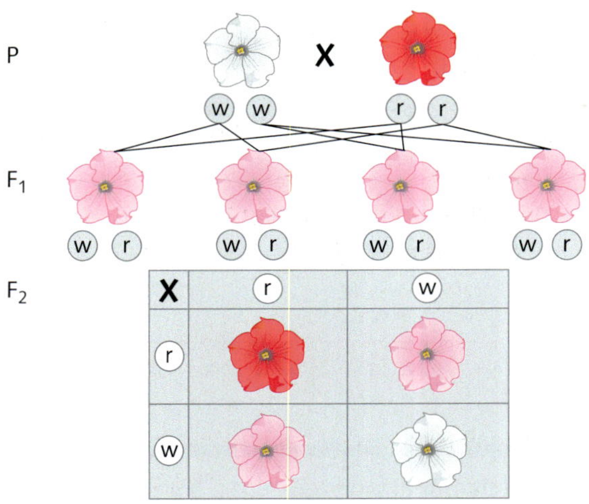

2 Erbschema bei der Wunderblume

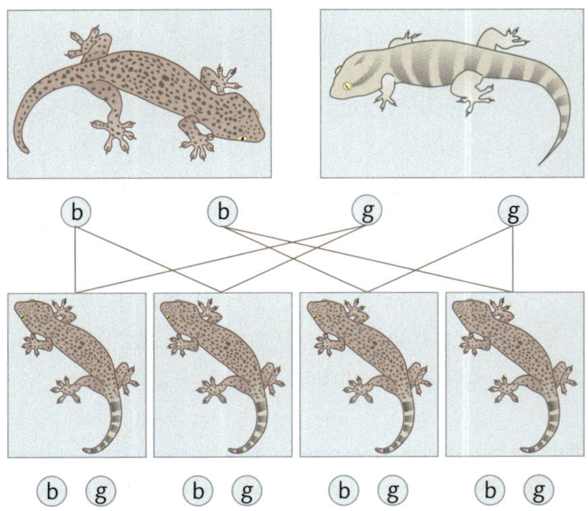

3 Kodominanter Erbgang des Leopardgeckos

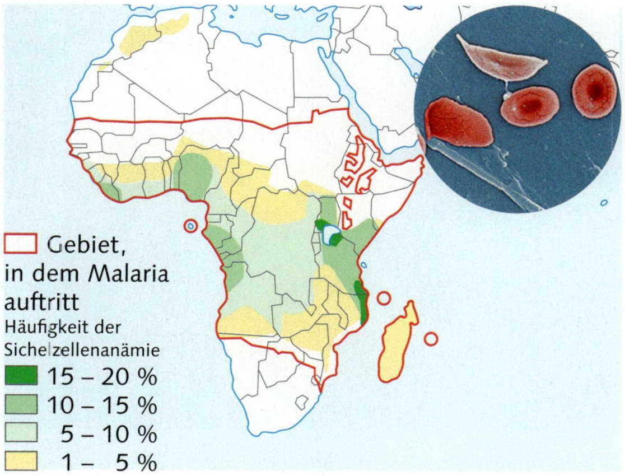

4 Die Sichelzellenanämie ist in Malariagebieten häufig.

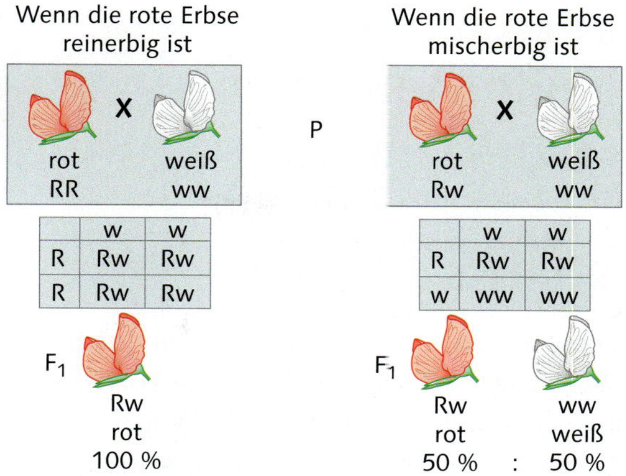

5 Erbschema einer Testkreuzung

Vererbung der Sichelzellenanämie

Die Sichelzellenanämie ist eine Krankheit, bei der das Hämoglobin verändert ist. Die roten Blutkörperchen verformen sich bei Sauerstoffmangel und verklumpen dann. Deshalb sterben Erkrankte meist sehr früh durch Organschäden, die durch Verstopfung von Adern verursacht werden. Die Ursache dieser Krankheit liegt an einem vererbbaren Gendefekt. Den Erbgang der Sichelzellenanämie kann man nicht genau zuordnen. Das hängt von der jeweiligen Sichtweise ab. Man kann den Erbgang entweder als rezessiv einordnen oder als kodominant. Von einem rezessiven Erbgang spricht man, weil die Krankheit nur ausbricht, wenn die krank machenden Allele reinerbig vorliegen. Menschen mit mischerbigen Allelen bilden beide Hämoglobinarten aus. Es liegt ein kodominanter Erbgang vor. Bei ihnen bricht die Krankheit nicht aus, da sie genug funktionsfähiges Hämoglobin ausbilden. Bezüglich des Merkmals »gesund« oder »krank« wird der Erbgang rezessiv eingestuft. Hinsichtlich des Genprodukts wird der Erbgang als kodominant bezeichnet.

Heterozygote Träger des Allels sind vor Infektionen mit Malariaerregern geschützt. Daher stellt dieses Gen in Malariagebieten einen Vorteil dar und ist dort sehr häufig verbreitet.

Diese Kreuzung bringt Gewissheit

Mendel benötigte für seine Versuche reinerbige Pflanzen. Um diese zu bekommen, stellte er folgende Überlegungen an: Kreuzt man eine reinerbige Erbsenpflanze mit dem rezessiven Merkmal weiße Blütenfarbe mit einer Pflanze, die reinerbig das dominante Merkmal rote Blütenfarbe trägt, sind in der F_1-Generation alle Pflanzen bezüglich dieses Merkmals gleich. Ist die Erbsenpflanze, die das dominante Merkmal trägt, mischerbig, spalten sich die Merkmale in der F_1-Generation im Verhältnis 1 : 1 auf.

Mendel konnte seine vorhergesagten Zahlenverhältnisse in zahlreichen Kreuzungsexperimenten bestätigen und damit zweifelsfrei feststellen, dass seine Versuchspflanze reinerbig ist. Dieses Verfahren wird *Rück-* oder *Testkreuzung* genannt.

In Kürze

Bei kodominanten Erbgängen werden beide elterlichen Merkmale im Phänotyp nebeneinander ausgeprägt.
Bei intermediären Erbgängen entsteht eine Zwischenform mit einer gemischten Merkmalsausprägung.
Mit Hilfe der Rückkreuzung lässt sich ermitteln, ob ein Lebewesen für ein bestimmtes Merkmal reinerbig ist.

Aufgaben

1 □ Beschreibe den Vorgang der Rückkreuzung.

2 ◪ Erläutere die Unterschiede zwischen einem intermediären, einem rezessiven und einem kodominanten Erbgang.

Vererbung beim Menschen

Vom Vater hab ich die Statur,
des Lebens ernstes Führen,
von Mütterchen die Frohnatur
und Lust zu fabulieren.

Diese Zeilen aus einem Gedicht von Johann Wolfgang von Goethe drücken die Vorstellung aus, dass Merkmale unverändert von den Eltern auf die Kinder übertragen werden. Betrachtet man Familienmitglieder, kann man aber allenfalls Ähnlichkeiten feststellen.

1 Familienmitglieder: oft ähnlich, selten gleich

Forschungsobjekt Mensch

Die Mendel'schen Regeln gelten auch für den Menschen. Dies ist vor allem für die Erforschung von vererbbaren Krankheiten von großer Bedeutung. Eine Schwierigkeit ist, dass oft fließende Übergänge und Ähnlichkeiten zwischen den Mitgliedern von Familien beobachtbar sind, da die Ausprägung bestimmter Merkmale oft von mehreren Genen beeinflusst wird.

Merkmale, die »mendeln«

Wenn man die Vererbung von Merkmalen untersucht stellt man fest, dass viele Merkmale über mehrere Generationen hinweg nur gemeinsam vererbt werden. Die Unabhängigkeitsregel erweist sich dann als ungültig. Das liegt daran, dass die etwa 20 000 bis 25 000 Gene des Menschen auf 23 Chromosomen verteilt sind. Wenn Gene auf den Chromosomen sehr nah aneinanderliegen, werden sie meist gemeinsam vererbt. Man spricht von gekoppelten Genen. Weit entfernte Gene können durch Crossing-over entkoppelt werden. Dann trifft die Unabhängigkeitsregel wieder zu. Gene, die auf unterschiedlichen Chromosomen liegen, sind stets entkoppelt.

Vererbung der Blutgruppen

Schon in früheren Zeiten wurden Kranke mit Blut behandelt. Bei diesen Bluttransfusionen kam es immer wieder zu Unverträglichkeiten, in deren Folge Patienten sogar starben. Die Ursache entdeckte der österreichische Arzt Karl Landsteiner um 1900. Er identifizierte vier Blutgruppen: A, B, AB und 0. Sie unterscheiden sich durch zwei verschiedene Antigene auf den roten Blutkörperchen. Die Blutgruppe AB besitzt beide Antigene, die Blutgruppe 0 keine. Stimmen bei der Blut-

2 Die Haarfarbe wird von mehreren Genen bestimmt.

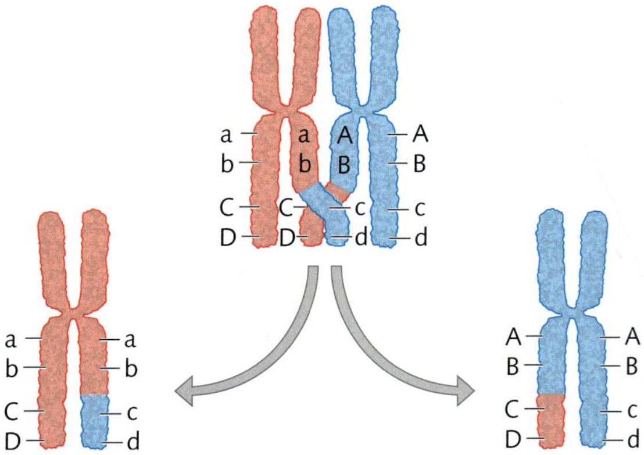

3 Entkopplung von Genen

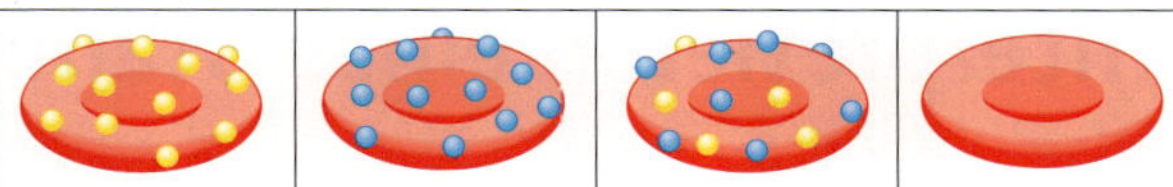

Phänotypen	A	B	AB	0
mögliche Genotypen	AA A0	BB B0	AB	00
mögliche Keimzellen	A A / A 0	B B / B 0	A / B	0 / 0

♀ \ ♂	A	B	0
A	AA	AB	A0
B	AB	BB	B0
0	A0	B0	00

4 AB0-Blutgruppensystem: Phänotypen, Genotypen und mögliche Kombinationen

übertragung die Blutgruppen von Spender und Empfänger nicht überein, kann es zu Verklumpungen des Blutes kommen.

Allel A und Allel B sind gegenüber dem rezessiven Allel 0 dominant. Besitzt eine Person phänotypisch die Blutgruppe A, kann der Genotyp entweder AA oder A0 sein. Entsprechendes gilt für Träger der Blutgruppe B, die reinerbig BB oder mischerbig B0 sein können. Verschmelzen Keimzellen miteinander, die Erbinformationen von A und B besitzen, werden beide Merkmale ausgeprägt. Das entspricht der Blutgruppe AB. Da beide Allele gleichwertig bei der Ausprägung des Phänotyps wirken, spricht man von einem *kodominant* vererbten Merkmal.

Vererbung des Geschlechts

Früher nahm man an, dass die Frau für das Geschlecht des Kindes verantwortlich ist. Tatsächlich wird es aber von den Spermien des Mannes bestimmt. Durch die Meiose entstehen in den Eierstöcken ausschließlich Eizellen mit einem X-Chromosom. In den Hoden werden aus einer diploiden Urspermienzelle zwei Spermien mit X-Chromosomen und zwei mit Y-Chromosomen gebildet. Die theoretische Geschlechterverteilung ist daher 1 : 1. Das tatsächliche Geschlechterverhältnis liegt bei der Befruchtung aber bei etwa 1,3 männlich zu 1,0 weiblich. Der Überschuss erklärt sich aus der höheren Geschwindigkeit der leichteren Y-Spermien. Sie legen den Weg zur Eizelle schneller zurück und können sie befruchten. Aufgrund der höheren vorgeburtlichen Sterblichkeit von männlichen Embryonen und Feten verschiebt sich das tatsächliche Geschlechterverhältnis auf 1,05 männlich zu 1,0 weiblich.

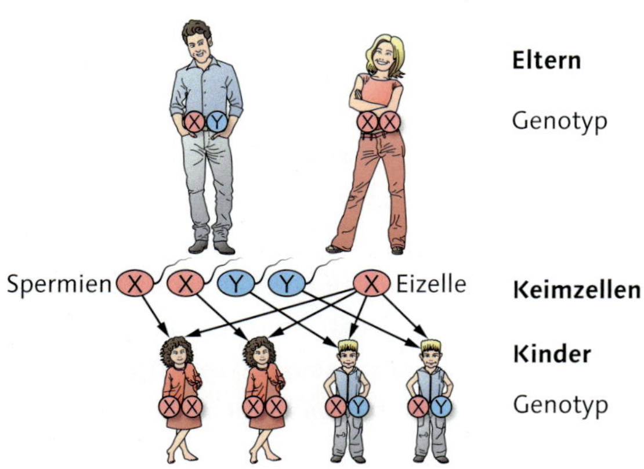

5 Das theoretische Geschlechterverhältnis ist 1 : 1.

In Kürze

Die Mendel'schen Regeln gelten auch für den Menschen. Viele Erbgänge sind dominant-rezessiv. Die Blutgruppen A und B werden kodominant vererbt. Das theoretische Geschlechterverhältnis ist 1 : 1.

Aufgaben

1 ☐ Genetische Forschungen mit dem Menschen sind problematisch. Nenne einen Grund hierfür.

2 ☐ Ein Kind besitzt die Blutgruppe AB. Der Vater hat die Blutgruppe A. Nenne die Phänotypen und die möglichen Genotypen der Mutter.

3 ◪ Erläutere, warum ein theoretisches Geschlechterverhältnis von 1 : 1 entsteht.

Erstellen und Interpretieren eines Stammbaums

Bei Pflanzen und Tieren führt man gezielte Kreuzungsversuche durch, um herauszufinden, nach welchem Erbgang ein Merkmal vererbt wird. Dies ist bei Menschen nicht möglich, daher benötigt man andere Methoden. Ein seit Langem angewandtes, einfaches Verfahren ist das Erstellen und Interpretieren von Stammbäumen.

1 Gezielte Kreuzungsversuche: nicht bei Menschen!

1 Informationen sammeln Sind in einer Familie genetisch verursachte Krankheiten aufgetreten, können sich Paare mit Kinderwunsch an die genetische Familienberatung wenden. Hier wird eine umfangreiche Stammbaumanalyse durchgeführt. Ziel ist es, anhand von phänotypischen Merkmalen auf den Genotyp und die Art der Vererbung zu schließen.
Dabei stehen folgende Fragen im Mittelpunkt: Wird das betrachtete Merkmal dominant oder rezessiv vererbt? Wird das betrachtete Merkmal über die Autosomen oder die Geschlechtschromosomen, also gonosomal, vererbt? Kann man auf den Genotyp einer Person schließen?
Zunächst sammelst du möglichst viele genaue Informationen aus den Familien. Auf dieser Grundlage wird ein Kreuzungsschema erstellt.

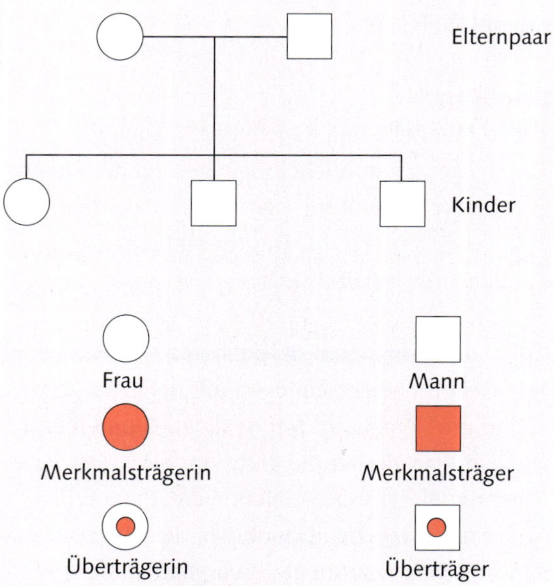

2 Die wichtigsten Symbole

2 Symbole zuordnen Für die Darstellung des Stammbaumes erhalten Männer und Frauen unterschiedliche Symbole. Frauen werden mit Kreisen, Männer mit Quadraten dargestellt. Alle Merkmalsträger kennzeichnest du farbig, beispielsweise durch Ausmalen der Symbolflächen. Eine Besonderheit stellen die Überträger oder Konduktoren dar. Das sind Personen, die zwar das betroffene Gen in sich tragen, bei denen aber das Merkmal nicht zur Ausprägung kommt. Die Symbole für diese Überträger kannst du schraffieren oder durch einen Punkt markieren.

3 Verwandtschaftsverhältnisse darstellen
Um einen Stammbaum zu erstellen, ordnest du alle Familienmitglieder nach Generationen. Das sind alle Personen, die in einem bestimmten Zeitraum geboren sind. Zu den anderen Generationen besteht ein bestimmter Abstand: Es sind entweder Eltern oder Kinder. Der Beginn einer Abstammungslinie wird als Eltern- oder Parentalgeneration bezeichnet. Die erste Folgegeneration heißt Tochter- oder Filialgeneration, die nächste Enkel- oder zweite Filialgeneration.
Du beginnst ganz oben mit der ältesten Generation, unten steht somit die jüngste. Die Mitglieder einer Generation werden nebeneinander auf einer Ebene aufgeführt. Verbinde Paare durch eine waagerechte Linie. Die Folgegeneration wird durch kurze senkrechte Striche mit den Eltern und durch waagerechte mit ihren Geschwistern verbunden.

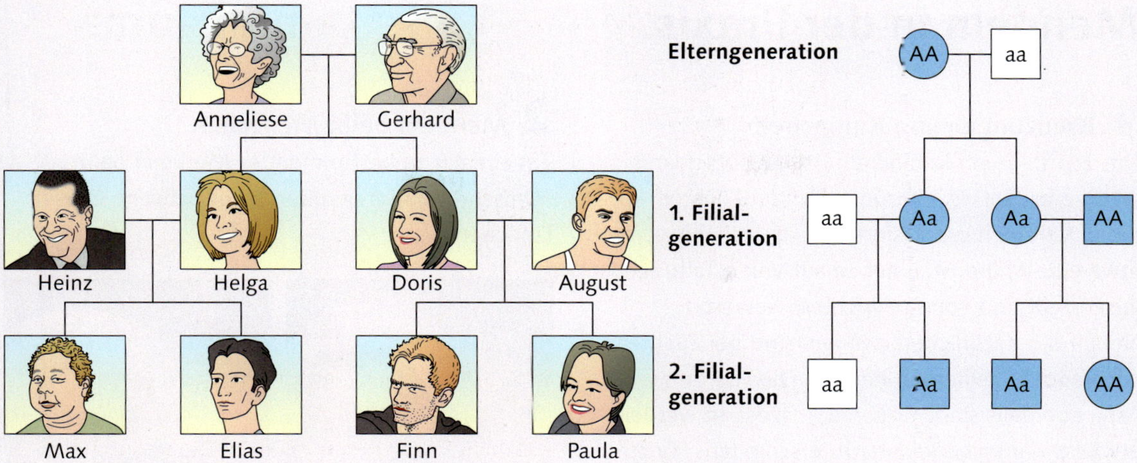

3 Stammbaum der Familie Schröder mit der Verteilung der Merkmale spitzer und gerader Haaransatz

4 Den Genotyp analysieren Hat die Person, deren Genotyp du untersuchen möchtest, zumindest einen betroffenen Elternteil, wird das betrachtete Merkmal vermutlich dominant vererbt. Trifft dies nicht zu, ist es rezessiv. Auf gonosomale oder autosomale Vererbung untersuchst du durch einen Vergleich der Verteilung des Merkmals auf die Geschlechter. Wenn das betrachtete Merkmal von jedem Elternteil auf Söhne und Töchter übertragen werden kann, ist dies ein Hinweis auf autosomale Vererbung.

5 Den Erbgang bestimmen Nach der Analyse des Stammbaums bestimmst du den Erbgang des Merkmals. Es gibt folgende Möglichkeiten:

- autosomal-dominant
- autosomal-rezessiv
- X-chromosomal-dominant (gonosomal)
- X-chromosomal-rezessiv (gonosomal)
- Y-chromosomal (gonosomal)

6 Grenzen von Stammbaumanalysen Oft kann der Erbgang nicht eindeutig bestimmt werden. Dies liegt daran, dass Menschen nur wenige Nachkommen haben und Merkmale meist nicht reinerbig sind. Außerdem gibt es nur sehr selten Aufzeichnungen über bestimmte Merkmale. Dies sind dann vorwiegend auffällige Krankheiten. Aussagekräftige Stammbäume existieren fast nur von Adelsfamilien, die über ihre Abstammung »Buch führten«.

»Es ist ein altes Familienleiden. Mein Vater hat genau dieselbe Anomalie. Meine Mutter und eine meiner Schwestern konnten alle Farben fehlerfrei sehen, meine andere Schwester und ich in der gleichen Weise unvollkommen. Diese letzte Schwester hat zwei Söhne, beide betroffen, aber sie hat eine Tochter, die ganz normal ist. Ich habe einen Sohn und eine Tochter und beide sehen die Farbe ohne Ausnahme, so ging es auch ihrer Mutter. Meiner Mutter Bruder hatte denselben Fehler wie ich, obgleich meine Mutter, wie schon erwähnt, alle Farben gut kannte.

Ich kenne kein Grün in der Welt. Eine rosa Farbe und ein blasses Blau sehen gleich aus, ich kann sie nicht unterscheiden. Ein kräftiges Rot und ein kräftiges Grün ebenfalls nicht, ich habe sie oft verwechselt. Aber Gelb und alle seine Abstufungen von Blau kenne ich absolut richtig und kann Unterschiede zu einem erheblichen Grad von Feinheit erkennen, ein kräftiges Purpur und ein tiefes Blau verwirren mich.

Ich habe meine Tochter vor einigen Jahren mit einem vornehmen und würdigen Mann vermählt. Am Tage vor der Hochzeit kam er in einem weinroten Mantel aus bestem Stoff in mein Haus. Ich war sehr gekränkt, dass er (wie ich glaubte) in Schwarz kam. Aber meine Tochter sagte, die Farbe sei vornehm, es seien meine Augen, die mich trögen.«

Brief von Mr. J. Scott aus dem Jahre 1777

Quelle: Zentralschweizer Bildungsserver

Aufgaben

1 □ Erstelle einen Stammbaum der Familie Scott.

2 ◪ Bestimme den Erbgang der Krankheit.

Weiter gedacht

Mendeln in der Praxis

1 Kreuzungen von Kaninchen

Das Züchten von Kaninchen ist in Deutschland weit verbreitet. Es gibt über 150 000 Züchter, die in Vereinen organisiert sind. Jedes Jahr werden etwa eine Million Kaninchen auf Veranstaltungen ausgestellt und von Preisrichtern bewertet. Neben der natürlichen braunen sind bei Züchtern auch andere Fellfarben beliebt. Die Fellform kann ebenfalls stark variieren. Insgesamt werden etwa 88 Kaninchenrassen unterschieden. Für eine Kreuzung stehen folgende Informationen zur Verfügung:

Fellfarbe	Fellform
braun, weiß	glatt, kraus
braun dominant gegenüber weiß	glatt dominant gegenüber kraus
Symbole: BB, ww	Symbole: GG, kk

a □ Bestimme für die reinerbigen Tiere der P-Generation die Genotypen der Körperzellen und der Keimzellen.

b □ Die beiden Tiere in Bild 1 sind reinerbig. Erstelle ein Kreuzungsschema der P-, F_1- und F_2-Generation für diese beiden Phänotypen.

c ◪ Beschreibe das Aussehen der Nachkommen, wenn der braune Elternteil mischerbig wäre.

d ◪ Beschreibe das Aussehen der Nachkommen der F_1-Generation, wenn beide Erbgänge intermediär wären.

1 Diese Phänotypen stehen zur Verfügung.

2 Mendeln beim Menschen

Ein einfach zu bestimmendes Merkmal beim Menschen sind freie oder angewachsene Ohrläppchen.

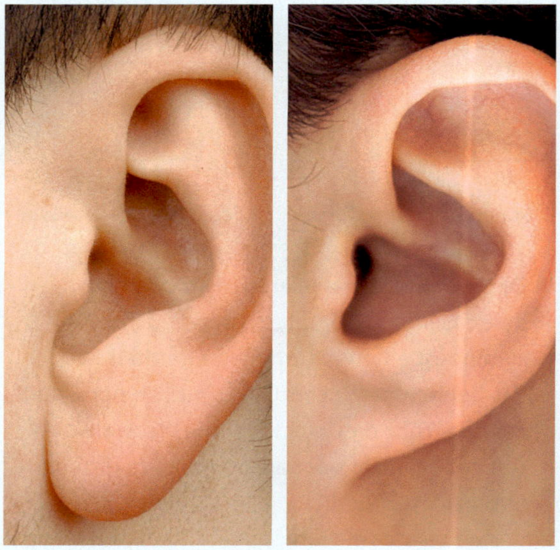

2 Freie und angewachsene Ohrläppchen

Bei einer Familie ist das Merkmal »angewachsene Ohrläppchen« folgendermaßen verteilt:

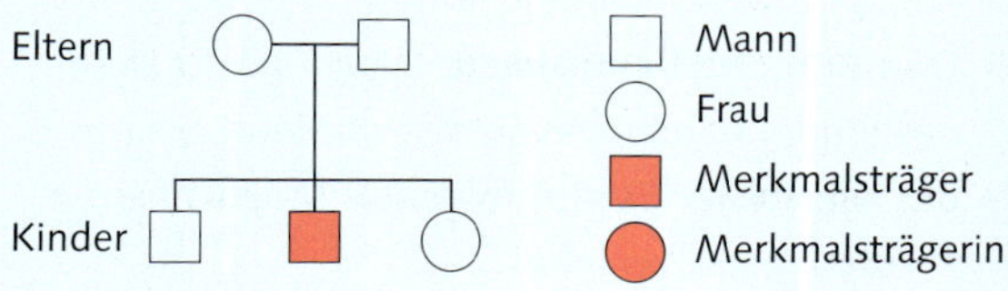

a □ Bestimme, um welchen Erbgang es sich hierbei handelt.

b ◪ Begründe deine Entscheidung.

Bei einer anderen Familie gibt es folgende Phänotypen für ein anderes Merkmal:

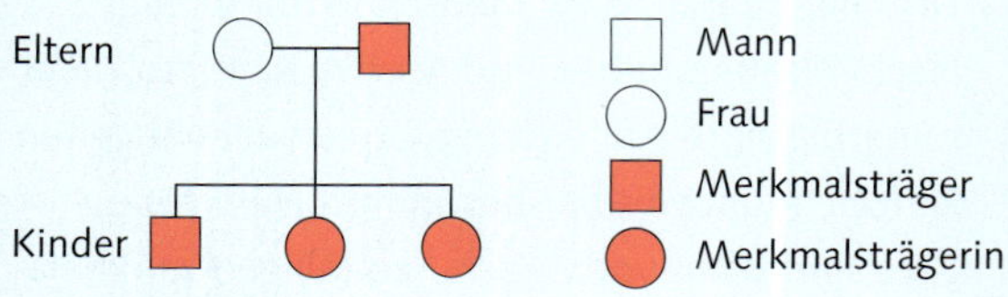

c ◪ Erstelle einen Stammbaum mit den Genotypen, der die Verteilung begründet.

3 Ein besonderes Meerschweinchen

Max züchtet Meerschweinchen. Auf einem Züchtertreffen gewinnt ein graues, krausfelliges Tier einen Preis. Max selbst hat nur schwarze, glattfellige und weiße, krausfellige Tiere. Aus seinen bisherigen Züchtungserfahrungen weiß er, dass die Fellfarbe intermediär, die Fellform aber dominant-rezessiv vererbt wird, wobei glattfellig gegenüber krausfellig dominant ist.

3 Max Meerschweinchen

- **a** □ Kann es Max gelingen, ein graues, krausfelliges Meerschweinchen zu züchten? Gehe von der Annahme aus, dass das schwarze Meerschweinchen reinerbig ist. Begründe deine Antwort mit Hilfe eines Kreuzungsschemas.
- **b** ◪ Gib für die P-Generation und für die F_1- und F_2-Generation die Genotypen an.

Im Internet wird ein graues Meerschweinchen mit glattem Fell angeboten. Max überlegt, ob er es kaufen soll. Wenn er dieses Tier mit seinem weißen Meerschweinchen kreuzt, könnte er schneller an sein Ziel kommen.

- **c** ■ Erstelle auch hierzu einen Stammbaum und berate Max bei seiner Kaufentscheidung.

4 Das Gericht hat entschieden

In den 1940er Jahren hatte der berühmte Schauspieler und Regisseur Charlie Chaplin eine Affäre mit der Schauspielerin Joan Barry. 1943 wurde sie Mutter einer Tochter und gab an, dass Chaplin der Vater sei, was er aber bestritt. In einer Gerichtsverhandlung wurden die Blutgruppen als Beweismittel verwendet. Chaplin hatte die Blutgruppe 0, die Mutter A und das Kind B. Chaplin wurde zu Unterhaltszahlungen verurteilt.

- **a** □ Nenne die möglichen Genotypen der Blutgruppen von Frau Barry, Herrn Chaplin und dem Kind.
- **b** ◪ Begründe anhand eines Schemas, ob Herr Chaplin als Vater in Frage kommt.
- **c** ◪ Kommentiere die Entscheidung des Gerichts.

5 Albinismus wird rezessiv vererbt

Beim Albinismus wird der Farbstoff Melanin nicht gebildet. Die Betroffenen haben helle Haut und Haare sowie rote Augen. Sie bekommen leichter Sonnenbrand und deshalb auch schneller Hautkrebs.

- **a** □ Übertrage den Stammbaum von Bild 4 in dein Heft.
- **b** □ Bestimme die möglichen Genotypen aller Familienmitglieder.
- **c** ◪ Beschreibe die Besonderheit des Paares Nr. 4. Nenne mögliche Folgen.

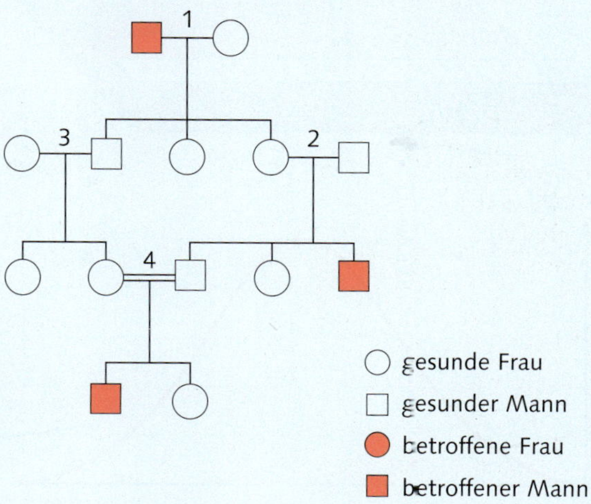

4 Stammbaum einer Familie mit Albinismus

Veränderung von Merkmalen durch Umwelteinflüsse

Setzt man ein einziges Pantoffeltierchen in ein Aquarium mit günstigen Lebensbedingungen, so teilt es sich bald. Schließlich entwickelt sich eine Vielzahl genetisch identischer Einzeller. Dennoch kann man bei den Individuen deutliche Größenunterschiede erkennen.

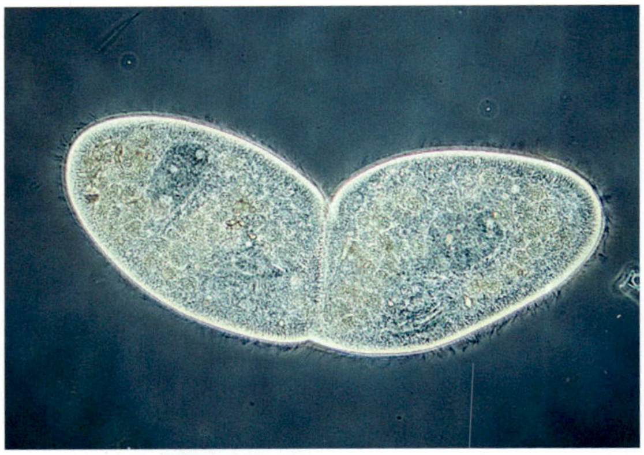

1 Ein Pantoffeltierchen teilt sich.

Gleiche Sorte – unterschiedliche Größen

Für genetische Untersuchungen werden sortenreine, das heißt genetisch weitgehend identische Bohnenpflanzen angebaut. Die reifen Samen des ganzen Feldes werden nach ihrer Größe sortiert und ausgezählt. Die meisten Bohnensamen besitzen eine mittlere Größe, nur wenige sind besonders groß oder ganz klein. Die verschiedenen Größen sind durch unterschiedliche Umweltfaktoren erklärbar. Die Versorgung einzelner Pflanzen mit Wasser, Licht oder Mineralstoffen variiert.

Ein Standortexperiment

Die Löwenzahnpflanzen des Flachlands sind großblättrig und bilden Blütenstängel aus, die eine Länge von 40 Zentimetern erreichen können. Die Pfahlwurzeln sind im Vergleich zur Pflanze nicht besonders groß ausgeprägt. Auch im Gebirge findet man den Löwenzahn. Seine Blätter sind klein, die Blütenstängel nur wenige Zentimeter lang. Diese Form besitzt eine sehr mächtige Pfahlwurzel.

Mit Hilfe eines Verpflanzungsversuchs kann man herausfinden, ob die Unterschiede genetisch festgelegt sind. Dazu wird eine Pflanze in gleiche Hälften geteilt. Die eine wird ins Flachland, die andere ins Gebirge ausgepflanzt, die Wuchsform wird beobachtet. Im folgenden Jahr werden die Pflanzen erneut umgepflanzt. Die Pflanzen zeigen die für den jeweiligen Standort typischen Merkmale. Daraus kann man schließen, dass diese durch die Umwelt und nicht durch die Gene hervorgerufen werden.

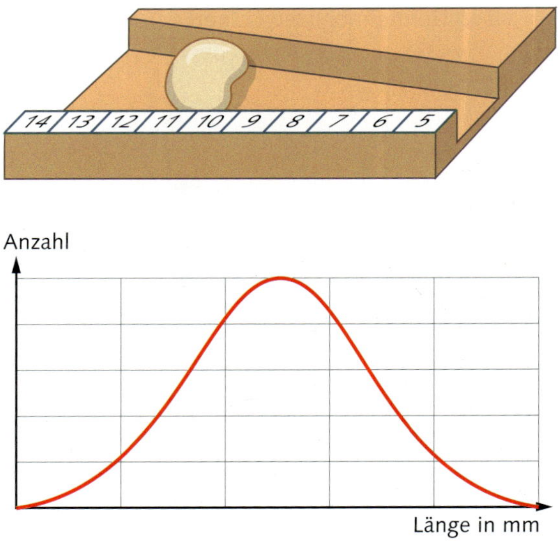

2 Unterschiedlich große Bohnensamen

3 Löwenzahnpflanze: A im Gebirge; B im Flachland

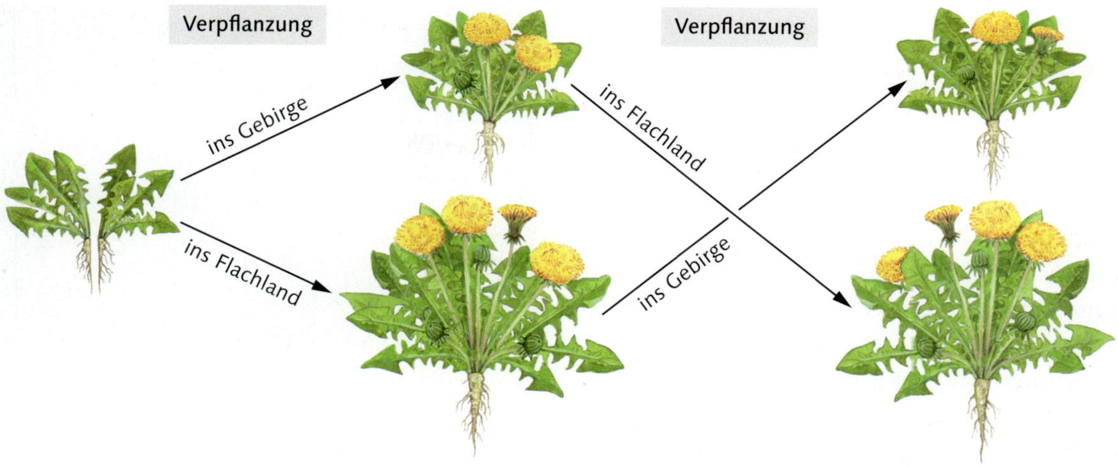

4 Verpflanzungsversuch

Umweltbedingungen bestimmen Merkmale
Die Ausprägung von Merkmalen wird nicht allein durch die Gene festgelegt, sondern innerhalb bestimmter Grenzen von der Umwelt beeinflusst. Solche durch Umweltfaktoren hervorgerufenen Veränderungen des Phänotyps bezeichnet man als *Modifikationen*. Sie werden nicht an die nächste Generation weitervererbt.

Vielfältige Modifikationen
Modifikationen erklären viele Unterschiede im äußeren Erscheinungsbild von umweltlabilen Merkmalen. Oftmals sind die Übergänge fließend. Die Wuchsform der Baumkronen beispielsweise wird je nach Lichtmenge mehr zur Schatten- oder Lichtform hin verändert. Der Bräunungsgrad der menschlichen Haut wird ebenfalls durch Umwelteinflüsse verändert. Zum Schutz gegen ultraviolette Strahlung werden vermehrt Pigmente gebildet, die unsere Haut dunkler färben.

In Kürze
Unter Modifikation versteht man Veränderungen im Phänotyp aufgrund von Umwelteinflüssen. Sie werden nicht vererbt.

Aufgaben

1 □ Nenne die Definition für den Begriff Modifikation.

2 ◪ Beschreibe, wie man bei der Untersuchung zur Größe der Bohnensamen vorgegangen ist. Nenne Gründe für das Ergebnis.

3 ◪ Finde Beispiele für Modifikationen beim Menschen.

5 Frei stehende Buche

6 Buchenbestand in einem Wald

Veränderung von Merkmalen durch Züchtung

Die Ferkel eines Wurfs ähneln einander sehr. Bei genauem Hinschauen erkennt man dennoch Unterschiede. Die genetische Vielfalt ist die wichtigste Voraussetzung für die Zucht.

1 Alle Ferkel unterscheiden sich.

Züchtung entwickelt sich

Bis in die Jungsteinzeit vor rund 12 000 Jahren ernährten sich unsere Vorfahren als Jäger und Sammler von dem, was sie in der Natur vorfanden. Mit dem Sesshaftwerden begannen sie, Pflanzen anzubauen und Tiere zu halten. Es entstanden neben verschiedenen Heim- und Nutztieren auch unterschiedlichste Kulturpflanzen. Zunächst standen nur einfache Züchtungsmethoden zur Verfügung. Durch die Entdeckung der Vererbungsregeln wurde die gezielte Zucht leichter. *Züchtung* ist allgemein die vom Menschen kontrollierte Vermehrung von Pflanzen oder Tieren mit dem Ziel, dass bestimmte Eigenschaften oder Merkmale an die nächste Generation weitergegeben werden.

Zuchtziele bei Pflanzen

Im Mittelpunkt der Zuchtanstrengungen stehen die Steigerung der Erträge und die Verbesserung der Pflanzeneigenschaften, die zu einer vereinfachten Ernte führen. Bei Getreide betrifft das die Größe und Zahl der Körner sowie die Brüchigkeit der Ähren. Ein weiteres Zuchtziel ist es, die Resistenz gegen Schadorganismen zu verbessern, um den Einsatz an Pflanzenschutzmitteln zu verringern. Der Gehalt an bestimmten Inhaltsstoffen von Pflanzen soll ebenfalls optimiert werden.

Zuchtziele bei Tieren

Je nach Tierart und Rasse sind die Ziele sehr vielfältig. Werden Tiere zur Arbeit eingesetzt, sind Kraft und Ausdauer wichtige Zuchtziele. Bei Nutztieren, die zur Lebensmittelproduktion dienen, also Produkte wie Fleisch, Milch oder Eier liefern, steht die Ertragssteigerung im Mittelpunkt der Zucht. Die Qualität der Lebensmittel sowie die Fitness der Tiere sind weitere wichtige Zuchtziele. Bei der Zucht neuer Heimtierrassen wird Wert auf die Fellfarbe oder Haarlänge, aber auch auf die Zahmheit oder Zutraulichkeit gelegt.

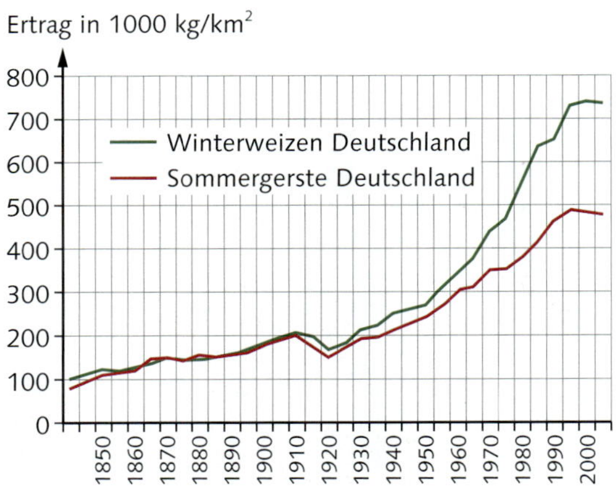

2 Ertragssteigerungen bei verschiedenen Getreidearten

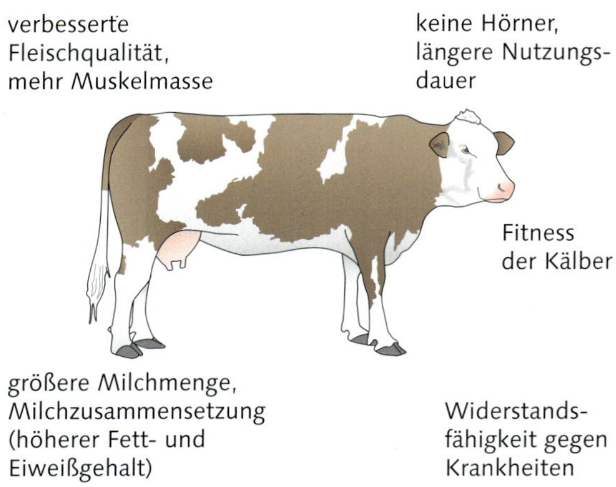

3 Verschiedene Zuchtziele beim Rind

Zucht durch Auswahl

Die traditionellste Form der Züchtung ist die *Auslesezucht*. Dabei werden beispielsweise die Pflanzen mit den größten Früchten herausgesucht. Ihre Samen werden nicht gegessen, sondern für die Aussaat zurückgehalten. Es entstehen regional angepasste, robuste, aber mäßig ertragreiche Landsorten.

Früher wählte man in den Dörfern den kräftigsten Stier für die Zucht aus und hielt ihn als Gemeindebullen. Durch die künstliche Besamung wurde es möglich, die Anzahl der Nachkommen hochwertiger Zuchtbullen sehr stark zu erhöhen. Heute werden in Deutschland über 80 Prozent der Kühe künstlich besamt. Als Folge verschwinden viele Landrassen.

Zucht durch Kombination

Die Mendel'schen Regeln stellen die Züchtung auf eine völlig neue Grundlage. Durch gezielte Kreuzungen werden Merkmale kombiniert. Voraussetzung für diese *Kombinationszüchtung* sind reinerbige Sorten, die man durch *Inzucht*, das heißt durch Kreuzung naher Verwandter, über mehrere Generationen hinweg gewinnt. Anschließend werden die reinerbigen Sorten mit den unterschiedlichen Eigenschaften gekreuzt. In der F_2-Generation kann sich dann eine neue Sorte mit der gewünschten Merkmalskombination zeigen. Oft sind Inzuchtlinien nicht vital und kaum fruchtbar, daher kreuzt man sie mit anderen Linien. Diese

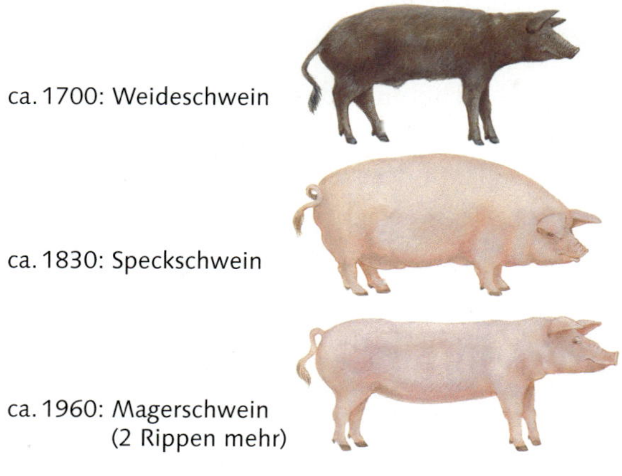

4 Durch Auslesezucht entstandene Schweinerassen

Mischlinge oder Hybride sind häufig viel vitaler als ihre Eltern.

In Kürze

Bei der Züchtung sollen Eigenschaften gezielt an die nächste Generation weitergegeben werden. Bei Nutztieren und -pflanzen steht die Ertragssteigerung im Mittelpunkt. Auslese- und Kombinationszüchtung sind wichtige Zuchtmethoden.

Aufgaben

1 □ Nenne die Definition von Züchtung.

2 □ Beschreibe Unterschiede der Schweinerassen von Bild 4 und formuliere mögliche Zuchtziele.

3 ◪ Weizen wird in vielen Gebieten mit unterschiedlichen klimatischen Bedingungen angebaut. Recherchiere die jeweiligen Zuchtziele.

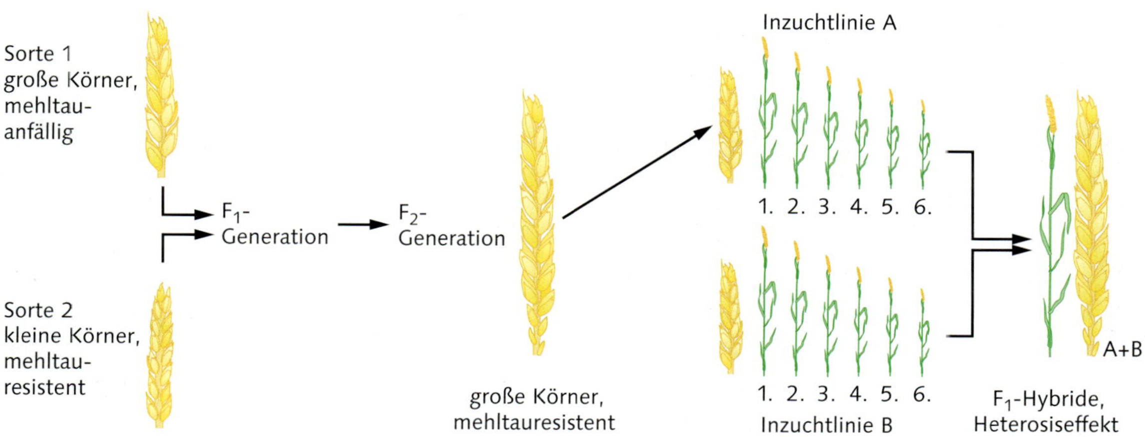

5 Schema der Kombinationszucht

Geklonte Lebewesen

Es ist wahrscheinlich das berühmteste Schaf der Welt: Dolly. Nur wenigen Tieren wird die Ehre zuteil, auf dem Titelblatt des bekannten amerikanischen Nachrichtenmagazins »Time« zu erscheinen. Dolly wurde dort abgebildet, weil sie 1996 das erste Säugetier war, das durch Klonung entstanden ist.

Natürliche Klone

Erdbeerpflanzen bilden Ausläufer, an denen sich junge Pflanzen entwickeln. Genetisch sind sie mit der Mutterpflanze vollkommen identisch, es sind *Klone*. Darunter versteht man Nachkommen, die durch ungeschlechtliche Vermehrung aus einer Zelle oder einem Elternorganismus hervorgegangen sind. In der Natur kommen solche *natürlichen Klone* nicht nur bei Pflanzen vor. Beispielsweise entstehen bei der Teilung von Einzellern ebenfalls natürliche Klone.

Künstliche Klone

Die Herstellung *künstlicher Klone* ist als *Veredlung* aus dem Wein- und Obstanbau seit Jahrhunderten bekannt. Beim Veredeln wird ein Zweig einer Pflanze, deren Erbgut erhalten werden soll, mit dem abgeschnittenen Stamm einer anderen Pflanze verbunden.

1 Klonschaf Dolly

Erbinformation wird übertragen

Im Mittelpunkt moderner Klontechniken steht die Übertragung eines Zellkerns, der *Zellkerntransfer*. Aus den Eierstöcken einer Spenderin wird dafür eine Eizelle entnommen. Diese wird entkernt, indem man mit Hilfe einer Mikropipette den Zellkern absaugt. Gleichzeitig wird der diploide Zellkern des zu klonenden Lebewesens aus einer ausdifferenzierten Körperzelle isoliert und anschließend in die entkernte Eizelle eingebracht. Die Eizelle enthält nun einen vollständigen diploiden Chromosomensatz und beginnt nach einem speziellen Aktivierungsverfahren sich zu teilen.

Impulse der Eizelle bewirken, dass der Körperzellkern seine Spezialisierung aufgibt und sich aus der Zelle ein Embryo entwickelt. Er ist ohne Beteiligung einer männlichen Keimzelle und ohne Befruchtung entstanden, also *ungeschlechtlich*. Der Embryo ist genetisch identisch mit dem Lebewesen, dessen diploider Zellkern verwendet wurde.

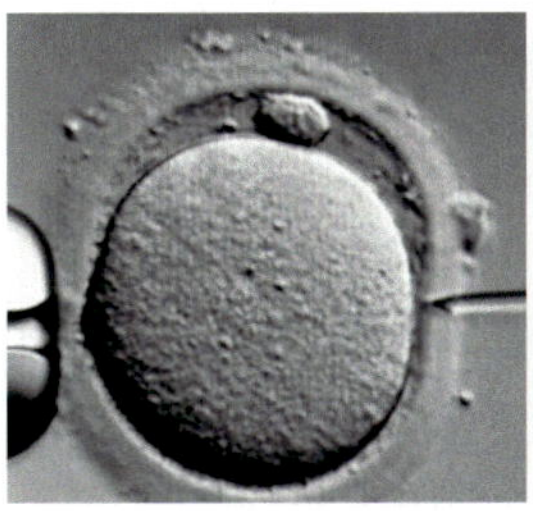

Die Eizelle wird mit einer Pipette festgehalten.

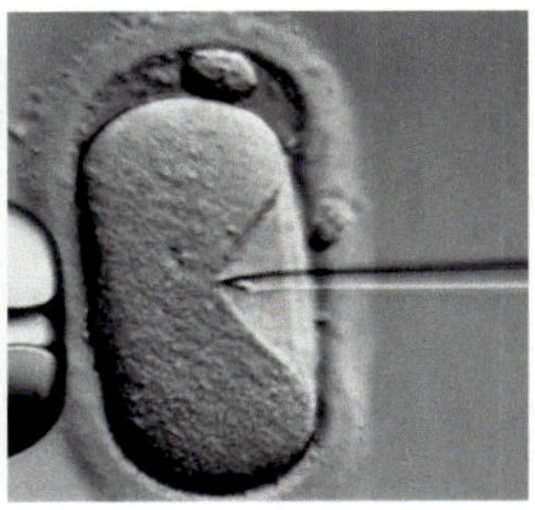

Eine zweite Pipette wird eingestochen.

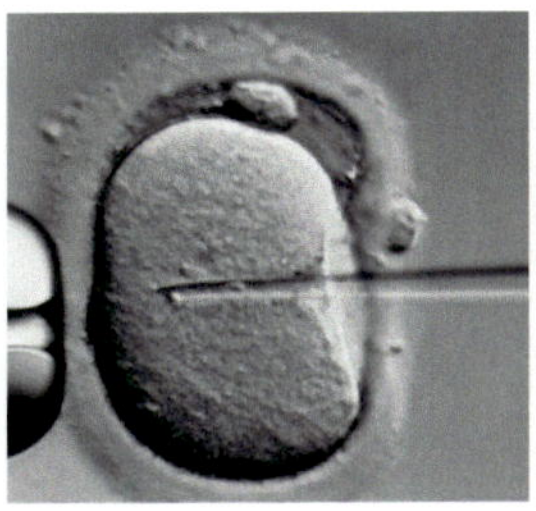

Der Zellkern wird abgesaugt.

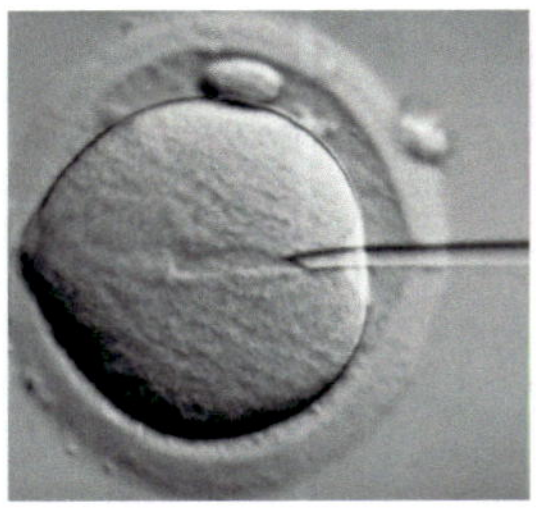

Die Pipette wird aus der entkernten Eizelle entfernt.

2 Entkernung einer Eizelle

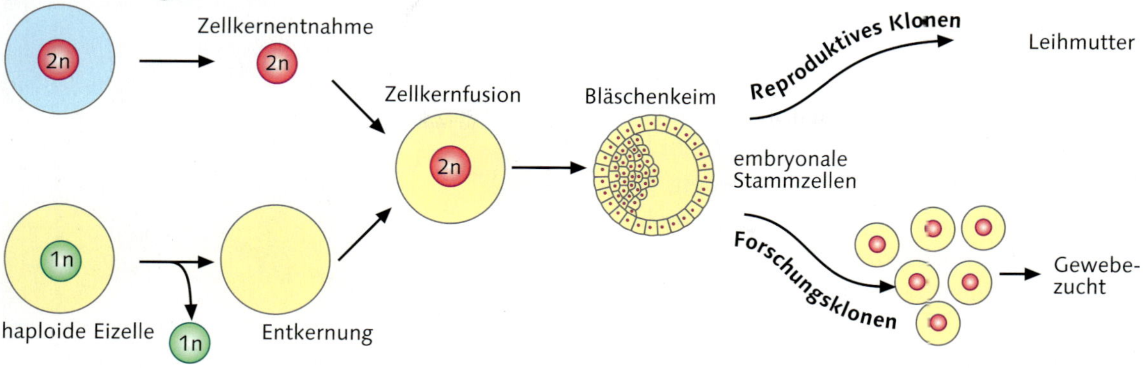

3 Schema des Klonens

Reproduktives Klonen

Aus der Eizelle entsteht durch Teilung eine Art Zellhaufen, der Blasenkeim. Beim reproduktiven Klonen wird dieser Keim einem Ammentier eingesetzt.

Der Blasenkeim enthält embryonale Stammzellen. Aus jeder dieser Zellen kann sich ein vollständiger Organismus entwickeln. Dies nutzt die Züchtungsmethode des *Embryosplittings*. Dabei wird der Embryo mikrochirurgisch geteilt. Die einzelnen Zellen werden Ammentieren eingesetzt und entwickeln sich dort zu vollständigen Organismen.

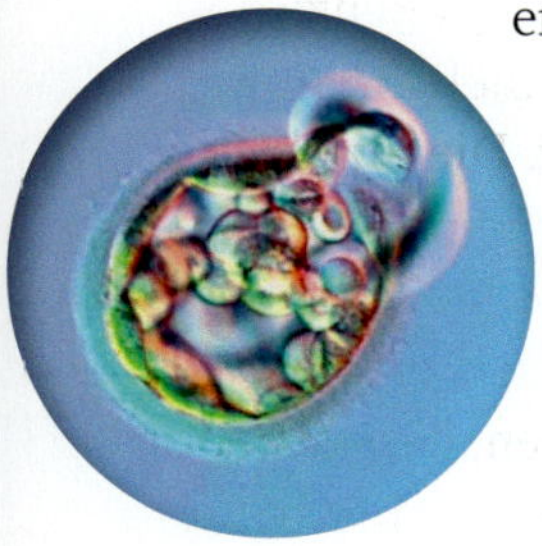

Dadurch entstehen auf künstlichem Weg Mehrlinge, die von unterschiedlichen Müttern ausgetragen werden.

4 Durch Embryosplitting entstandene Klonkälber

Forschungsklonen

Ein wichtiges Ziel der Forschung ist die Gewinnung embryonaler Stammzellen. Sie bilden die Grundlage für das *therapeutische Klonen,* bei dem Gewebe oder ganze Organe gezüchtet werden sollen. Erste Erfolge gibt es bei der Herstellung von Herzklappen. Die Vorteile solcher aus Stammzellen gezüchteter Herzklappen bestehen vor allem darin, dass sie mitwachsen, sich an Veränderungen im Körper anpassen und keine Abwehrreaktion des Körpers auslösen. Allerdings bestehen ethische Bedenken, da diese Stammzellen aus menschlichen Embryonen gewonnen werden.

In Kürze

Klone sind Nachkommen, die durch ungeschlechtliche Vermehrung entstanden sind. Die gesamte Erbinformation eines Klons stammt von nur einem Elternteil. Beim künstlichen Klonen wird der diploide Zellkern einer Körperzelle in eine entkernte Eizelle transferiert. Reproduktives Klonen erzeugt genetisch gleiche Nachkommen. Ziel des therapeutischen Klonens ist die Herstellung von Geweben und Organen.

Aufgaben

1 □ Nenne Gemeinsamkeiten und Unterschiede zwischen natürlichem und künstlichem Klonen.

2 ◪ Wie viele Mütter und wie viele Väter hat ein geklontes Lebewesen wie Dolly? Begründe deine Antwort.

Stammzellen

Werdende Eltern haben heute die Möglichkeit, direkt nach der Geburt ihres Kindes Nabelschnurblut entnehmen und einlagern zu lassen. In ihm befinden sich Stammzellen, die – anders als die meisten Körperzellen – nicht spezialisiert sind. Mediziner hoffen, mit ihrer Hilfe eines Tages geschädigte Gewebe und Organe ersetzen und Krankheiten wie Diabetes und Alzheimer heilen zu können.

Stammzellen bei Embryonen

Zellen aus dem Embryo nennt man *embryonale Stammzellen*. Sie sind unbegrenzt teilungsfähig und können sich zu jeder beliebigen Zellart entwickeln, sogar zu Keimzellen. Man nennt sie daher auch *totipotent*, was so viel heißt wie »zu allem mächtig«. Der menschliche Embryo enthält diese Stammzellen im Stadium des Bläschenkeims.

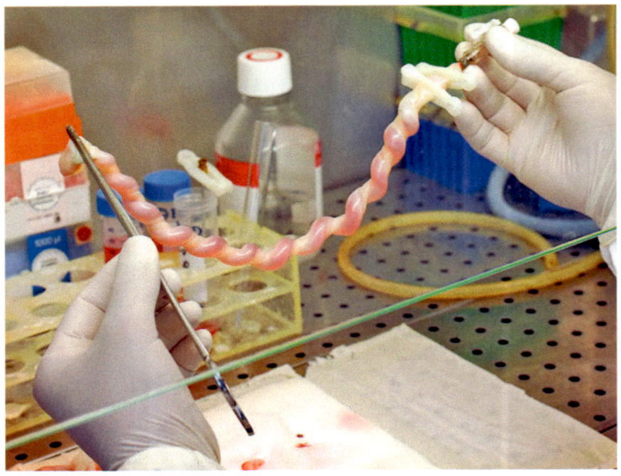

1 Im Blut der Nabelschnur finden sich Stammzellen.

Stammzellen bei Erwachsenen

Stammzellen, die sich im erwachsenen Organismus befinden, werden *adulte Stammzellen* genannt. Sie teilen sich, um fehlerhafte, kranke oder abgestorbene Zellen zu ersetzen. Man nennt sie *pluripotent*, das bedeutet »zu vielem mächtig«. Ein Beispiel sind die Stammzellen für die Blutbildung im Knochenmark, die unterschiedliche Blutzellarten bilden können. Auch Hautverletzungen heilen mit Hilfe von Stammzellen aus.

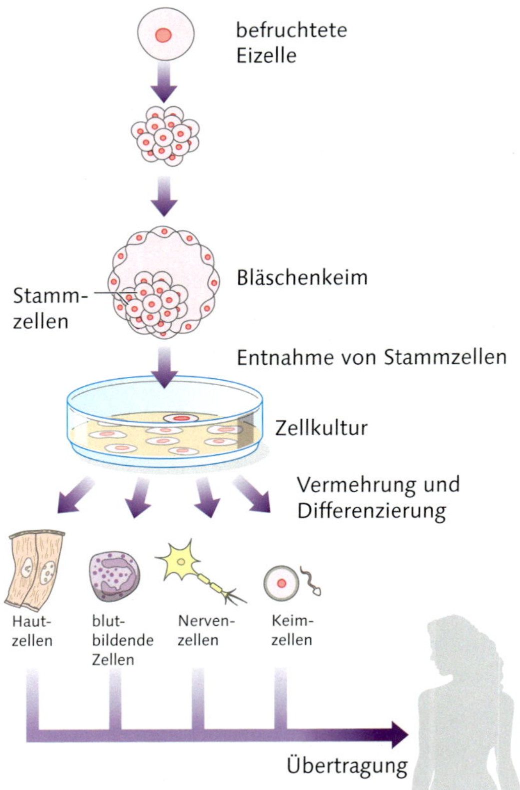

2 Therapie mit embryonalen Stammzellen

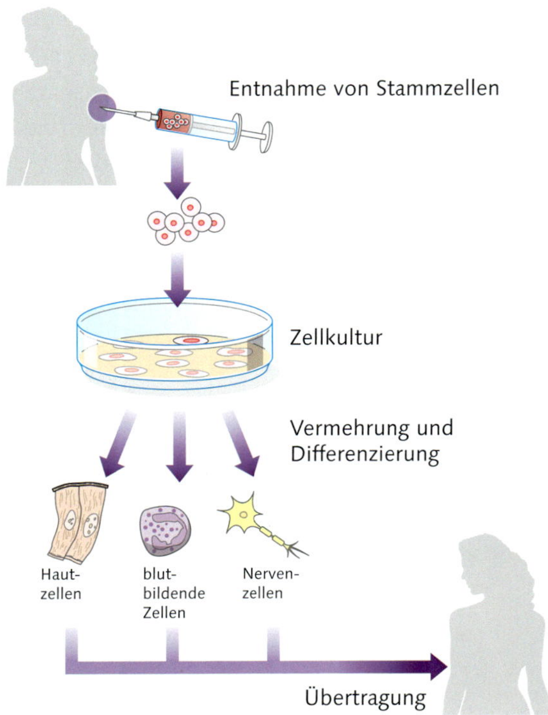

3 Therapie mit adulten Stammzellen

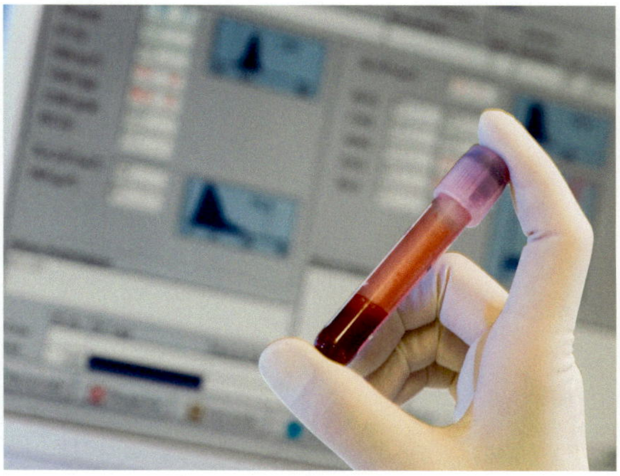

4 Knochenmark von Spendern kann helfen.

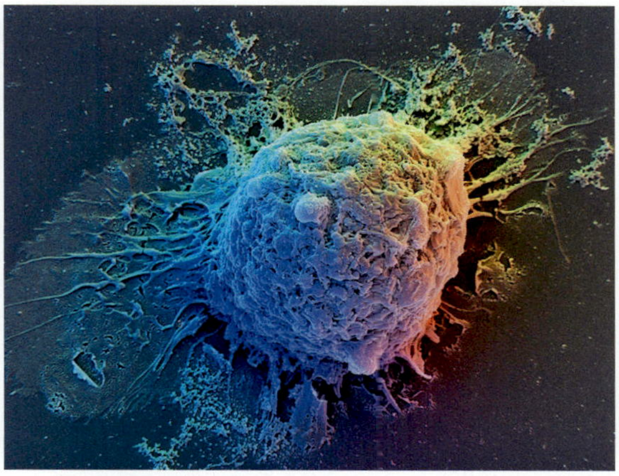

6 Embryonale Stammzelle

Therapie mit Stammzellen

Krebspatienten werden häufig mit Chemotherapien behandelt. Dabei wird meist als Nebenwirkung das Immunsystem geschädigt. Durch Stammzellentherapie werden diese Patienten mit Spender-Stammzellen behandelt, um das Immunsystem wieder aufzubauen. Spender können entweder fremde Personen sein, die dem Patienten genetisch sehr ähnlich sind, ein Zwilling oder der Patient selbst.

Bei Krebserkrankten entnimmt man vor der Chemotherapie Stammzellen aus dem Knochenmark, die später das Blut mit dem Immunsystem wieder aufbauen können. Bei Leukämiepatienten ist die Entnahme von Stammzellen meist nicht mehr möglich, da das Knochenmark selbst vom Krebs befallen ist. Die pluripotenten Stammzellen können diese Zellen ersetzen. In anderen Gebieten der therapeutischen Forschung mit Stammzellen geht man von der Annahme aus, dass die totipotenten Stammzellen beschädigte Zellen im Körper erkennen. Sie übernehmen ihre Funktion und bilden Gewebe neu.

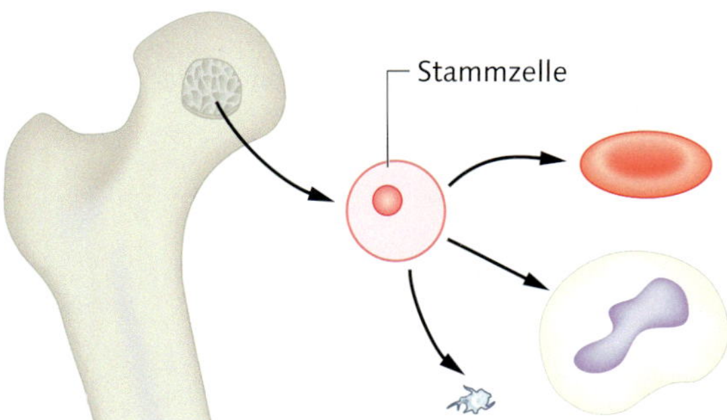

5 Bildung der Blutzellen im Knochenmark

Ethische und rechtliche Grenzen

Nach dem deutschen Embryonenschutzgesetz gelten auch totipotente Zellen als Embryonen, da sie aus Bläschenkeimen gewonnen werden. Diesen werden von Anfang an uneingeschränkt Menschenwürde und Schutz der Lebensrechte zugesprochen. Sie dürfen nicht für Forschungszwecke verwendet werden. Deshalb können bei uns keine Stammzellen aus Embryonen gewonnen werden. Die Forschung an importierten embryonalen Stammzellen ist unter strengen Auflagen möglich.

In Kürze

Stammzellen werden in totipotente, embryonale und pluripotente, adulte Stammzellen eingeteilt. Die Medizin versucht Stammzellen zu nutzen, um krankes Gewebe wiederherzustellen oder zerstörte Organe zu ersetzen. Mit der Erforschung und Nutzung von Stammzellen sind ethische und rechtliche Probleme verbunden.

Aufgaben

1 □ Nenne die Unterschiede zwischen embryonalen und adulten Stammzellen.

2 ◪ Erläutere mit Hilfe von Bild 2 die Gewinnung und Nutzung embryonaler Stammzellen.

3 ■ Soll die Nutzung von Embryonen generell verboten werden? Debattiert zu diesem Thema.

Ein Klon kommt selten allein

1 Uschi, die Dolly unter den Kühen

Nutztiere, die genau das leisten, was von ihnen erwartet wird, sind für den Besitzer von großem Wert. Bei Bullen kommt es auf die Qualität des Fleisches an, das sich zum Beispiel durch Schnittfestigkeit und geringen Fettgehalt auszeichnet. Zudem ist die Menge an Fleisch, die man gewinnen kann, entscheidend. Bei Kühen werden die Milchleistung und Gebärfähigkeit durch Zucht stetig verbessert. Es gibt auch Zuchtstiere mit gewünschten Eigenschaften, deren Sperma zur Besamung von Kühen vielfach verkauft und eingesetzt wird.

Durch die Methode des Klonens bleiben die Eigenschaften erhalten, ohne dass, wie bei künstlicher Besamung, das Erbgut neu kombiniert wird.

Die erste geklonte Kuh hieß Uschi. Sie wurde 1998 auf einem Versuchsgut nahe Oberschleißheim bei München nach dem gleichen Verfahren wie Dolly »hergestellt«.

- **a** □ Bringe die Bilder A bis G in die richtige Reihenfolge. Entscheide jeweils, ob ein haploider oder diploider Chromosomensatz im Zellkern vorliegt.
- **b** □ Formuliere zu den Buchstaben in Bild 2 jeweils eine Bildunterschrift. Bei Bild E ist diese bereits vorgegeben.
- **c** ◪ In den Bildern A bis G fehlt ein Schritt. Ergänze ihn.
- **d** ◪ Erläutere das Vorgehen bei der Klonierung der Kuh Uschi.

1 Uschi – Deutschlands erstes Klon-Kalb

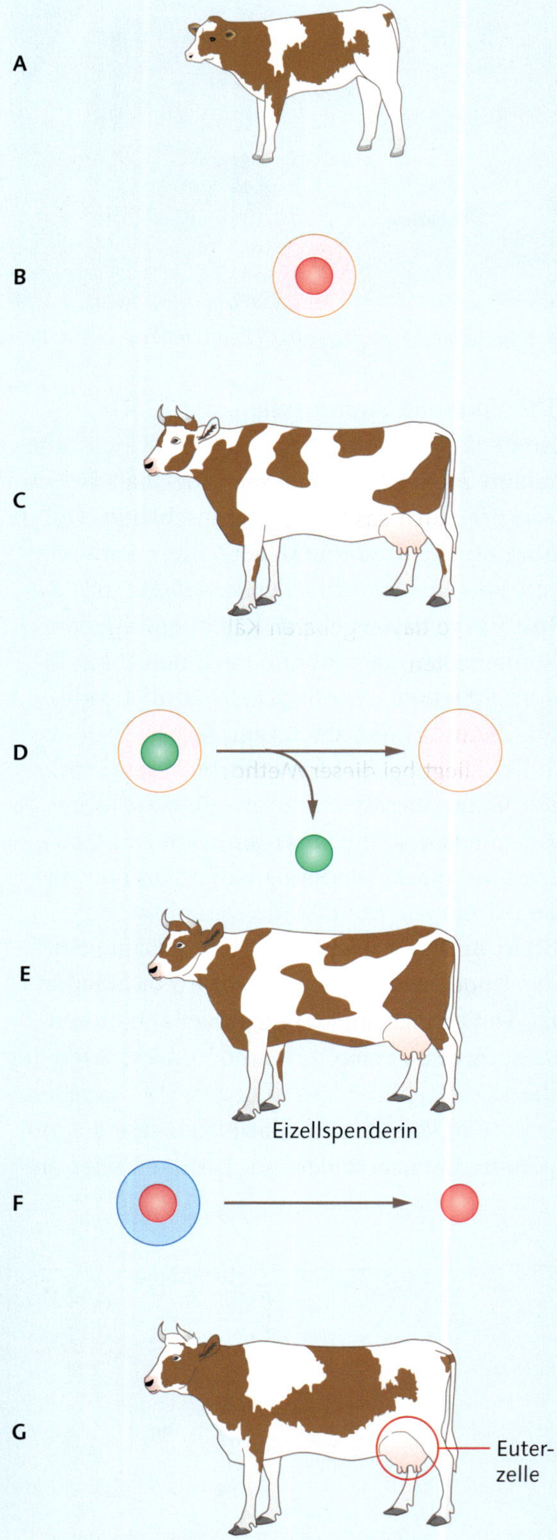

2 Teilschritte beim Klonen eines Lebewesens

2 Wie gut ist die Klonmethode?

3 Genetisch identische Kälber

Im Jahr 2001 stellten amerikanische Wissenschaftler durch das Klonverfahren 24 Rinder her. Dazu waren 496 Versuche nötig. Es dienten 247 Kühe als Leihmütter, von denen 110 trächtig wurden. 30 davon gebaren Kälber, von denen 24 überlebten.

Meist werden Rinder gezüchtet, indem man Kühe künstlich mit Stiersperma besamt. Die Verlustrate liegt bei dieser Methode zwischen 7 und 24 Prozent. Die Verlustrate wird berechnet, indem man das Verhältnis von Kühen, die trächtig werden, zu denen in Bezug setzt, die tatsächlich gebären.

a □ Berechne die Verlustrate beim Klonen der Rinder anhand der im Text angegebenen Zahlen und vergleiche sie mit der bei künstlicher Besamung.

b ■ Bei Rindern ist das Klonen Erfolg versprechend. Betrachte die Tabelle und triff eine Aussage über die derzeitige Effizienz der Klon-Methode.

Anzahl hergestellter Embryonen*	Geklontes Tier, das gesund geboren wurde
29	Dolly, Schaf, 1996
87	CC Katze, 2001
327	Prometea, Pferd, 2003
1095	Snuppy, Hund, 2005

** Für die Herstellung dieser Embryonen sind meist sehr viele Versuche nötig.*

3 Genetische Vielfalt vermeiden

4 Pfropfen oder veredeln

Wie können Züchter verhindern, dass sich die in langjähriger Arbeit angezüchteten gewünschten Eigenschaften oder Merkmale in den folgenden Generationen ändern? Die Natur macht es vor. Erdbeerpflanzen bilden Ausläufer, an denen sich neue Erdbeerpflanzen entwickeln. Es sind natürliche Klone. Im Obstbau wird die Veredlungstechnik des »Pfropfens« angewandt. Dazu verwendet man Zweige eines Obstbaums mit guten Eigenschaften. Der Stamm des Bäumchens, das veredelt werden soll, wird abgeschnitten und die Rinde unterhalb der Schnittfläche seitlich eingeritzt. In diese Öffnung wird der Zweig, der sogenannte Edelreis, eingefügt, mit Bast befestigt und mit Baumharz luftdicht abgeschlossen.

a ◪ Beschreibe mit Hilfe des Textes und Bild 4 die Methode des Pfropfens.

b ◪ Stelle Vermutungen an, weshalb man bestimmte Obstbäume pfropft.

c □ Die Ausläufer von Erdbeerpflanzen sowie die Brutzwiebeln des Knoblauchs sind Klone. Erkläre, was damit ausgesagt wird.

d ◪ Erkläre, weshalb neu gezüchtete Lebewesen durch geschlechtliche Fortpflanzung in den Folgegenerationen ihre angezüchteten Eigenschaften meist verändern oder gar verlieren.

e ■ Bei der Züchtung werden zwei verschiedene Pflanzen gekreuzt, um eine neue Pflanze mit neuen Eigenschaften zu erhalten. Erläutere, ob es sich beim Pfropfen um Züchtung handelt.

Gentechnik

Die Gentechnik bietet Chancen und Risiken. Sie kann durch gezielte Veränderung von Pflanzen zur Ertragsverbesserung beitragen und so die Ernährung der Weltbevölkerung sichern. Auch Krankheiten können mit Hilfe der Gentechnik bekämpft werden.

1 Gentechnisch veränderte Auberginenpflanzen

Biologische Voraussetzungen

Unter Verwendung der Gentechnik ist es aber gelungen, Erbinformation von einem Lebewesen auf ein artfremdes anderes zu übertragen. Es entstehen *gentechnisch veränderte Organismen, GVO* genannt. Sie werden definiert als Organismen, deren genetisches Material auf eine Art verändert ist, wie es natürlicherweise nicht geschehen könnte. Damit dieser Gentransfer überhaupt möglich ist, müssen zwei biologische Grundvoraussetzungen erfüllt sein. Zum einen besteht die Erbsubstanz aller Lebewesen aus dem gleichen chemischen Baustein, der DNA. Zum anderen ist die Verschlüsselung der Information, der genetische Code, universell. Das bedeutet, egal ob Baum oder Wurm, ob Pilz oder Mensch, bei allen wird durch drei bestimmte aufeinanderfolgende Basen der DNA die gleiche Aminosäure codiert. Die Basenfolge GGC bestimmt bei allen Lebewesen die Aminosäure Glycin.

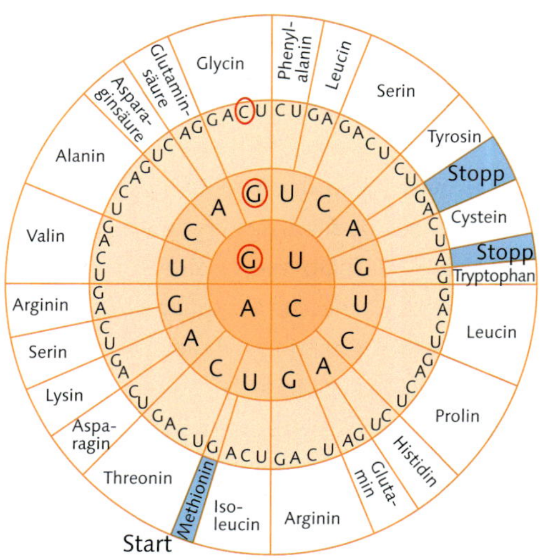

2 Code-Sonne

Unterschiedliche Anwendungsgebiete

Je nach Einsatzbereich der GVO unterscheidet man verschiedene Anwendungsgebiete. Die *grüne Gentechnik* beschäftigt sich mit Pflanzen, vor allem für die Landwirtschaft. *Rote Gentechnik* wird bei Tieren in der Medizin sowie bei der Entwicklung und Herstellung von Medikamenten angewandt. *Weiße* und *graue Gentechnik* finden in der Industrie beziehungsweise in der Umwelttechnik Anwendung.

Benötigte Werkzeuge

In der Gentechnik werden verschiedene Werkzeuge benötigt. *Schneideenzyme* sind in der Lage, die DNA an genau definierten Stellen aufzutrennen. Dies ist zum einen nötig, um das gewünschte Gen herauszuschneiden, aber auch um die DNA des Zielorganismus zu öffnen. *Klebeenzyme* bauen das fremde Gen in die Erbinformation ein. Außerdem benötigt man Transporter, die das Gen in die Empfängerzelle befördern. Diese werden als *Vektoren* bezeichnet.

Herstellung von Humaninsulin

Schätzungen gehen davon aus, dass bei uns bis zu 10 Prozent der Bevölkerung an Diabetes leiden. Als Therapie ist häufig die regelmäßige Gabe von Insulin nötig. Dieses Hormon wurde früher aus den Bauchspeicheldrüsen von Schweinen gewonnen. Es ist dem menschlichen sehr ähnlich. Mit Hilfe von GVO kann Insulin produziert werden, das mit dem menschlichen absolut identisch ist.

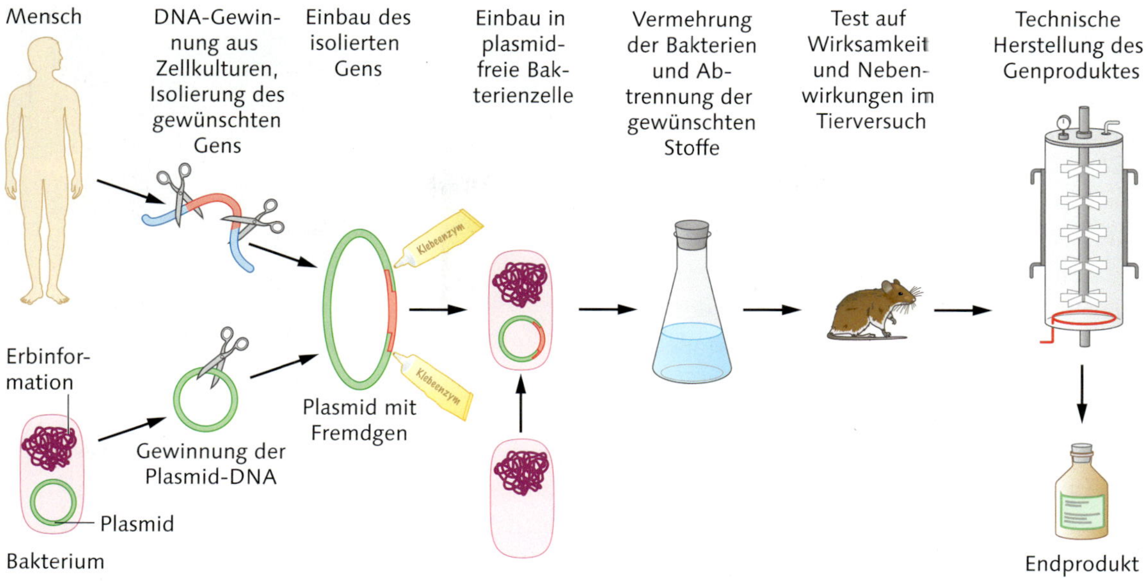

3 Schematischer Ablauf des Gentransfers bei der Insulinherstellung

Bei der Genübertragung handelt es sich um sehr aufwendige technische Verfahren. Zunächst muss das Gen, das übertragen werden soll – hier das Gen zur Herstellung von Insulin –, identifiziert und mit Hilfe von Enzymen herausgeschnitten werden. Viele Bakterien besitzen zusätzlich zu ihrer eigentlichen Erbsubstanz kleine DNA-Ringe im Plasma. Solche *Plasmidringe* werden entnommen und geöffnet. Klebeenzyme fügen das Insulingen in den Plasmidring ein. Er dient in diesem Fall als Vektor und überträgt die fremde Erbinformation in eine Bakterienzelle. Zellen, bei denen der Transfer erfolgreich war, werden vermehrt und getestet. Nun kann das Produkt in großen Mengen hergestellt werden.

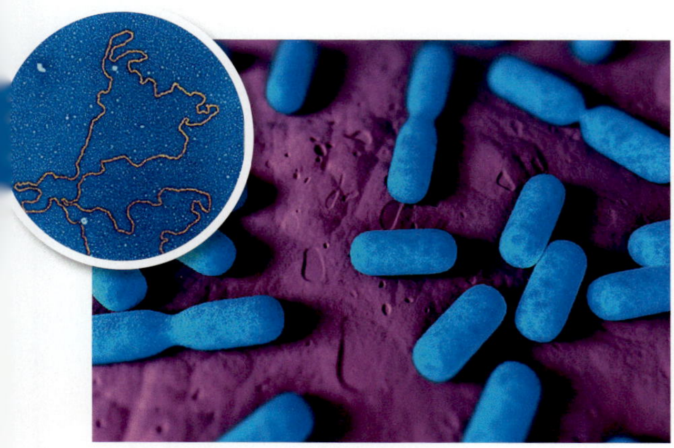

4 Bakterien und Bakterienplasmid

Umstrittene Technik

Vor allem die grüne Gentechnik ist heftig umstritten. Diskutiert wird beispielsweise die Frage, ob sie umweltschonend ist. Argumente der Befürworter, dass weniger Spritzmittel ausgebracht werden müssen oder dank der Gentechnik Pflanzen geschaffen werden können, die dem Klimawandel trotzen, werden von den Gegnern abgestritten. Sie führen dagegen ins Feld, dass Gentechnik die natürliche Vielfalt gefährdet. Weitere Streitpunkte sind Fragen der Sicherheit der GVO, also ob sie schädigende Langzeitwirkungen haben, ob die Technik Arbeitsplätze schafft oder gefährdet und ob die GVO im Freiland eine Gefahr darstellen, weil die eingesetzten Gene auf Wildpflanzen übertragen werden könnten.

In Kürze

Mit Hilfe der Gentechnik kann man gentechnisch veränderte Organismen herstellen. Dabei werden einzelne Gene in vorhandenes Erbmaterial eingefügt.

Aufgaben

1 □ Beschreibe die Herstellung von Insulin.

2 ◪ Sammelt in Gruppen Argumente, die für, und solche, die gegen die Anwendung der Gentechnik sprechen. Gestaltet dazu ein Plakat.

Anwendungen der Gentechnik

»GloFish« ist der Markenname für gentechnisch veränderte Fische, die bei Tages- oder Kunstlicht fluoreszieren. Zu ihnen gehören die Zebrafische. Das Fluoreszenzgen wurde aus Quallen isoliert und in die DNA der Fische eingebaut. GloFish wird als Modellorganismus eingesetzt, der zum Beispiel als leuchtender Indikator die Wasserqualität anzeigt. Seit 2004 sind die Fische in den USA als erste transgene Haustiere erhältlich.

1 Gentechnisch veränderte Zebrafische

Rote Gentechnik

Mit Hilfe gentechnischer Methoden ist es der medizinischen Forschung schon 1986 gelungen, einen Impfstoff gegen das Hepatitis-B-Virus herzustellen. Dazu wurde die Erbinformation für eines der Oberflächenproteine des Virus identifiziert, herausgeschnitten und anschließend in Zellen der Bäckerhefe eingeschleust. Diese harmlosen Zellen produzieren das Protein, das als Grundlage für die Herstellung des Impfstoffs dient.

Ein weiteres gentechnisch erzeugtes Medikament wurde durch zahlreiche Dopingfälle im Radsport bekannt: Das Hormon Erythropoietin, kurz EPO genannt, regt die Bildung roter Blutkörperchen an. Ursprünglich zur Behandlung von Blutarmut entwickelt, wird EPO inzwischen aber auch als Dopingmittel eingesetzt. Denn je mehr rote Blutkörperchen vorhanden sind, desto mehr Sauerstoff wird zu den Zellen transportiert. Dadurch erhöht sich die Leistungsfähigkeit des Organismus.

Weiße Gentechnik

In der modernen Biotechnologie werden häufig Mikroorganismen als GVO verwendet, da sie sich sehr effektiv vermehren lassen. Mit ihnen werden zahlreiche Enzyme und Inhaltsstoffe für die Lebensmittel- und Waschmittelproduktion gewonnen.

Ein Beispiel dafür ist die Produktion von Citronensäure. Sie wird in großen Mengen als Geschmacksstoff, Konservierungs- und Geliermittel für die Nahrungsmittelindustrie benötigt. Heute wird Citronensäure mit Hilfe von transgenen Schimmelpilzen hergestellt, die aus Zucker Citronensäure bilden. Müsste die jährlich verarbeitete Menge an Citronensäure aus natürlichen Zitronen gewonnen werden, wäre dafür das Fünffache der Jahresweltenrnte nötig. Citronensäure ist

2 EPO erhöht die Zahl der roten Blutkörperchen.

3 Schimmelpilze stellen Citronensäure her.

eines der erfolgreichsten biotechnologischen Erzeugnisse. Weltweit werden heute pro Jahr über 500 000 Tonnen aus dem Schimmelpilz Aspergillus niger gewonnen.

Grüne Gentechnik

Die gentechnische Veränderung von Pflanzen bietet für die Landwirtschaft viele Anwendungsmöglichkeiten. Zum Beispiel versucht man, Nutzpflanzen vor Schadinsekten oder Pilzbefall zu schützen oder resistent gegen Unkrautvernichtungsmittel zu machen. Inhaltsstoffe wie Vitamine und Nährstoffe lassen sich in Gehalt und Zusammensetzung verändern, um sie für die Lebensmittel- oder Rohstoffproduktion zu optimieren.

Einer der ersten GVO, der in die Massenproduktion gelangte, ist Genmais. Ihm wurde ein Gen eingesetzt, das ihn gegen ein häufiges Schadinsekt, den Maiszünsler, resistent macht. Die Raupen dieses Falters fressen das Mark der Stängel, die dadurch oft abbrechen. Ein Gen des Bodenbakteriums Bacillus thuringiensis, kurz Bt, wurde gentechnisch auf die Erbsubstanz des Mais übertragen. Es codiert für ein Protein, das im Darm der Maiszünslerraupe giftig wirkt, sodass sie abstirbt. So ist der Bt-Mais vor dem Schädling geschützt. Für den Menschen ist dieses Gift ungefährlich. In den USA wird Bt-Mais in großen Mengen angebaut, der Anbau in Europa ist jedoch sehr umstritten. Langzeitwirkungen auf andere Organismen durch Aussetzung transgener Pflanzen im Freiland sind noch zu wenig erforscht.

4 Von Maiszünslerraupen befallener Mais

5 Ist da schon Gentechnik drin?

Chancen und Risiken von Genfood

Lebensmittel, die aus gentechnisch veränderten Pflanzen, Tieren oder Mikroorganismen bestehen, die GVO enthalten oder daraus hergestellt wurden, bezeichnet man als *Genfood*. Beispiele sind mit Vitamin A angereicherter Reis, amylosefreie Kartoffeln oder Tomaten mit Reifeverzögerung.

In der Europäischen Union besteht für Genfood eine Kennzeichnungspflicht. Da diese aber nicht für alle Länder der Welt gilt und Lebensmittelrohstoffe oft aus verschiedenen Ländern kommen, ist nicht eindeutig zu klären, welche Lebensmittel bereits GVO enthalten oder damit hergestellt wurden. Gentechnisch veränderte Agrarprodukte und Lebensmittel, die daraus hergestellt sind, müssen kritisch betrachtet werden, da die Auswirkungen auf Tier und Mensch noch weitgehend unbekannt sind.

In Kürze

Gentechnik wird in der Medizin, der Landwirtschaft und der Lebensmittelproduktion angewandt. Mögliche Langzeitwirkungen auf andere Organismen sind noch sehr wenig erforscht.

Aufgaben

1 □ Beschreibe die verschiedenen Anwendungsbereiche der Gentechnik.

2 ◪ Erläutere aus den verschiedenen Anwendungsbereichen je ein Beispiel.

3 ■ Nenne Gründe, warum bei der Herstellung gentechnisch veränderter Produkte häufig Mikroorganismen verwendet werden.

Eine Umfrage durchführen

Wenn ihr von möglichst vielen Menschen deren Meinung, Einstellung oder Wissen zu einem bestimmten Thema, zum Beispiel zur Gentechnik, erfahren möchtet, könnt ihr eine Umfrage durchführen. Mit dieser Methode erhebt man Informationen, um ein Meinungsbild zu einem Thema zu erhalten.

1 Eine Umfrageform auswählen Bei der mündlichen Befragung stellt ihr zum Beispiel Passanten auf der Straße einige gezielt vorbereitete Fragen. Die Antworten haltet ihr schriftlich oder digital fest. Bei der schriftlichen Befragung lasst ihr die Passanten einen ausgehändigten Fragebogen ausfüllen. Oder ihr gebt Fragebögen an eure Eltern, Geschwister oder Bekannte. Die ausgefüllten Fragebögen nehmt ihr zur Auswertung wieder mit in die Schule.

2 Vorbereitende Überlegungen Welche Art der Befragung ihr auch auswählt, zuerst solltet ihr folgende Fragen gemeinsam beantworten:

- Zu welchem Thema oder Problemfeld soll befragt werden?
- Welche Erkenntnisse möchten wir durch die Umfrage gewinnen?
- Wer soll befragt werden? Wie viele?
- Wann und wo wollen wir befragen?
- Soll es eine mündliche oder schriftliche Befragung sein?
- Welche Regeln und rechtlichen Bestimmungen müssen wir beachten? Jede Lehrkraft kann euch darüber Auskunft geben.

1 Schüler befragen Passanten auf der Straße.

3 Fragen entwickeln Sammelt zuerst in Kleingruppen mögliche Fragen. Denkt daran, dass bei einer mündlichen Befragung deutlich weniger Fragen gestellt werden sollten als bei einer schriftlichen. Bei geschlossenen Fragen wählen die Befragten eine der vorgegebenen Antworten aus, bei offenen Fragen formulieren sie ihre Antwort frei. Ordnet die gewählten Fragen nach Gruppen und bringt sie in eine sinnvolle Reihenfolge. Nach der Gruppenarbeit tauscht

2 Schüler entwerfen einen Fragebogen.

Regeln zur Fragestellung

- Formuliert Fragen, die klar und eindeutig zu beantworten sind.
- Formuliert sie so kurz wie möglich.
- Vermeidet Fachwörter, Fremdwörter und Abkürzungen.
- Bezieht die Fragen immer nur auf einen Sachverhalt.
- Entscheidet bei jeder Frage, ob sie eine offene oder geschlossene Frage sein soll.

3 Tipps für die Formulierung von Fragen

ihr die Ergebnisse aus. Die gesamte Klasse entscheidet über die endgültige Fragenauswahl. Wenn ihr die Fragen zuerst an Testpersonen stellt, könnt ihr sie durch deren Kritik noch verbessern.

4 Eine Umfrage mündlich … Zu Beginn gebt ihr jedem Befragten Auskunft über den Veranstalter sowie den Zweck der Umfrage. Außerdem garantiert ihr den Teilnehmern die Anonymität ihrer Angaben. Befragt in Gruppen von je 3 Schülern: Einer stellt die vorbereiteten Fragen, die beiden anderen dokumentieren die Antworten. Dies kann entweder schriftlich unter Verwendung eines Klemmbretts oder mit Hilfe eines Diktiergeräts oder eines Smartphones erfolgen. Grundsätzlich gilt: Ihr fragt nicht nach oder kommentiert keine Antworten. Tretet den Befragten freundlich und höflich gegenüber.

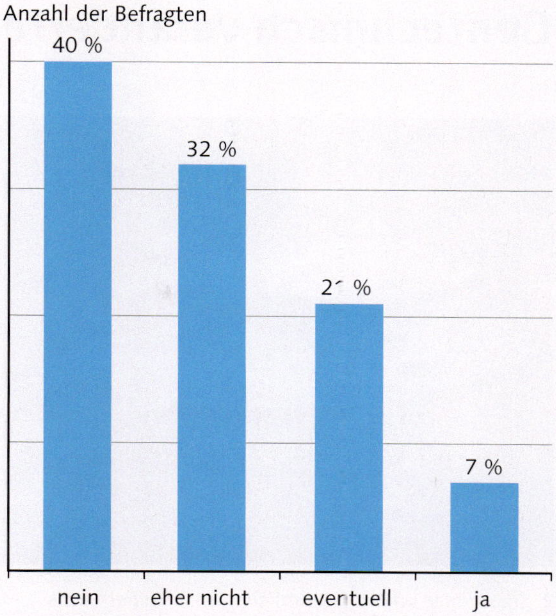

5 Würden Sie gentechnisch veränderte Lebensmittel kaufen?

5 … oder schriftlich durchführen Ein Fragebogen besteht immer aus drei Abschnitten: In der Einführung erklärt ihr den Zweck der Befragung, nennt die Veranstalter und den möglichen Zeitaufwand für die Beantwortung der Fragen. Der zweite Abschnitt enthält die Fragen. Sie werden (vor Ort) vorgelesen und die Antworten werden in den Fragebogen eingetragen. Am einfachsten verwendet man geschlossene Fragen. Die erste Frage sollte sich immer eng am Thema orientieren. Ob Angaben zum Geschlecht und Alter gemacht werden sollen, hängt vom Thema und der Art der Auswertung ab. Im dritten Abschnitt bietet ihr den Befragten Platz für Kommentare oder Anregungen. Ihr formuliert freundliche Dankesworte.

4 Ein Fragebogen wird ausgefüllt.

6 Die Umfrage auswerten Das Ergebnis einer Umfrage ist umso aussagekräftiger, je mehr Personen befragt werden. Bei der Auswertung der Ergebnisse arbeitet ihr am besten wieder zu dritt: Eine Person diktiert, eine gibt die Daten in den PC ein und eine kontrolliert. Mit Hilfe von speziellen Computerprogrammen lassen sich die Ergebnisse in Diagrammen darstellen. Antworten auf offene Fragen wertet ihr gesondert aus. Ihr fasst sie abschließend mit Worten zusammen. Personenbezogene Daten müssen vernichtet werden.

7 Damit das Ergebnis weitere Kreise zieht … Einigt euch darauf, wie und wo ihr das Ergebnis eurer Umfrage präsentieren wollt, vielleicht auf einem Plakat oder in einem Artikel in der Schülerzeitung. Überlegt euch auch, welche Aktionen oder Maßnahmen sich sinnvoll aus dem Ergebnis ableiten lassen. So könnt ihr zum Beispiel einen Leserbrief für die Heimatzeitung erstellen, eine Anfrage an eine Behörde verfassen oder auch eine öffentliche Debatte zu eurem Thema in der Schule veranstalten.

Gentechnisch veränderte Lebewesen

1 Transgener und herkömmlicher atlantischer Lachs

2 Transgene Katze

Beschleunigtes Wachstum

Normalerweise bildet der Lachs in kalten Gewässern keine Wachstumshormone. Daher haben die Wissenschaftler dem Gen für das Wachstumshormon ein Regulationsgen für Anti-Frost-Proteine vorgeschaltet. Anti-Frost-Proteine ermöglichen das Überleben in eiskaltem Wasser und sind daher bei niedrigen Temperaturen aktiv. Die gv-Lachse wachsen ganzjährig und erreichen daher bereits innerhalb von 16 bis 18 Monaten ihr Schlachtgewicht von 18 Kilogramm. »Normale« atlantische Lachse brauchen rund drei Jahre, um zu dieser Größe heranzuwachsen.

Nach: bioSicherheit, eine Initiative vom Bundesministerium für Bildung und Forschung, 26.06.2012

Turbomais gegen den Welthunger

Der Mais 1507 ist ein Bt-Mais – er bildet durch eine gentechnische Veränderung einen insektiziden Stoff: das Bt-Protein. Durch das Bt-Protein ist die Pflanze vor dem Maiszünsler geschützt, ohne dass chemische Insektizide eingesetzt werden müssen. Gegner kritisieren, dass der Mais mit seinem eingebauten Insektengift auch Schmetterlinge, Wild- und Honigbienen gefährden würde. Doch zahlreiche Studien widersprechen diesen Befürchtungen. Der Ertrag bei Mais ist seit den sechziger Jahren mehr als verdoppelt worden.

Nach: Der Spiegel vom 11.02.2014

Leuchten für die Aidsforschung

Forscher haben auf die Katze ein Affen-Gen übertragen, das sie vor der Katzen-Immunschwäche schützt. Sie hoffen auf die Entwicklung einer Gentherapie für HIV-Patienten. Das Leuchten zeigt an, dass der Gentransfer gelungen ist. Denn mit dem Affen-Gen wurde zugleich ein Quallen-Gen eingebracht, das ein in UV-Licht leuchtendes Protein produziert.

Nach: Süddeutsche Zeitung vom 12.09.2011

»Kampf gegen den versteckten Hunger«

Ein von einem Wissenschaftlerteam entwickelter gentechnisch veränderter Reis bildet in seinen Körnern deutlich mehr Eisen und Zink. Zu wenig Eisen ist nach Angaben der WHO die am meisten verbreitete Mangelerkrankung. Zinkmangel führt zu Wachstumsstörungen. Die tägliche Reisration sollte ein Drittel des Tagesbedarfs an Eisen und Zink abdecken. Dafür hätte in den Reiskörnern 13 µg/g Eisen und 28 µg/g Zink erreicht werden müssen. Die Körner der neuen Reissorte haben einen Eisengehalt von 15 µg/g, bei Zink waren es 45,7 µg/g.

Nach: Forschung & Technik, 05.07.2016

Extra

Gentechnik – Pro und Kontra

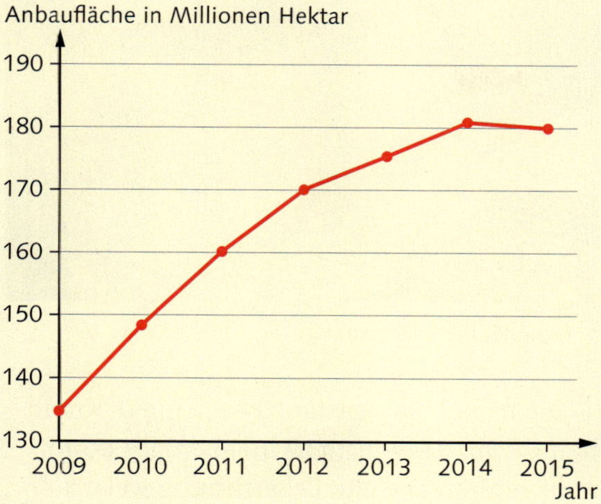

1 Anbaufläche für Gentechpflanzen (2009–2015)

2 Demonstration gegen Genfood

Wir setzen auf das Potenzial der Gentechnik und nutzen sie als eine Methode zur Gewinnung von Medikamenten sowie zur Verbesserung von Saatgut. Für Landwirte bietet die Gentechnik schon heute konkrete Vorteile. Gentechnisch hergestelltes Saatgut hilft ihnen, bei gleichem Ressourceneinsatz den Ernteertrag zu erhöhen. Mithilfe der Gentechnik züchten wir Saatgut vor allem für Soja, Baumwolle und Raps.

Nach: www.bayer.de/position zu Gentechnik,15.02.2017

Ginge es nach dem Willen der Gentechnik-Industrie, wären Genpflanzen auf dem Acker und im Essen längst die Regel. Dabei häufen sich Beispiele dafür, dass diese Risikotechnologie viele Gefahren für unsere Gesundheit und Umwelt mit sich bringt. Fremde Gene in Lebens- und Futtermitteln können neue Giftstoffe erzeugen und so zu Allergien bei Menschen und Tieren führen. Der Anbau gefährdet die biologische Vielfalt.

Nach: www.greenpeace.de/gentechnik

Schon heute nutzen wir die Gentechnik. Wir modifizieren Pflanzen und helfen damit Menschen in Entwicklungsländern, höhere Erträge in der Landwirtschaft zu erzielen. Wirkstoffe wie Insulin, Vitamine und Medikamente stellt die Pharmaindustrie mit gentechnisch veränderten Bakterien her. Die Gefahr, dass genmanipulierte Lebewesen außerhalb des Labors ihre natürlichen Konkurrenten verdrängen, ist sehr gering. Auch gesundheitlich stellt der Verzehr von Genfood nach dem jetzigen Stand der Forschung kein Risiko dar.

Alexander

Eines der großen Versprechen der Gentechnik ist, sie könne die Erträge in der Landwirtschaft steigern: Wirkungsvolles Mittel gegen den Welthunger, weniger Chemie auf den Äckern – mit solchen Verheißungen wird für die Gentechnik argumentiert. Doch bisher ist dies nicht eingehalten worden. Sicher dagegen ist, dass Gentechnik der Umwelt schadet. Der Anbau von gentechnisch veränderten Pflanzen setzt Monokulturen voraus und zerstört die biologische Vielfalt. Zudem kann durch den Verzehr von Genfood eine Resistenz gegen bestimmte Antibiotika gefördert werden.

Harriet

3 Aus: Schekker, das Jugendmagazin, März 2013

Genetisch verursachte Krankheiten

Die Ursache von »Familienkrankheiten« war lange unbekannt. Nach der Entdeckung der Vererbungsregeln und der Rolle der Erbinformationen konnten die zugrunde liegenden Erbgänge aufgedeckt werden. Heute wird zur Früherkennung von Krankheiten allen Neugeborenen routinemäßig innerhalb der ersten fünf Lebenstage eine geringe Menge Blut aus der Ferse entnommen. Mit diesem Neugeborenen-Screening können angeborene Krankheiten frühzeitig erkannt und behandelt werden.

Dominante Vererbung

Die Merkmale dominant vererbter Genmutationen treten auch dann auf, wenn das veränderte Gen nur auf einem Chromosom vorzufinden ist. Es wird dann mit 50-prozentiger Wahrscheinlichkeit an die Nachkommen weitergegeben. Bei Reinerbigkeit sind beide Chromosomen fehlerhaft, das veränderte Gen wird zu 100 Prozent vererbt.

Bei der vererbten Form des *Kleinwuchses* ist die Knorpelbildung in der Wachstumszone der Röhrenknochen gestört. Dadurch wird deren Längenwachstum behindert. Die Körper der Betroffenen wirken unproportioniert, da Kopf und Rumpf normal groß, die Extremitäten jedoch stark verkürzt und verdickt sind. Die geistige Entwicklung verläuft normal.

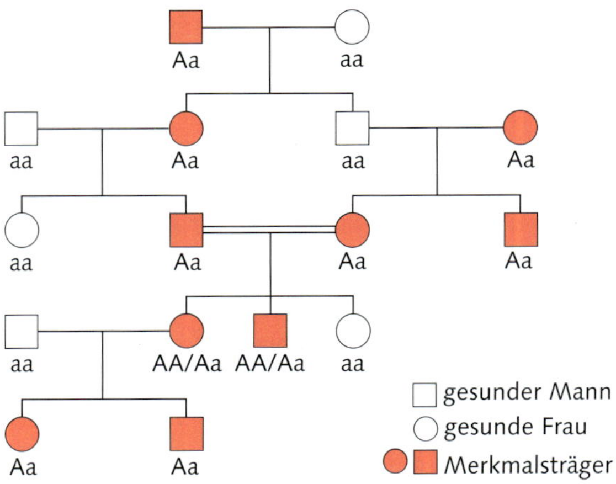

2 Dominant vererbter Kleinwuchs

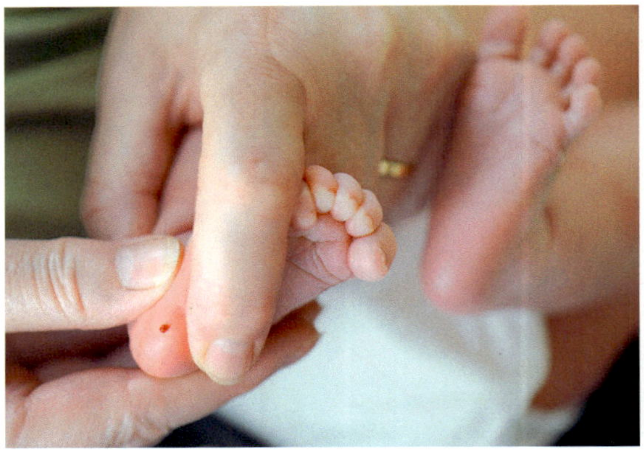

1 Neugeborenen-Screening

Die früher als Veitstanz bezeichnete Krankheit *Chorea Huntington* wird ebenfalls dominant vererbt. Die alte Bezeichnung weist auf ein Symptom der Krankheit des Gehirns hin. Es kommt zu unwillkürlichen Bewegungen, die an Tanzbewegungen erinnern. Neben diesen Bewegungsstörungen können psychische Symptome wie Wahnvorstellungen auftreten. Die Krankheit bricht meist nach dem 40. Lebensjahr aus. Daher wissen die Betroffenen in der Lebensphase, in der sie eine Familie gründen, oft nicht, dass sie das defekte Gen tragen.

Rezessive Vererbung

Merkmale rezessiv vererbter Genmutationen treten nur bei reinerbigen Trägern des veränderten Gens auf. Mischerbige zeigen keine Merkmalsausprägungen, sie können das defekte Gen aber, ohne es zu wissen, an die Nachkommen vererben.

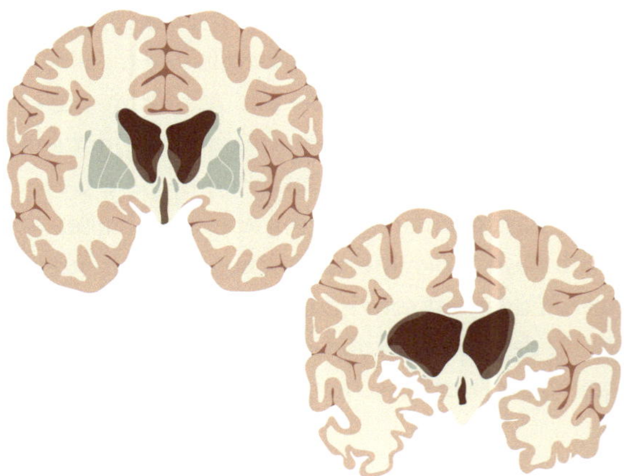

3 Veränderungen des Gehirns bei Chorea Huntington (links gesund)

4 Junge mit Albinismus (Tansania)

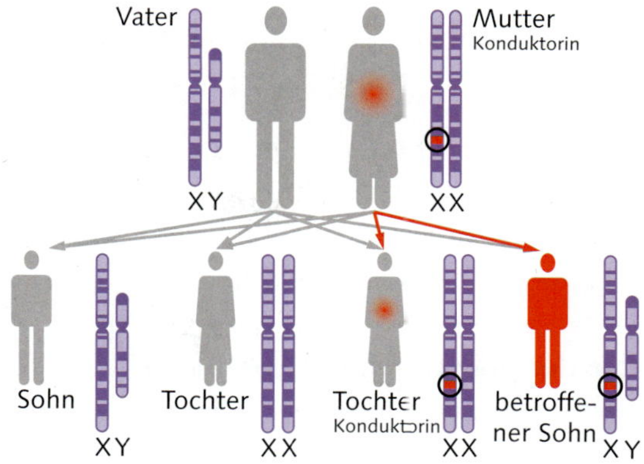

5 X-chromosomal-rezessive Vererbung

Sowohl bei Tieren als auch bei Menschen kommt das Phänomen des *Albinismus* vor. Dabei ist die Erbinformation für die Produktion des Hautfarbstoffs Melanin fehlerhaft. In den Haut- und Haarzellen wird kein Farbstoff gebildet. Albinos besitzen sehr helle Haut und Haare, bisweilen sogar rötliche Augen. Auch der weiße Waldkauz auf dem Titelbild dieses Buchs ist ein Albino.

Den Betroffenen der *Phenylketonurie* fehlt ein Enzym in der Leber. Dadurch kann die Aminosäure Phenylalanin, ein natürlicher Nahrungsbestandteil, nicht verwertet werden. Sie reichert sich im Körper an und führt zu schweren geistigen Defekten. Durch eine strenge Diät mit einer phenylalaninarmen Kost ab der Geburt können sich die Kinder völlig normal entwickeln.

Gonosomal-rezessive Vererbung

Auf dem X-Chromosom liegen Erbinformationen für viele wichtige Körperfunktionen und Merkmale. Da Männer die Gonosomen XY und somit nur ein X-Chromosom besitzen, werden bei ihnen auch rezessiv vererbte Merkmale ausgeprägt. Bei Frauen übernimmt das zweite, gesunde Chromosom die Funktionen, sodass sie keine Merkmale zeigen. Sie können das veränderte Gen aber an die Nachkommen weitergeben. Solche Frauen bezeichnet man als Überträgerinnen oder *Konduktorinnen*.

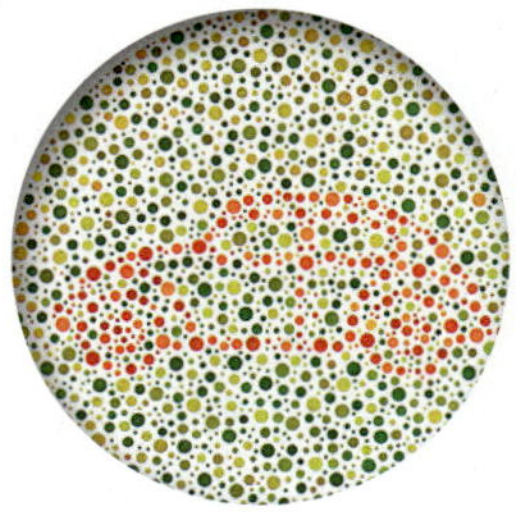

Bei manchen Menschen werden in den Zapfen der Netzhaut des Auges nicht alle Sehpigmente gebildet. Dadurch haben sie Probleme, die Farben Rot und Grün zu unterscheiden. An dieser *Rot-Grün-Sehschwäche* leiden vor allem Männer, da das fehlerhafte Gen auf dem nur einfach vorhandenen X-Chromosom liegt.

Therapie

Das veränderte Gen ist in allen Zellen des Körpers vorhanden. Daher können genetisch verursachte Krankheiten nicht ursächlich geheilt werden, lediglich die Symptome lassen sich behandeln.

In Kürze

Genetisch verursachte Krankheiten folgen den Vererbungsregeln. Sie haben für Betroffene oft schwerwiegende Konsequenzen und sind noch nicht heilbar.

Aufgaben

1 □ Nenne je ein Beispiel für Genmutationen, die dominant, rezessiv oder gonosomal-rezessiv vererbt werden.

2 ◪ Nenne Gemeinsamkeiten und Unterschiede zwischen dominant und rezessiv vererbten Genmutationen.

3 ■ Kleinwüchsige Eltern haben immer kleinwüchsige Kinder. Beurteile diese Aussage. Nutze dazu Bild 2.

Pränatale Diagnostik

Viele Eltern möchten die Entwicklung ihres ungeborenen Kindes so früh wie möglich begleiten. Die Angebote der pränatalen Diagnostik können ihnen dabei helfen.

Ziele der pränatalen Diagnostik

Die pränatale oder vorgeburtliche Diagnostik hat vorrangig zum Ziel, den Entwicklungs- und Gesundheitszustand des ungeborenen Kindes zu untersuchen. Damit können besorgte Eltern informiert oder beruhigt werden.

Sollte die Entwicklung des Ungeborenen aber beeinträchtigt sein, werden die Eltern so weit aufgeklärt, dass sie eine freie und verantwortliche Entscheidung über das weitere Vorgehen treffen können. Die Ärzte bereiten sie auch darauf vor, ein körperlich oder geistig beeinträchtigtes Kind anzunehmen und entsprechend zu pflegen.

Untersuchung mit Ultraschall

Zur pränatalen Diagnostik gehört die Ultraschalluntersuchung im Rahmen der Vorsorge. Mit dieser gefahrlosen Methode lassen sich Lage, Größe, Entwicklungsstand, Geschlecht

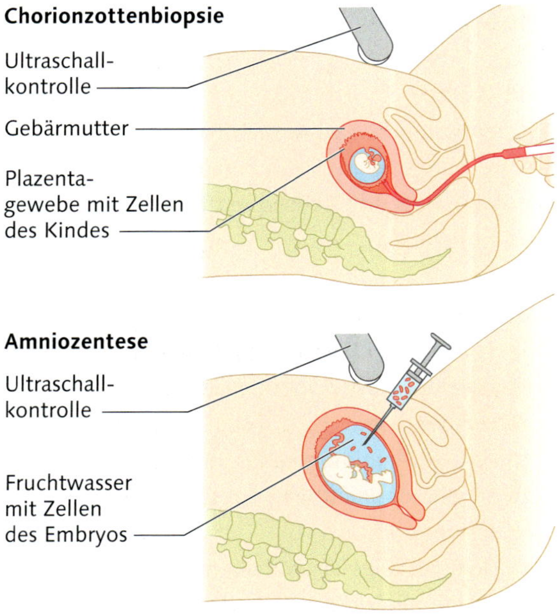

2 Chorionzottenbiopsie und Amniozentese im Vergleich

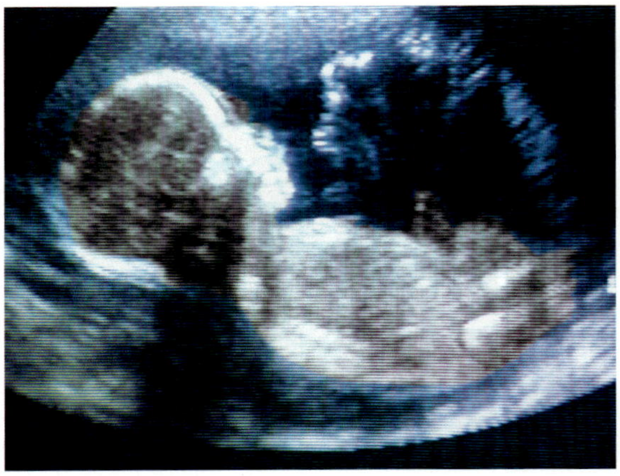

1 Ultraschallbild eines Fetus im Mutterleib

und auch mögliche Fehlbildungen des Ungeborenen feststellen. Erst wenn ein auffälliger Befund vorliegt, werden weitere Untersuchungen veranlasst.

Weitere Untersuchungsmethoden

Mit Hilfe der Chorionzottenbiopsie werden Zellen aus der Plazenta zur Erbgutanalyse entnommen. Dies kann bereits ab der 10. Schwangerschaftswoche durchgeführt werden. Bei der *Amniozentese* werden Zellen des Embryos, die sich im Fruchtwasser befinden, entnommen. Allerdings ist dies erst ab der 15. Schwangerschaftswoche möglich. Da es sich in beiden Fällen um Eingriffe in den Körper der Mutter handelt, sind sie nicht ganz risikolos. Fehlgeburten können schlimmstenfalls die Folge sein. Mit den neuesten Methoden kann inzwischen sogar das Erbgut des ungeborenen Kindes anhand von Blutproben beider Eltern mit Hilfe des Computers ermittelt und untersucht werden.

In Kürze

Mit der pränatalen Diagnostik kann beim ungeborenen Kind festgestellt werden, ob es gesund oder beeinträchtigt zur Welt kommen wird.

Aufgaben

1 ☐ Nenne die Ziele der pränatalen Diagnostik.

2 ◪ Begründe, weshalb manche Befunde der pränatalen Diagnostik Probleme hervorrufen können.

Genetische Beratung

Die meisten Kinder kommen gesund zur Welt. Bei 2 bis 3 Prozent der Neugeborenen treten allerdings Krankheiten oder Fehlbildungen auf, die genetisch bedingt sein können. Wenn Paare sich vergewissern wollen, ob bei ihren Kindern eine genetisch bedingte Beeinträchtigung zu erwarten ist, gehen sie zu einer genetischen Beratungsstelle.

Genetische Beratung in Risikofällen

Eine genetische Beratungsstelle vor einer geplanten Schwangerschaft aufzusuchen ist für ein Paar besonders sinnvoll, wenn in den Familien eines Partners oder beider Partner über Generationen hinweg wiederholt bestimmte Krankheiten oder Fehlbildungen aufgetreten sind. Eine genetische Beratung ist auch angezeigt, wenn in der Familie eines Partners eine Totgeburt vorgekommen ist oder wenn das Paar bereits ein Kind mit einer Beeinträchtigung hat. Ein Beratungsgespräch wird außerdem angeraten, wenn die Frau, die zum ersten Mal Mutter werden möchte, älter als 35 Jahre alt ist.

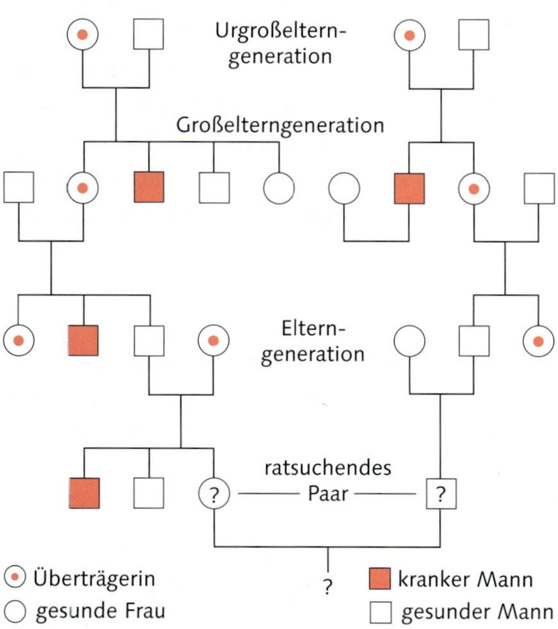

2 Gonosomal-rezessiv vererbte Muskeldystrophie

1 Beratungsgespräch

Analyse des Familienstammbaums

Um das Risiko einer genetisch bedingten Krankheit abzuschätzen, wird ein Familienstammbaum über mindestens drei Generationen erstellt. Sind in der Familie bereits genetisch bedingte Krankheiten aufgetreten, kann bei bekanntem Erbgang die Wahrscheinlichkeit, ein krankes oder beeinträchtigtes Kind zu bekommen, berechnet werden. Vom Ergebnis hängt es ab, ob weitere Untersuchungen nötig sind.

Ziele der genetischen Beratung

Nach der Weltgesundheitsorganisation WHO soll die genetische Beratung vor allem helfen, das Risiko einer Erkrankung oder Beeinträchtigung zu erkennen. Dadurch können Paare in die Lage versetzt werden, eine verantwortungsbewusste Entscheidung über ihre Familienplanung zu treffen, die den familiären Zielen ebenso wie den ethischen und religiösen Wertvorstellungen entspricht.

In Kürze

Die genetische Beratung hilft Paaren bei der Einschätzung des Risikos, ein Kind mit einer genetisch verursachten Krankheit zu bekommen. Sie berät auch, wenn es in Problemfällen um eine verantwortliche Entscheidung geht.

Aufgaben

1 □ Nenne Gründe für eine genetische Beratung.

2 ■ Werte den Stammbaum in Bild 2 aus.

Teste dich

Angewandte Genetik

1 Mendel'sche Regeln

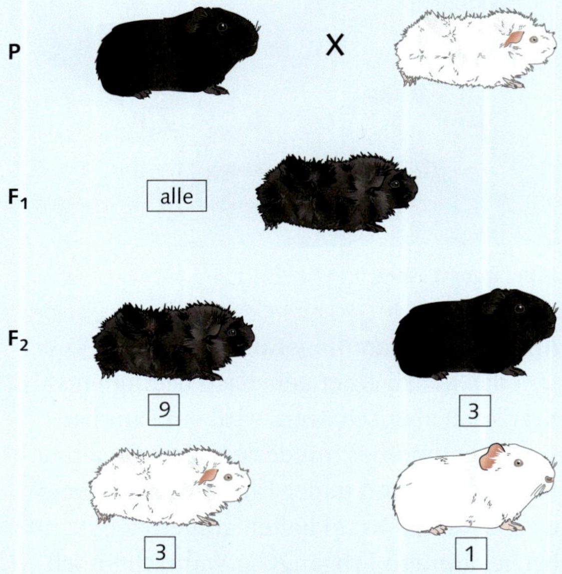

1 Kreuzungsversuche mit Meerschweinchen

Durch Kreuzungsversuche mit Pflanzen erkannte Gregor Mendel die Regeln der Vererbung.

a □ Nenne die drei Mendel'schen Regeln.

b ◪ Erkläre die Begriffe »reinerbig« und »mischerbig« mit Hilfe der Begriffe »Chromosomensatz« und »Allel«.

c ◪ Erkläre den Unterschied zwischen dominant-rezessiven und intermediären Erbgängen.

d ◪ Begründe die Ergebnisse der Kreuzung zweier Meerschweinchen, wie sie in Bild 1 dargestellt sind.

e ■ Erläutere an diesem Beispiel den Vorgang und die Bedeutung von Rückkreuzungen.

2 Vererbung beim Menschen

a □ Nenne Merkmale beim Menschen, die »mendeln«.

b □ Nenne Gründe, warum die Erforschung von Gesetzmäßigkeiten der Vererbung beim Menschen schwierig ist.

c ◪ Die Blutgruppen A und B werden kodominant vererbt, die Blutgruppe 0 dagegen rezessiv. Erläutere anhand eines geeigneten Beispiels die Bedeutung dieser Tatsache.

3 Möglichkeiten und Grenzen von Zucht

a □ Nenne die Definition von Zucht.

b □ Beschreibe die Rolle des Menschen bei der Züchtung.

c □ Nenne Zuchtziele bei Tieren und bei Pflanzen.

d ◪ Beschreibe das Verfahren der Kombinationszüchtung.

e ◪ Erläutere, inwieweit die Kombinationszüchtung auf den Mendel'schen Regeln beruht.

f ◪ In Peru gibt es seit über 1000 Jahren Nackthunde. Die hellhäutigen Tiere sind sehr lichtempfindlich, zudem ist ihr Gebiss fehlgebildet. Beschreibe an diesem Beispiel die Grenzen der Zucht.

4 Klone

a □ Nenne Beispiele für natürliche Klone bei Mikroorganismen, Pflanzen und Tieren.

b □ Nenne die Definition für den Begriff Klon.

c □ Benenne die mit Buchstaben bezeichneten Elemente in Bild 2.

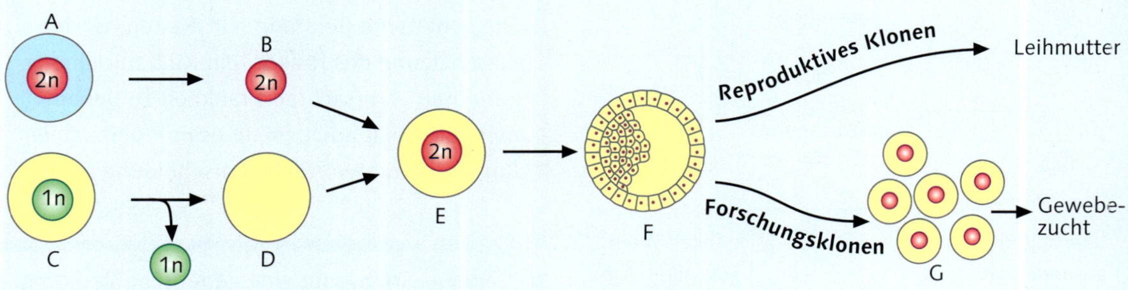

2 Schema des Klonens

5 Stammzellen

a ◪ Embryonale Stammzellen sind »totipotent«. Beschreibe, was man darunter versteht.

b □ Beschreibe die Bedeutung von adulten Stammzellen im erwachsenen Organismus.

c ■ Erläutere, wie Stammzellen bei der Therapie von Krankheiten verwendet werden können. Nenne Beispiele.

d ◪ Nimm zur Frage Stellung, ob die Forschung an embryonalen Stammzellen erlaubt werden soll.

6 Gentechnik

a □ Nenne biologische Voraussetzungen für die Übertragung von Genen von einem Lebewesen auf ein anderes.

b ◪ Formuliere die Definition für einen GVO.

c ◪ Erläutere kurz drei Anwendungsgebiete der Gentechnik.

d ◪ Nenne Gründe, warum die Gentechnik nicht unumstritten ist.

7 Pränatale Diagnostik und Beratung

a □ Nenne Ziele der pränatalen Diagnostik.

b □ Benenne die in Bild 3 mit Buchstaben bezeichneten Elemente.

c ◪ Beschreibe das Vorgehen bei der Amniozentese mit Hilfe eines Flussdiagramms.

d ◪ Nenne Situationen, für die eine genetische Beratung empfohlen wird.

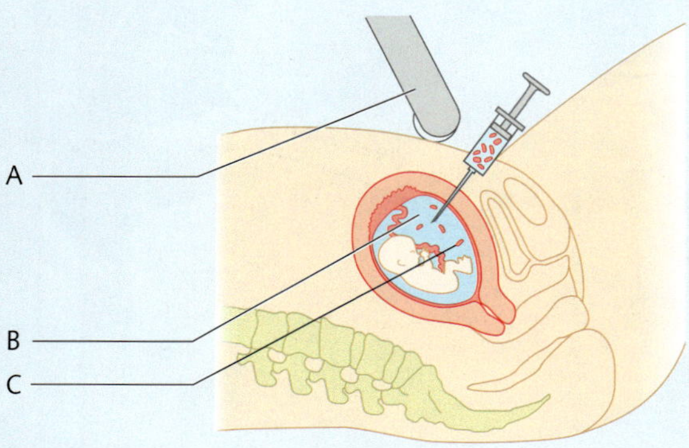

3 Amniozentese

Auf den Punkt gebracht

Angewandte Genetik

- Gregor Mendel gelang es, durch umfangreiche Kreuzungsversuche Gesetzmäßigkeiten der Vererbung zu erkennen und als Regeln zu formulieren.
- Die Uniformitäts-, Spaltungs- und Unabhängigkeitsregel beschreiben die dominant-rezessive Vererbung von Merkmalen.
- Zucht ist die vom Menschen kontrollierte Vermehrung von Pflanzen und Tieren mit dem Ziel, dass bestimmte Merkmale an die nächste Generation weitergegeben werden.
- Klone sind Nachkommen, die durch ungeschlechtliche Vermehrung aus einer Zelle oder einem Elternorganismus hervorgegangen sind.
- Mit Hilfe von gentechnischen Verfahren werden einzelne Gene in die Erbinformation eines anderen Lebewesens übertragen. Es entsteht ein gentechnisch veränderter Organismus.
- Die pränatale Diagnostik ist ein Angebot für Eltern während der Schwangerschaft, um etwaige Risiken für Mutter und Kind abschätzen zu können. In Risikofällen hilft sie bei der Entscheidung über das weitere Vorgehen.

Stammesgeschichtliche Entwicklung

Entstehung des Lebens auf der Erde

Die Landschaft der Kanareninsel Lanzarote ist im Landesinneren von Vulkanismus geprägt. So ähnlich könnte unsere Erde kurz nach ihrer Entstehung ausgesehen haben. Das Bild der Erde hat sich durch die Entstehung und Entwicklung des Lebens im Laufe der Zeit immer wieder verändert.

1 Vulkanlandschaft auf der Kanareninsel Lanzarote

»Geburt« der Erde

Nachdem sich unser Sonnensystem entwickelt hatte, begann sich kosmischer Staub zu Planeten zu verdichten. Auf diese Weise entstand vor etwa 4,5 Milliarden Jahren auch unsere Erde. Der stark aufgeheizte und glutflüssige Erdball kühlte von der Oberfläche her langsam ab. Es entstand eine feste Erdkruste und eine darüberliegende Uratmosphäre. Nach weiterer Abkühlung bildete sich durch Kondensation von Wasserdampf Wasser, das sich im Urozean sammelte.

Die Uratmosphäre

Die Uratmosphäre bestand im Wesentlichen aus Wasserdampf, Kohlenstoffdioxid, Methan, Ammoniak, Schwefelwasserstoff und Stickstoff. Freier Sauerstoff war noch nicht vorhanden.

Blitzentladungen bei Gewittern und die vulkanische Hitze lieferten Energie für chemische Reaktionen. Außerdem gelangte wegen der fehlenden Ozonschicht energiereiche UV-Strahlung ungehindert auf die Erde. Dadurch konnten die Stoffe in der feuchten Umgebung vermehrt miteinander reagieren.

Vorstufen des Lebens

Aus anorganischen Stoffen entstanden organische Verbindungen wie Aminosäuren und Zucker, aber auch Stickstoffverbindungen, die sich am Meeresboden ansammelten. Diese Lösung aus Salzen und organischen Stoffen wird als *Ursuppe* bezeichnet. Viele Wissenschaftler gehen davon aus, dass dies die Voraussetzung für die Bildung von größeren Molekülen wie Proteinen darstellte.

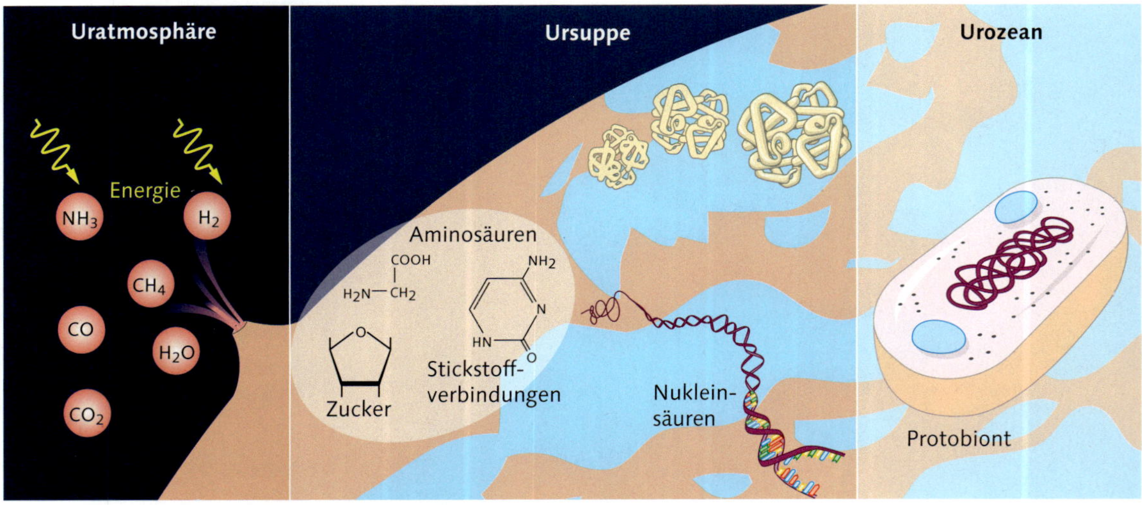

2 Vermuteter Weg vom Leblosen zum Leben

Erste Lebensformen entstehen

Heute vermutet man, dass sich am Grund des Meeres in der Nähe von heißen Tiefseequellen einfachste Lebensformen gebildet haben. Bei diesen *Protobionten* war lediglich eine einfache Erbsubstanz von einer Hülle umgeben. Sie enthielten Proteine und einfache Gebilde zur Energiegewinnung und Informationsübertragung. Diese ersten Vorläufer von Lebewesen besaßen bereits Merkmale wie Wachstum, Vermehrung sowie einen Stoffwechsel. Organische Stoffe als Energieträger standen im Urozean ausreichend zur Verfügung.

»Erfindung« der Fotosynthese

In den Urozeanen entwickelten sich einfach gebaute Blaualgen, die *Cyanobakterien.* Sie nutzten schließlich als erste Lebewesen Farbstoffe zur Umwandlung von Sonnenlicht in chemische Energie. Die Fotosynthese war somit vor 3 Milliarden Jahren »erfunden«. In riesigen pilzförmigen Kolonien besiedelten die Cyanobakterien lichtdurchflutete Flachmeere. Der entstehende Sauerstoff reicherte sich in der Atmosphäre an. Gleichzeitig nahm der Gehalt an Kohlenstoffdioxid durch Fotosynthese ab.

Höhere Organisation und Arbeitsteilung

Vor etwa 2 Milliarden Jahren traten erstmals höher organisierte Zellen auf, die *Eucyten.* Sie besaßen einen Zellkern und spezialisierte Zellbestandteile. Aus der überwältigenden Formenfülle der Eucyten entwickelten sich dann die Vielzeller, deren unterschiedliche Zelltypen für verschiedene Aufgaben spezialisiert waren. Alle heute existierenden Lebewesen sind in einer mehr als 3,8 Milliarden Jahren dauernden Entwicklung, der *Evolution,* aus gemeinsamen Vorfahren hervorgegangen.

In Kürze

Vor etwa 4,5 Milliarden Jahren entstand die Erde. Durch Abkühlung bildeten sich Landmassen und ein Urozean. In der Ursuppe entstanden aus anorganischen Stoffen organische Verbindungen. An heißen Tiefseequellen bildeten sich einfachste Lebensformen, aus denen sich Cyanobakterien und Eucyten entwickelten.

Aufgaben

1 □ Beschreibe kurz die wesentlichen Schritte der Entstehung des Lebens.

2 ◪ Erkläre, weshalb zur Zeit der Uratmosphäre heutige Lebensformen nicht existieren konnten.

3 Kolonien von Cyanobakterien betreiben Fotosynthese.

Entwicklung der Lebewesen

Während einer USA-Reise steht Julius mit seinen Eltern am Rand des Grand Canyon und schaut in die 1500 Meter tiefe Schlucht. Über eine Länge von 400 Kilometern hat sich der reißende Fluss Colorado in den Untergrund geschnitten und gibt den Blick auf unzählige Gesteinsschichten frei, die in der Sonne in bunten Farben leuchten.

1 Grand Canyon im US-Bundesstaat Arizona

Ein Buch der Erdgeschichte …

Viele der Gesteinsschichten enthalten versteinerte Überreste von Pflanzen und Tieren. Solche Spuren von Lebewesen bezeichnet man als *Fossilien.* Man kann Orte wie den Grand Canyon mit einem versteinerten Buch vergleichen, in dem man die Geschichte der Erde und der Lebewesen nachlesen kann – zumindest für bestimmte Zeiten.

… dem Alter nach geordnet

Höher entwickelte Tiere und Pflanzen wie Wirbeltiere oder Samenpflanzen findet man in den jüngeren, oberen Gesteinsschichten. An manchen Orten sind diese durch die Eiszeiten bereits wieder abgetragen worden. Im Raum Holzmaden am Rand der Schwäbischen Alb findet man daher ältere Fossilien bereits in den oberen Erdschichten. In den ehemaligen Schiefergruben kann man dort mit Hammer und Meißel auf die Suche nach Versteinerungen gehen. Hier wurden zahlreiche außergewöhnliche Fossilienarten gefunden, die ein Alter von über 190 Millionen Jahren haben. Zu dieser Zeit bedeckte ein riesiges tropisches Meer die Landschaft. In den älteren Ölschieferschichten kann man viele Saurierarten, Fische, Seelilien, Muscheln, Belemniten oder schneckenförmige Ammoniten finden.

2 Auf der Suche nach Versteinerungen

Die Kapitel der Erdzeitalter

Für einen besseren Überblick wurde die lange Geschichte des Lebens auf der Erde nach den Entwicklungsstufen der Tiere in vier große Abschnitte unterteilt: *Erdurzeit, Erdaltertum, Erdmittelalter* und *Erdneuzeit.* Jedes dieser Erdzeitalter wird wiederum in mehrere Perioden gegliedert.

Leben in der Erdurzeit

Der erste und längste Teil der Erdgeschichte ist die Erdurzeit, das Präkambrium. Nachdem die Oberfläche der Erde erkaltet war und sich Urozeane gebildet hatten, entstanden vor etwa 3,8 Milliarden Jahren die ersten Lebensformen im Wasser wie Bakterien, Blaualgen und gegen Ende des Präkambriums auch erste mehrzellige Organismen. Von diesen Lebewesen sind aufgrund ihrer geringen Größe sowie gewaltiger Veränderungen in der Erdkruste nur wenige Spuren gefunden worden.

Leben im Erdaltertum

Das Erdaltertum begann vor etwa 540 Millionen Jahren. Es wird in sechs Abschnitte unterteilt. Besonders zahlreich sind die Funde fossiler Trilobiten aus dem Kambrium. Diese Gliederfüßer existieren heute nicht mehr. Die Wirbeltiere entwickelten sich ebenfalls im Erdaltertum. Unter ihnen waren Fische und nach der Eroberung des Landes auch Amphibien die vorherrschenden Gruppen. Riesige Farnwälder mit Schachtelhalmen und Schuppenbäumen bedeckten das Land. Das Erdaltertum endete vor etwa 220 Millionen Jahren.

Leben im Erdmittelalter

Das Erdmittelalter dauerte bis vor etwa 65 Millionen Jahren. Zu dieser Zeit waren die Reptilien mit den bekannten Sauriern die vorherrschende Tiergruppe. Blütenpflanzen und Insekten verbreiteten sich und entwickelten eine große Artenvielfalt.

Leben in der Erdneuzeit

Mit dem Paläogen begann die Erdneuzeit. Säugetiere und Vögel besiedelten jetzt die Erde. Blütenpflanzen breiteten sich über die ganze Erde aus. Vor 2 Millionen Jahren ging das Tertiär in das Quartär über. Während der Eiszeiten starben zunächst zahlreiche Pflanzen und Tiere der wärmeren Zeitalter aus. Der Mensch begann die Erde zu besiedeln.

In Kürze

Die Erdgeschichte wird nach den Entwicklungsstufen der Tiere in die Erdzeitalter Erdurzeit, Erdaltertum, Erdmittelalter und Erdneuzeit gegliedert. Fossilien lassen sich nach Fundort und durch Altersbestimmung den jeweiligen Erdzeitaltern zuordnen.

Aufgaben

1 □ Nenne für jedes Erdzeitalter eine typische Tiergruppe.

2 □ Ordne den Erdzeitaltern die Entwicklungsstufen der Pflanzen zu.

3 □ Begründe, weshalb sich in der Erdurzeit Lebensformen entwickeln konnten.

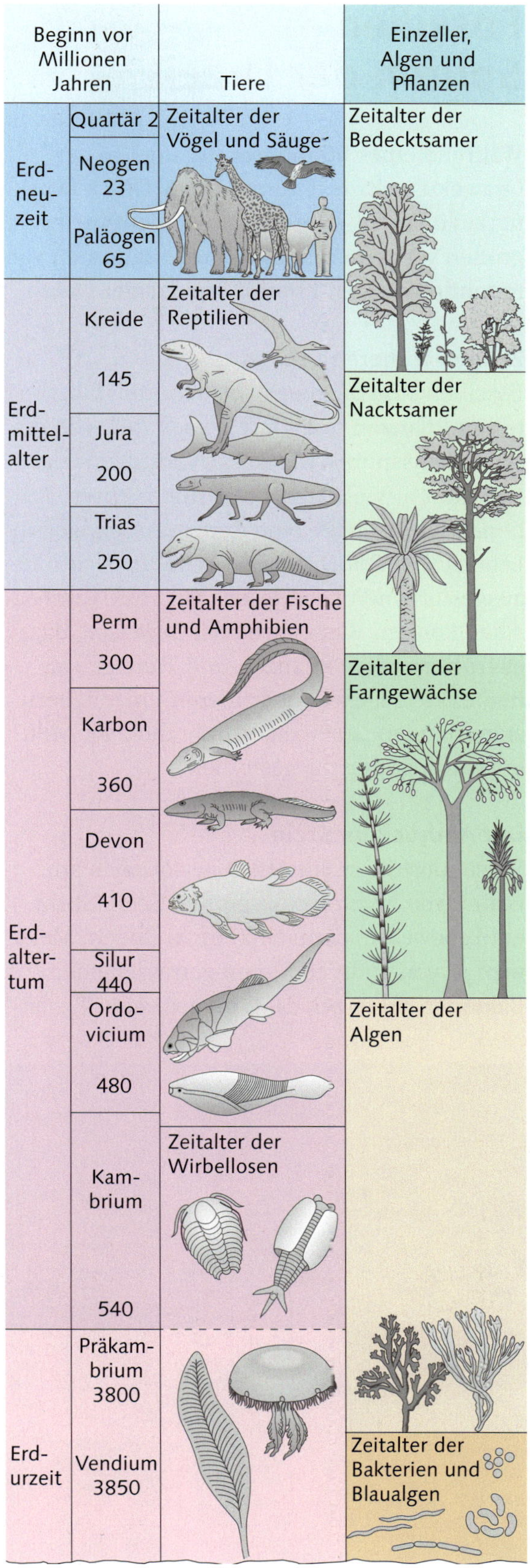

3 Die Erdzeitalter mit charakteristischen Lebewesen

Fossilien – Spuren der Urzeit

Während eines Strandspaziergangs an der Ostseeküste kannst du mit etwas Glück Donnerkeile finden. Diese bis zu 10 Zentimeter großen versteinerten Skelettteile stammen von tintenfischartigen Kopffüßern aus der Urzeit.

1 Donnerkeile

Zeugen früheren Lebens

Fossilien sind die meist versteinerten Überreste von Pflanzen und Tieren, aber auch von deren Lebensspuren wie Ausscheidungen oder Fußspuren. Viele von ihnen sind mehrere Millionen Jahre alt. Sie sind Zeugen vergangenen Lebens. Die *Paläontologie* beschäftigt sich mit ausgestorbenen Lebewesen. Mit Hilfe von Fossilien können Wissenschaftler beweisen, dass es früher andere Pflanzen und Tiere gab als heute. Viele dieser aus früheren Erdzeitaltern stammenden Lebewesen sind schon vor Millionen von Jahren ausgestorben.

Der Abdruck im Stein

Versteinerungen entstehen gewöhnlich am Grund von Meeren oder großen Seen. Stirbt ein Lebewesen, dann sinkt es zu Boden. Meist wird es von anderen Tieren gefressen oder Bakterien zersetzen es. Wird aber eine Tierleiche sehr rasch von feinen Sedimenten wie Schlamm oder Sand bedeckt und luftdicht abgeschlossen, kann sie von Bakterien nicht mehr zersetzt werden. Der Körper bleibt lange erhalten und hinterlässt im weichen Untergrund einen Abdruck. Im Folgenden lagern sich weitere Sedimente schichtweise darüber ab. Der zunehmende Druck presst das Wasser aus dem Schlamm heraus und lässt ihn allmählich zu Stein werden. In Jahrmillionen entsteht dadurch ein Fossil in Form eines Abdrucks. Werden verfaulende Weichteile, zum Beispiel im Inneren einer Muschel, durch einfließenden Schlamm ersetzt, dann entsteht ein Ausguss des Schaleninneren, der ebenfalls zu Stein wird. Ein solches Fossil bezeichnet man als *Steinkern*.

2 Entstehung von Versteinerungen

Die Stechmücke im Bernstein

Bernsteineinschlüsse gehören zu den außergewöhnlichsten und schönsten Fossilien, die man kennt. Bernstein ist das getrocknete Harz urzeitlicher Nadelbäume. In der honiggelben Masse, die an den Baumstämmen herablief, verfingen sich meist kleinere Lebewesen. Rasch nachströmendes Harz schloss ihre Körper vollständig ein. Auf diese Weise sind Spinnen, Insekten, Asseln, Vogelfedern und Fellhaare, ja sogar kleine Eidechsen und Frösche Tausende von Jahren erhalten geblieben. In Deutschland ist die Küste der Ostsee für ihre Bernsteinfunde bekannt.

Das Mammut im Eis

In den Dauerfrostböden Alaskas und Sibiriens wurden die nahezu vollständig erhaltenen Körper von Mammuts und Wollnashörnern entdeckt. Während der zurückliegenden Eiszeit waren die Tiere vermutlich in eine Eisspalte gestürzt und verendet. Ihre Körper gefroren mit Haut und Haaren im Dauerfrostboden sehr schnell. Bis zu 40 000 Jahre lagen sie hier wie in einer Tiefkühltruhe. Das Fleisch eines 1901 in Sibirien entdeckten Mammuts war noch so frisch, dass man es als Hundefutter verwenden konnte.

3 Rekonstruktion eines Mammuts

Die Leiche im Moor

In Mooren versunkene Lebewesen bleiben sehr lange erhalten. Hier fand man die Körper von Tieren und auch von Menschen, die vor über 2 000 Jahren zu Tode kamen. Bei einigen Menschen waren sogar noch die Reste der letzten Mahlzeit im Magen erhalten geblieben. Manche dieser Moorleichen waren gefesselt. Vermutlich wurden diese Menschen als Strafe für ein Verbrechen im Moor versenkt.

Der Farn in der Kohle

Vor etwa 330 Millionen Jahren wuchsen auf der Erde riesige Sumpfwälder. Abgestorbene Pflanzenteile versanken im Sumpfboden und wurden unter Sauerstoffabschluss zu Torf. Durch Ablagerung weiterer abgestorbener Pflanzen und Erdschichten entstand unter zunehmendem Druck und hohen Temperaturen Braun- und schließlich Steinkohle. Diesen Prozess nennt man *Inkohlung*. Einzelne Pflanzenteile von Schachtelhalmen oder Baumfarnen sind bis heute in den Kohleschichten erkennbar.

In Kürze

Fossilien sind die Überreste oder Spuren von Lebewesen aus früheren Erdzeitaltern. Meist handelt es sich um versteinerte Abdrücke von Lebewesen. Auch in Bernstein, Eis und Moor wurden Lebewesen konserviert.
Fossilien zeigen, wie sich die Tier- und Pflanzenwelt im Lauf von Jahrmillionen verändert hat.

Aufgaben

1 □ Begründe, weshalb sich der Begriff »Fossil« vom lateinischen Wort »fossilis«, das bedeutet ausgegraben, ableitet.

2 ◪ Beschreibe mit Hilfe von Bild 2 die Entstehung von Versteinerungen.

3 ■ Fossilien von Landtieren und Landpflanzen sind viel seltener als solche von wasserlebenden Formen. Begründe diese Aussage.

Extra

Altersbestimmung von Fossilien

Im Jahr 2007 gelang ein Sensationsfund im sibirischen Eis: Ein Wollhaarmammut wurde nahezu unversehrt entdeckt und spektakulär als ganzer Eisblock geborgen. Ganz sicher stammt das Tier aus einer der zurückliegenden Eiszeiten. Wie können Wissenschaftler überhaupt das genaue Alter dieses Fossils bestimmen?

Datierung mit radioaktivem Kohlenstoff

Zur absoluten Altersbestimmung von Fossilien nutzt man den radioaktiven Kohlenstoff ^{14}C (sprich C-14), er ist in allen Lebewesen enthalten. Die im Körper vorhandenen ^{14}C-Atome zerfallen allmählich, ihr Anteil nimmt beständig ab. Gleichzeitig nehmen Lebewesen etwa über die Nahrung ^{14}C aus der Umwelt auf. Dadurch ist der ^{14}C-Gehalt in lebenden Organismen konstant. Mit dem Tod endet die ^{14}C-Aufnahme aus der Umwelt. Die Halbwertszeit der ^{14}C-Atome, also die Zeit, nach der die Hälfte der vorhandenen Atome zerfallen ist, beträgt etwa 6000 Jahre. Mit empfindlichen Geräten kann man die Strahlung einer Probe messen und anhand des verbliebenen ^{14}C-Gehalts das Alter des Fossils berechnen.

Da radioaktiver Kohlenstoff relativ »schnell« zerfällt, eignet sich diese *Radiokarbonmethode* nur für »junge« Fossilien, die höchstens 50 000 bis 70 000 Jahre alt sind.

1 Sibirisches Mammut im Eisblock

Bestimmung durch Leitfossilien

Ein Fossil ist meist so alt wie die umgebende Gesteinsschicht. Liegen die Ablagerungen ungestört übereinander, sind Fossilien aus unteren Schichten älter als die Funde darüber. Diese relative Altersbestimmung liefert eine grobe Einordnung. Fossilien, die nur in bestimmten Schichten vorkommen und sich damit einem bestimmten Abschnitt der Erdgeschichte zuordnen lassen, nennt man *Leitfossilien*.

Aufgabe

1 □ Das 2007 gefundene Mammut hatte einen ^{14}C-Anteil von 20 Prozent. Folgere hieraus, wann das Mammut gelebt hat.

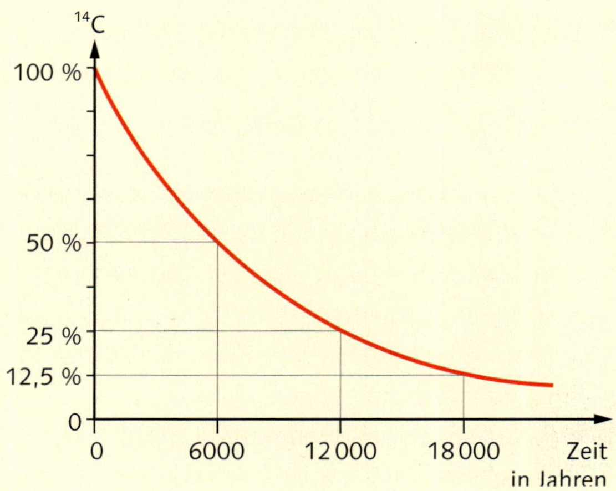

2 Zerfallskurve von radioaktivem ^{14}C

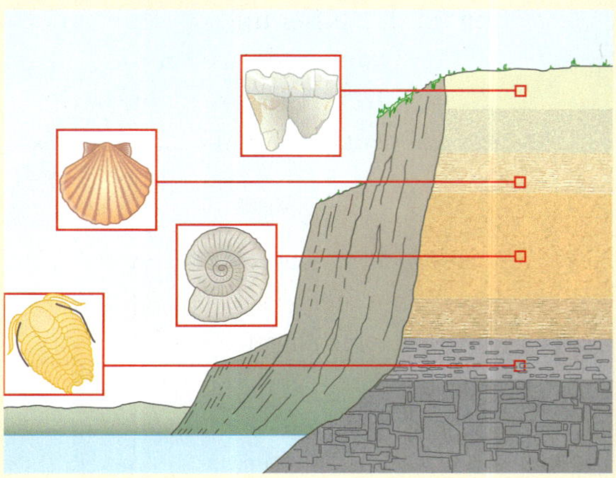

3 Ablagerungen mit den jeweiligen Leitfossilien

Praxis

Fossilien

Ein aus Sedimenten entstandenes, festes Gestein nennt man Ablagerungsgestein. Es bildet sich im Laufe von vielen Millionen Jahren am Meeresgrund. Durch den folgenden Versuch kannst du modellhaft nachvollziehen, wie Fossilien beziehungsweise deren Abdrücke zwischen den Ablagerungsschichten entstehen.

Material leere Milchtüte, Sand, Vaseline, Gips, Wasser, Joghurtbecher, Gummibecher, Löffel, Muschelschalen, Schneckengehäuse oder Pflanzenreste, Hammer, kleiner Flachmeißel, Schutzbrille

Durchführung

- Wähle dein »Fossil« und bestreiche es von allen Seiten sorgfältig mit Vaseline.
- Schneide die obere Hälfte der Milchtüte ab. Mische je einen halben Becher Gips mit einem Becher Wasser (Schutzbrille!).
- Fülle die Milchtüte bis zur Hälfte mit dieser Mischung. Drücke deine vorbereiteten Gegenstände etwa bis zur Hälfte ein. Lass die Mischung antrocknen und bestreiche diese dann mit Vaseline.
- Gieße eine neu angerührte Gips-Sand-Mischung über die eingelegten Gegenstände.
- Stelle die Milchtüte nun auf die Fensterbank und lass sie dort einige Tage stehen.
- Nimm den Block aus der Milchtüte. Wenn dieser ganz durchgetrocknet ist, versuche vorsichtig mit Hammer und Meißel seitlich die Schichten voneinander zu trennen (Schutzbrille!). Nun erkennst du die darin liegenden »Abdruckfossilien« und ihre Abdrücke.

Aufgaben

1 □ Nenne für die Materialien Gips, Sand und Muschel die Entsprechungen in der Wirklichkeit.

2 ■ Übertrage die durchgeführten Arbeitsschritte auf die entsprechenden Vorgänge in der Natur.

1 Materialien

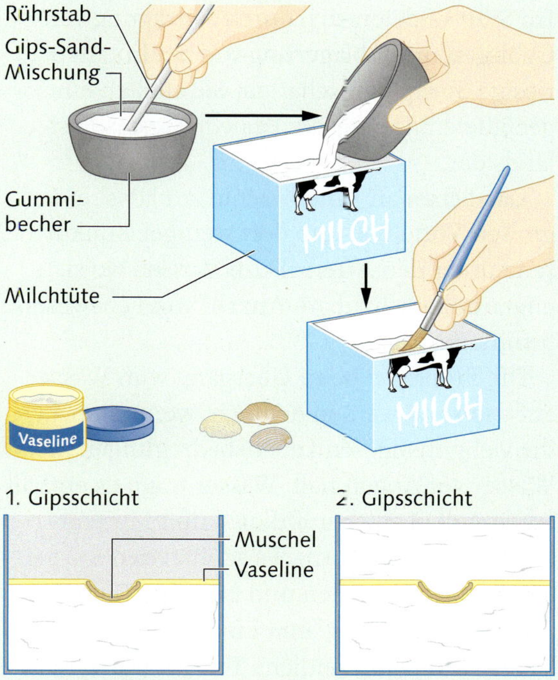

2 Arbeitsschritte

3 Fertiger Abdruck des »Fossils«

Vom Wasser ans Land

Während des Kambriums entwickelte sich eine Vielzahl von Lebewesen. Die Meere waren von den verschiedensten Pflanzen- und Tierarten bevölkert. Es sollte jedoch noch einige Millionen Jahre dauern, bis schließlich das Land von Lebewesen erobert wurde. Als eines der ersten Landwirbeltiere gilt der amphibisch lebende *Ichthyostega*. Dieser wichtige Schritt des Landgangs der Wirbeltiere ereignete sich vor etwa 350 Millionen Jahren.

1 Ichthyostega (Rekonstruktion)

Eroberung neuer Lebensräume

Im Silur bildeten sich durch Abtragung von Gebirgen und Ablagerung von Sedimenten riesige Sumpflandschaften. Sie stellten eine geeignete Basis für die Besiedlung des Festlands dar.

Das Leben an Land brachte zunächst einen großen Vorteil: Es gab dort weniger Konkurrenz unter den Arten als im Wasser, wo sich eine unüberschaubare Anzahl von Lebewesen tummelte.

Die Probleme beim Übergang vom Wasser auf das Land werden deutlich, wenn man sich die viel günstigeren Lebensbedingungen im Wasser vor Augen hält: Wasser trägt, es enthält Sauerstoff, Kohlenstoffdioxid und Mineralsalze in gelöster Form. Es schützt den Körper vor dem Austrocknen und kann als Transportmittel für Spermien und Eizellen dienen. Tages- und jahreszeitliche Temperaturschwankungen treten im Meer kaum auf.

Pflanzen machten den Anfang ...

Als erste Lebewesen eroberten Pflanzen das Land. Pioniere waren Arten, die in Ufernähe wuchsen und als Angepasstheit an das Leben im Flachwasser Schutzeinrichtungen gegen zeitweiliges Austrocknen besaßen. Als erste Landpflanze gilt *Rhynia*. Sie besaß zwar noch keine Blätter, hatte aber wurzelähnliche Ausläufer, die die Pflanze im Boden verankerten.

... und Tiere folgten

Nachdem die Pflanzen das Land besiedelt und die Atmosphäre weiter mit Sauerstoff angereichert hatten, fanden dort allmählich auch Tiere günstigere Lebensbedingungen vor. Spinnentiere und Insekten waren die ersten, die den Pflanzen auf das Festland folgten.

2 Entwicklungsschritte vom Wasser ans Land

Neue Organe ermöglichten die Atmung

Manche Wirbeltiere besaßen neue Organe, mit denen sie Sauerstoff aus der Luft aufnehmen konnten. *Quastenflosser* besaßen als Fische Kiemen, aber auch eine einfach gebaute Lunge. Sie ist als Angepasstheit an das Leben in flachen, sauerstoffarmen Tümpeln anzusehen. Ihre Flossen waren muskulös und hatten ein Innenskelett. Möglicherweise waren sie dadurch in der Lage, andere Gewässer über Land kriechend zu erreichen.

Ichthyostega als erstes Landwirbeltier

Aus Quastenflossern entwickelten sich die Uramphibien. Bei einer Grönlandexpedition wurde 1831 ein Fossil entdeckt, das sowohl Merkmale von Fischen als auch von Amphibien zeigte. Dieser Ichthyostega besaß vier gelenkige Gliedmaßen mit einem Fußskelett. Mit einer kräftigen Wirbelsäule verbunden konnten sie das Gewicht des Tieres an Land tragen. Sein Schwanz hatte eine Flosse, wie man sie ähnlich bei heutigen Kaulquappen findet. Ichthyostega atmete vermutlich durch die Haut und mit Hilfe von Lungen. Obwohl die leicht beschuppte Haut ständig feucht gehalten werden musste, war das Leben im Wasser und an Land möglich.

Die Amphibien suchten schließlich nur noch zum Laichen das Wasser auf. Wie der Übergang vom Wasser zum Land erfolgt sein könnte, kann man noch heute am Schlammspringer beobachten. Dieser Fisch lebt amphibisch in den von Ebbe und Flut geprägten Mangrovensümpfen der tropischen Küsten. Er ist in der Lage, sich mit seinen kräftigen Brustflossen hüpfend an Land fortzubewegen.

Von der Uramphibie zum Urreptil

Aus den Uramphibien entstanden neben den Amphibien auch die Urreptilien, auf die alle landlebenden Wirbeltiere zurückgehen. Reptilien sind nicht wie Amphibien bei der Fortpflanzung vom Wasser abhängig. Reptilieneier besitzen eine feste, pergamentartige Schale, die vor Austrocknung schützt und eine Eiablage außerhalb des Wassers ermöglicht.

Im Erdmittelalter waren Reptilien die beherrschende Tiergruppe auf der Erde. Zu ihnen gehörten die Saurier, die größten Landtiere, die jemals auf der Erde lebten.

In Kürze

Die Besiedlung des Landes durch die Wirbeltiere stellt einen wichtigen Entwicklungsschritt dar. Das Leben an Land wurde möglich durch verschiedene Angepasstheiten bei der Atmung, der Fortbewegung und der Fortpflanzung.

Aufgaben

1 □ Nenne Organe, die den ersten Wirbeltieren das Überleben an Land ermöglichten.

2 ◪ Begründe anhand der Merkmale von Ichthyostega, weshalb man diese Art als möglichen Übergang zwischen Fischen und Amphibien bezeichnen kann.

Mosaikformen

1 Versteinerter Abdruck einer Feder

Immer wieder finden Paläontologen Abdrücke von Federn. Sie müssen von Vögeln stammen, denn nur diese tragen Federn. Doch seit wann gibt es überhaupt Vögel und wer waren ihre Vorfahren?

Der Archaeopteryx

1861 wurde das gut erhaltene versteinerte Skelett eines *Archaeopteryx* gefunden. Der Name besteht aus den griechischen Wörtern »archaios« für uralt und »pteryx« für Feder. Das Skelett unterscheidet sich stark von dem heute lebender Vögel. Das etwa taubengroße Tier hatte Federn, einen Schnabel mit Zähnen, eine nach hinten gerichtete erste Zehe, freie Fingerglieder mit Krallen an den Flügeln und eine Schwanzwirbelsäule. Der Archaeopteryx besaß also neben Vogelmerkmalen auch Kennzeichen, die typisch für Reptilien sind.

Lebensweise und Flugfähigkeit

Der Bau der Beine könnte darauf hinweisen, dass der Archaeopteryx hauptsächlich am Boden lebte. Mit seinen Krallen konnte er Bäume hochklettern. Von dort ist ein Gleitflug zurück auf den Boden denkbar. Dafür spricht, dass seine Federn in allen wesentlichen Merkmalen den Federn heute lebender Vögel entsprechen. An den zum Gabelbein verwachsenen Schlüsselbeinen waren wahrscheinlich kräftige Flugmuskeln befestigt. Auch die hohlen Knochen und der Gehirnschädel mit dem vergrößerten Kleinhirn, das zur Koordination von Bewegungen wichtig ist, deuten auf die Flugfähigkeit hin.

Mosaikformen sind Zwischenformen

Lebewesen, die Merkmale verschiedener Tiergruppen vereinen, nennt man *Mosaikformen.* Sie ähneln einem Mosaik, das aus verschiedenen Teilen zusammengefügt ist. Mosaikformen stellen Zwischenformen zwischen Tier- oder Pflanzengruppen dar. Sie belegen die

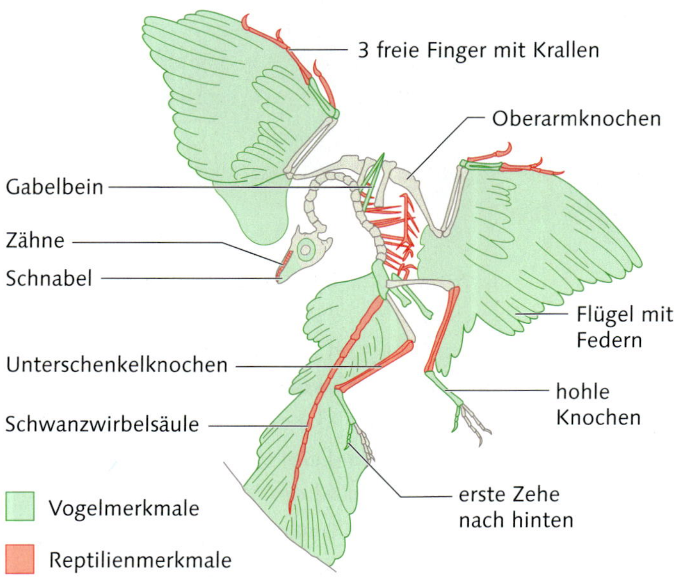

2 Archaeopteryx hat Merkmale von Reptil und Vogel.

Verwandtschaft verschiedener Gruppen und machen die stammesgeschichtliche Entwicklung nachvollziehbar.

Der Quastenflosser

Quastenflosser waren zunächst nur als Fossilien aus dem Erdaltertum bekannt. Man glaubte, dass sie schon vor Jahrmillionen ausgestorben waren. Durch den Fang eines Quastenflossers im Jahre 1938 wurde deutlich, dass sich das Aussehen in den vergangenen Jahrmillionen kaum verändert hatte. Man nennt den Quastenflosser auch *lebendes Fossil*. Damit bezeichnet man heute noch vorkommende Lebewesen, die man auch als Fossilien kennt.

Die Flossen des Quastenflossers sind besonders auffällig ausgebildet. Sie sitzen auf fleischigen, muskulösen Stielen, die im Inneren von Knochen gestützt werden. Die beiden Bauchflossen stehen seitlich vom Körper ab. Ihr Aussehen und ihr Bau erinnern an die Gliedmaßen landlebender Wirbeltiere. Heute geht man davon aus, dass die ursprünglichen Quastenflosser vermutlich die Urahnen der landbewohnenden Wirbeltiere waren. Möglicherweise entstanden aus dem muskulösen Brust- und Bauchflossen die Beine der landbewohnenden Wirbeltiere.

3 Quastenflosser

4 Schnabeltier

Das Schnabeltier

Schnabeltiere leben in Australien und zeigen Kennzeichen von Reptilien und Säugetieren. Wegen seines Fells und der Milchdrüsen hielt man das Schnabeltier früher für ein typisches Säugetier. Allerdings legt es Eier mit pergamentartiger Schale, die für kurze Zeit bebrütet werden. Die Jungtiere werden aber gesäugt. Die Männchen tragen an der Ferse einen Giftstachel. Dieser lässt sich mit dem Giftzahn von Schlangen vergleichen. Wahrscheinlich leiteten ähnliche Tiere vor etwa 200 Millionen Jahren die Entwicklung der Säugetiere ein.

Der Ginkgobaum

Auch bei den Pflanzen gibt es Arten, die den Verlauf der Evolution nachvollziehbar machen. Der Ginkgo oder Fächerblattbaum wird ebenfalls als lebendes Fossil bezeichnet. Ginkgos gab es schon vor 290 Millionen Jahren. Als blatttragende Nacktsamer stellen sie einen möglichen Übergang zwischen Nadel- und Laubbäumen dar.

In Kürze

Lebewesen, die Merkmale verschiedener Tiergruppen vereinen, nennt man Mosaikformen. Sie geben wichtige Hinweise über den möglichen Verlauf der Evolution.

Aufgaben

1 □ Stelle in einer Tabelle Reptilien- und Vogelmerkmale des Archaeopteryx gegenüber.

2 ◪ Erläutere den Begriff Mosaikform anhand des Schnabeltiers und des Quastenflossers.

Stammesentwicklung der Wirbeltiere

Bei vielen Wirbeltierfossilien ist die Wirbelsäule besonders gut zu erkennen. Mit Hilfe verschiedener Datierungsmethoden kann man das Alter der Fossilien bestimmen und sie in Entwicklungsepochen einordnen. Daraus lässt sich die Stammesentwicklung der verschiedenen Lebensformen ableiten.

Entwicklung der Wirbelsäule

500 Millionen Jahre alte Fossilien zeigen Wesen, die an eine Mischung aus Wurm und Fisch erinnern und im Wasser lebten. Sie besaßen einen lang gestreckten, biegsamen »Stab«, der als eine Art Innenskelett diente. Er lag zwischen dem Rückenmark und dem Darm. Tiere mit einem solchen Stab nennt man *Chordatiere.* Das heute noch lebende Lanzettfischchen sieht diesen Fossilien sehr ähnlich. Da alle Wirbeltiere während ihrer Entwicklung als Fetus eine Chorda ausbilden, geht man heute davon aus, dass sie den Vorläufer der Wirbelsäule darstellt.

Die Fische

Mit der Entwicklung der Wirbelsäule entstanden als erste Wirbeltiere verschiedene Fischarten. Man teilt sie in Kieferlose, Knorpelfische und Knochenfische ein. Sie besiedelten alle Meere und Binnengewässer. Nach dem Perm entwickelten die Knochenfische eine große Artenvielfalt. Bei einer Gruppe der Fische, den Lungenfischen, entwickelten sich aus den Kiemen die Lungen. Dies war eine wichtige Voraussetzung für das Leben an Land.

2 Lanzettfischchen

1 Fossil eines Fisches mit gut erkennbarer Wirbelsäule

Die Amphibien

Die Fossilien des Ichthyostega zeigen ein Skelett mit einem Schulter- und Beckengürtel sowie Beinen. Dadurch ist das Skelett gegenüber dem von Fischen stabiler und ermöglicht die Fortbewegung an Land. Die Atmung über Lungen und eine Haut, die einen zeitweisen Schutz vor Austrocknung bietet, waren weitere Angepasstheiten an das Leben an Land. In diesem neuen Lebensraum konnten sehr unterschiedliche Lebewesen entstehen. Zunächst entwickelten sich die Amphibien. Sie benötigen feuchte Lebensräume, weil ihre Haut nicht austrocknen darf. Auch zur Fortpflanzung müssen die meisten Arten das Wasser aufsuchen. Viele Amphibienlarven entwickeln sich zunächst im Wasser. Die Amphibien bildeten als erste Landwirbeltiere einen großen Artenreichtum.

Die Reptilien

Im Erdmittelalter besiedelten Reptilien Land, Luft und Wasser. Sie waren die ersten Wirbeltiere, die dauerhaft an Land leben konnten. Ihre Haut ist durch Knochen- oder Horn-

3 Feuersalamander leben an Land und im Wasser.

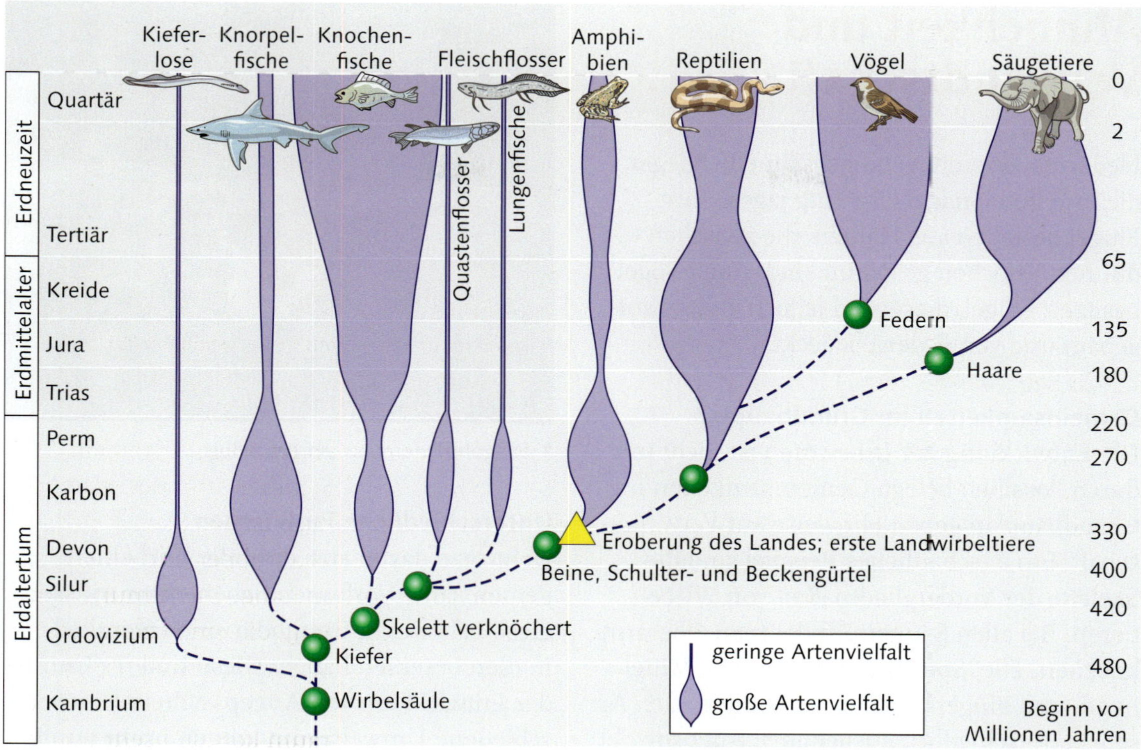

4 Stammbaum der Wirbeltiere – vermutete Entwicklung

schuppen vor dem Austrocknen geschützt. Ihre Eier werden im Körper befruchtet und sind von pergamentartigen Schalen umgeben. Eine besonders artenreiche Untergruppe der Reptilien waren die Saurier.

Die Säugetiere

Bereits während der Blütezeit der Saurier entwickelten sich die ersten Säugetiere. Ihre wichtigste Angepasstheit ist die gleichbleibende Körpertemperatur, dadurch sind sie nicht mehr von wechselnden Umgebungstemperaturen abhängig. Zudem sind Säugetiere durch Haare, durch ihr Fell, vor Wärmeverlust geschützt. Auch die Art der Fortpflanzung änderte sich grundlegend. Die Jungen entwickeln sich im Körper des Muttertiers und kommen lebend zur Welt. In den ersten Lebenswochen werden sie von der Mutter mit Milch aus den Milchdrüsen gesäugt.

Die Vögel

Einige Saurierarten besaßen Federn. Aus diesen Sauriern entwickelten sich vermutlich die ersten Vögel. Diese gleichwarmen Tiere konnten mit Hilfe der Federn, der Flügel und einer geringeren Körpermasse aufgrund von hohlen Knochen den Lebensraum Luft erobern.

In Kürze

Die Wirbeltiere entwickelten sich aus wirbellosen Vorfahren. Die ersten Wirbeltiere waren Fische. Aus ihnen entwickelten sich vermutlich die Amphibien, daraus wiederum die Reptilien und schließlich die Säugetiere und Vögel. Dieser Vorgang wird mit dem Begriff Stammesentwicklung bezeichnet.

Aufgaben

1 □ Stelle in einer Tabelle die typischen Entwicklungsmerkmale von Fischen, Amphibien, Reptilien, Säugetieren und Vögeln dar.

2 ◪ Beschreibe mit Hilfe von Bild 4, wie sich im Laufe der Entwicklung die Artenvielfalt der Wirbeltiere veränderte.

3 ■ Stelle Vermutungen an, weshalb sich die Artenvielfalt der Wirbeltiergruppen veränderte.

Ähnlichkeit und Verwandtschaft

Fledermäuse sind wendige, schnelle Flieger, die ihre Beute nachts im Flug jagen. Ihre Flügel bestehen aus Häuten, die zwischen dünnen Knochen gespannt sind. Auch Vögel besitzen Flügel, diese sind jedoch anders aufgebaut und von Federn bedeckt.

1 Langohrfledermaus auf Beuteflug

Gemeinsamkeiten im Grundbauplan

Die Entwicklung der Lebewesen ist nicht nur durch Fossilien belegt. Gemeinsamkeiten im Grundbauplan geben Hinweise auf Verwandtschaft. Ein anschauliches Beispiel sind die Skelette der Vordergliedmaßen von Wirbeltieren. Bei allen Säugern findet man Oberarmknochen, Elle, Speiche, Handwurzel-, Mittelhand- und Fingerknochen. Sie sind je nach Art sehr unterschiedlich ausgebildet. Aber sowohl die Lage als auch die Anzahl der Knochen stimmen in etwa überein. Die Umbildungen ermöglichen sehr unterschiedliche Funktionen. Ähnlichkeiten gibt es auch bei den inneren Organen wie dem Herzen der Säugetiere. Entsprechungen im Grundbauplan von Organen, im Körperbau oder auch bei Verhaltensweisen aufgrund der gemeinsamen Abstammung von Lebewesen fasst man mit dem Begriff *Homologie* zusammen.

Unterschiedliche Funktionen

Geht man davon aus, dass alle Wirbeltiere gemeinsame Vorfahren haben, dann müssen diese Lebewesen fünfgliedrige Vordergliedmaßen besessen haben. Diese sind im Laufe der Entwicklung von Angepasstheiten an verschiedene Umweltbedingungen immer unterschiedlicher geworden, ihr Grundbauplan blieb jedoch erhalten.

Bei den Flügeln der Fledermäuse sind die Mittelhand- und Fingerknochen stark verlängert. Zwischen diesen Knochen ist eine Flughaut gespannt. Auch bei den Flügeln der Vögel und den Flossen der Delfine und anderer Wale findet man den gleichen Grundbauplan. Der Maulwurf hat kurze, kompakte Knochen. Seine schaufelförmigen Vordergliedmaßen sind

2 Homologe Vordergliedmaßen bei Wirbeltieren

zum Graben gut geeignet. Auch hier findet man den gleichen Grundbauplan. Der äußere Bau der Vordergliedmaßen ist eine Angepasstheit an die unterschiedlichen Lebensräume. Diese homologen Organe sind ein Beleg für die gemeinsame Abstammung der Wirbeltiere.

Ähnlich, aber nicht verwandt

Eine Maulwurfshand und die Grabschaufel einer Maulwurfsgrille sehen sich äußerlich sehr ähnlich und erfüllen die gleiche Funktion. Ihr Grundbauplan ist aber völlig unterschiedlich. Die Maulwurfshand besitzt ein knöchernes Innenskelett, die Grabschaufel hat ein äußeres Chitinskelett. Solche Organe mit unterschiedlichem Grundaufbau, die bei ähnlichen Umweltbedingungen die gleiche Funktion erfüllen, nennt man *analoge Organe*.

Schutz durch Stachel und Dorn

Mit dem Begriff *Konvergenz* beschreibt man die unabhängige Entwicklung analoger Organe. Ein Beispiel sind Stachel und Dorn. Beide erfüllen bei verschiedenen Pflanzen die gleiche Funktion, haben aber einen unterschiedlichen Aufbau.

Die Rose besitzt Stacheln, die nur aus der Rinde bestehen und einfach abgeknickt werden können. Im Volksmund werden diese Stacheln fälschlich Dornen genannt. Dornen können aber nicht einfach abgebrochen werden, da sowohl die Holzschicht als auch das Mark bis in diesen Auswuchs hineinreichen. Beim Abbrechen wird deshalb der gesamte Spross verletzt. Dornen findet man beispielsweise bei der Stachelbeere.

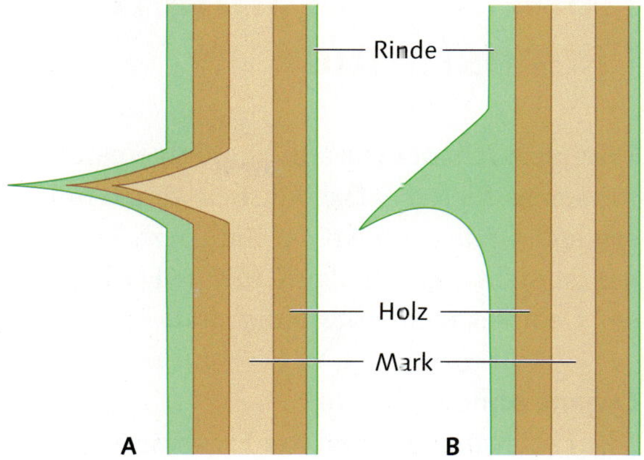

4 Vergleich von Dorn (A) und Stachel (B) bei Pflanzen

In Kürze

Homologe Organe haben den gleichen Grundbauplan, aber unterschiedliche Funktionen. Sie weisen auf Verwandtschaft hin. Analoge Organe erfüllen gleiche Funktionen, sind aber unterschiedlich aufgebaut.

Aufgaben

1 □ Beschreibe Gemeinsamkeiten und Unterschiede im Aufbau der Wirbeltiergliedmaßen in Bild 2.

2 ◪ Erläutere die Unterschiede im Grundbauplan mit den unterschiedlichen Funktionen.

3 ■ Schmetterlingsflügel sind Hautausstülpungen. Vergleiche sie mit Vogelflügeln und begründe, ob es homologe oder analoge Organe sind.

3 Maulwurf mit seinen Grabschafeln

5 Grabschaufeln der Maulwurfsgrille

Hinweise auf frühere Lebensformen

Fasziniert schaut Felix auf die Röntgenaufnahme seines Kiefers. »Die Weisheitszähne müssen leider raus«, erklärt der Zahnarzt. »Aber das ist nicht tragisch, da sie für die Funktion des Gebisses nicht notwendig sind.«

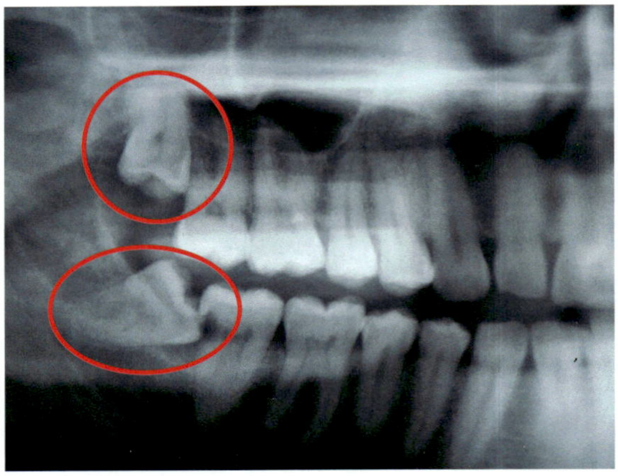

1 Weisheitszähne

Organe ohne Funktion

Alle Lebensformen sind das Ergebnis einer langen Entwicklungsgeschichte. Dabei haben manche Organe ihre ursprüngliche Funktion verloren und wurden zurückgebildet. Die Reste dieser früher funktionell wichtigen Organe nennt man *Rudimente*. Sie belegen, dass die Wirbeltiere miteinander verwandt sind und sich über große Zeiträume veränderten.

Rudimente bei Tieren

Der Grönlandwal besitzt Reste eines Beckens und von Ober- und Unterschenkelknochen. Dies deutet darauf hin, dass seine stammesgeschichtlichen Vorfahren Hintergliedmaßen besaßen und an Land leben konnten.

Die mit den Eidechsen verwandten Blindschleichen haben keine Beine. Sie besitzen aber einen Schultergürtel und Reste des Beckengürtels.

Rudimente beim Menschen

Auch beim Menschen gibt es zahlreiche Beispiele rudimentärer Organe, die stammesgeschichtlich auf frühere Lebensformen hinweisen.

Der Wurmfortsatz des Blinddarms ist der Rest eines früher größeren Darmanhangs. Dies deutet auf eine Ernährung hin, die zur Verdauung einen längeren Darm benötigte.

Das Steißbein ist der stark verkürzte und zusammengefasste Rest der Schwanzwirbelsäule.

Ansätze der Ohrmuskulatur, die Körperbehaarung und die Weisheitszähne, die auf ein früher größeres Gebiss hinweisen, sind ebenfalls Rudimente beim Menschen.

2 Rudimente bei Tieren und Menschen: A Beckenknochen eines Wals; B Schulter- und Beckengürtel bei der Blindschleiche; C Dickdarm mit Blinddarm und Wurmfortsatz; D Steißbein; E Ohrmuskulatur; F Körperbehaarung; G Weisheitszähne

Spuren der Evolution
Bei einzelnen Lebewesen einer Art treten manchmal unvermittelt wieder Merkmale auf, die im Laufe ihrer stammesgeschichtlichen Entwicklung bereits verschwunden waren. Dabei werden rudimentär vorhandene Organe wieder voll ausgebildet. Dies nennt man einen *Atavismus*. Der Begriff stammt aus dem Griechischen und bedeutet Urahn. Atavismen treten aufgrund von Störungen in der Embryonalentwicklung auf. Sie können aber auch durch Mutationen bedingt sein.

3 Atavismus beim Menschen

Atavismen bei Tieren und Menschen
Bei Pferden oder Rindern kann es am Schienbein zur Ausbildung überzähliger Zehen kommen. Dies ist ein Hinweis auf mehrzehige Vorfahren.

Bei Menschen können, wie bei vielen Säugetieren üblich, zusätzliche Brustwarzen ausgebildet werden. Eine starke Behaarung erinnert an ein ehemals vorhandenes Fell. Manche Menschen können ihr Ohr mit einem besonderen Muskel selbstständig bewegen. Bewegliche Ohren dienten der verbesserten Wahrnehmung von Fressfeinden und Beute. Das Auftreten dieser Atavismen verdeutlicht, dass bei allen Lebewesen entsprechende Gene vorhanden sind. Im Normalfall sind sie blockiert. Werden sie jedoch zum falschen Zeitpunkt in der Embryonalentwicklung aktiv, kann es zur Ausbildung früherer Merkmale kommen.

In Kürze
Rudimente und Atavismen geben Hinweise darauf, welche Entwicklungsschritte im Laufe der Evolution stattgefunden haben.

Aufgaben

1 □ Nenne Beispiele rudimentärer Organe.

2 □ Erläutere das Phänomen des Atavismus anhand eines geeigneten Beispiels.

Extra Embryonalentwicklung
Die Embryonen aller Wirbeltiere – ob sie später an Land oder im Wasser leben – besitzen Strukturen, die an Kiemenspalten erinnern. Auch der Mensch macht hier keine Ausnahme. Er entwickelt im 5. Monat für kurze Zeit eine Behaarung am ganzen Körper und besitzt vorübergehend eine Schwanzanlage.

Diese Übereinstimmungen lassen darauf schließen, dass sich die Wirbeltiere im Laufe ihrer stammesgeschichtlichen Entwicklung aus gemeinsamen Vorfahren entwickelt haben. Aus dem Vergleich von Wirbeltierembryonen kann man ableiten, dass bei der Keimesentwicklung an manchen Stellen eine schnelle Wiederholung der Stammesentwicklung durchlaufen wird.

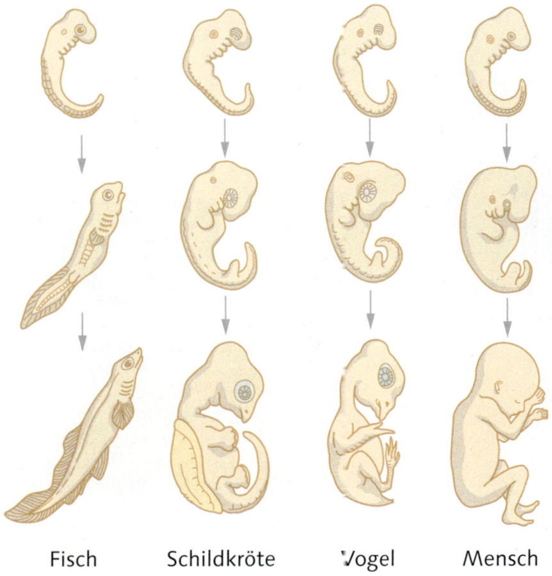

4 Embryonalstadien (Größen wurden angeglichen)

Gruppenpuzzle

Im Laufe der Evolution sind viele Tierarten ausgestorben. Dazu gehören zum Beispiel die Saurier, das Mammut und der Säbelzahntiger. Sie verschwanden, weil sie nicht an die sich verändernden Lebensbedingungen angepasst waren. Gleichzeitig entwickelten sich aber auch neue Arten. Auch heute sterben ebenfalls viele Tierarten aus. Grund hierfür ist meistens der Mensch, denn er bejagt sie und verändert oder zerstört ihren natürlichen Lebensraum. Da die ausgestorbenen Tierarten und die Gründe für ihr Verschwinden sehr vielfältig sind, bietet es sich an, dieses Thema in einem Gruppenpuzzle zu thematisieren. Dabei bearbeitet jeder innerhalb einer Gruppe ein ausgestorbenes Tier und unterrichtet anschließend als Experte die übrigen Gruppenmitglieder. Dazu geht ihr nach folgenden Schritten vor:

1 Stammgruppen bilden Bildet Gruppen von vier bis fünf Schülerinnen und Schülern. Verteilt die vorgegebenen Teilthemen an die Gruppenmitglieder. Jeder bearbeitet ein Teilthema. In der Stammgruppe einigt ihr euch außerdem auf wichtige Fragen, die am Ende beantwortet werden, zum Beispiel:

- Wann lebte die Tierart?
- Wie sahen die Tiere aus?
- Wo lebten sie?
- Wovon haben sie sich ernährt?
- Wie lebten die Tiere?
- Wann und warum sind sie ausgestorben?

2 Teilthema bearbeiten In Einzelarbeit recherchiert jeder die Antworten zu den Fragen und zusätzliche interessante und wichtige Informationen zu dem Teilthema. Verwendet dazu Fachbücher oder das Internet. Haltet eure Ergebnisse schriftlich fest.

1 Ausgestorbene Tierarten: A Tyrannosaurus Rex; B Mammut; C Säbelzahnkatze; D Tasmanischer Beutelwolf; E Dronte; F Elfenbeinspecht

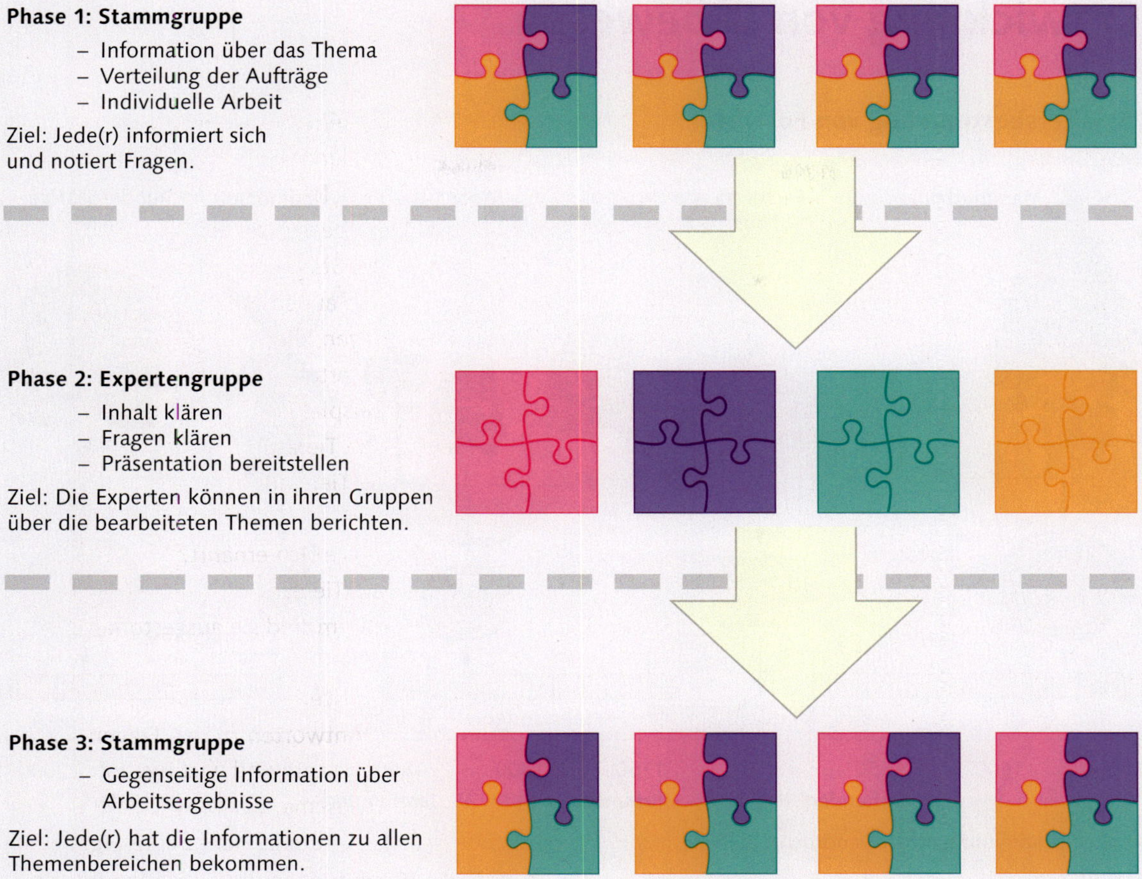

2 Die drei Phasen eines Gruppenpuzzles

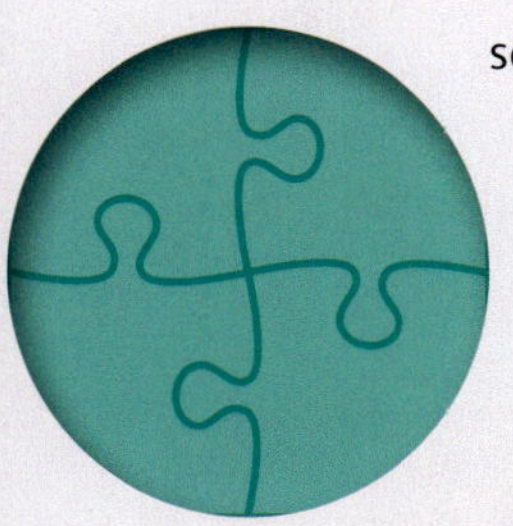

3 Austausch in der Expertenrunde Trefft euch mit den anderen Experten in einer neuen Gruppe, sodass nun alle zusammensitzen, die sich mit dem gleichen Teilthema beschäftigt haben. In dieser Runde besprecht ihr das Erarbeitete. Vergleicht die Ergebnisse und ergänzt eure Aufzeichnungen. Dann bereitet ihr gemeinsam einen Vortrag zu dem Teilthema vor, den ihr in euren jeweiligen Stammgruppen halten könnt. Plant Hilfsmittel wie Bilder oder Modelle ein und teilt eure Zeit ein. Überprüft, ob die Zuhörer nach dem Vortrag alle Fragen, die ihr anfangs zum Teilthema gesammelt habt, beantworten können.

4 Unterricht in der Stammgruppe Nun geht ihr zurück in eure Stammgruppen. Jeder Experte wird nun zum Lehrer, die anderen Gruppenmitglieder sind die Schüler. Die jeweilige Lehrperson hält ihren Vortrag über ihr Teilthema. Die Schüler dürfen jederzeit Fragen stellen und Notizen machen. Abschließend beantworten die Zuhörer die zuvor notierten Fragen zum Teilthema schriftlich als Lernkontrolle. Nachdem alle Teilthemen vorgestellt wurden, könnt ihr in der Klasse Gemeinsamkeiten und Unterschiede eurer Teilthemen formulieren.

Aufgaben

1 ◪ Führt ein Gruppenpuzzle zum Thema »Ausgestorbene Tierarten« durch. Ein Teilthema entspricht dabei einer Tierart.

2 ◪ Nenne Möglichkeiten, wie man bedrohte Tier- und Pflanzenarten erhalten kann.

Entwicklung von Lebewesen

1 Altersbestimmung von Fossilien

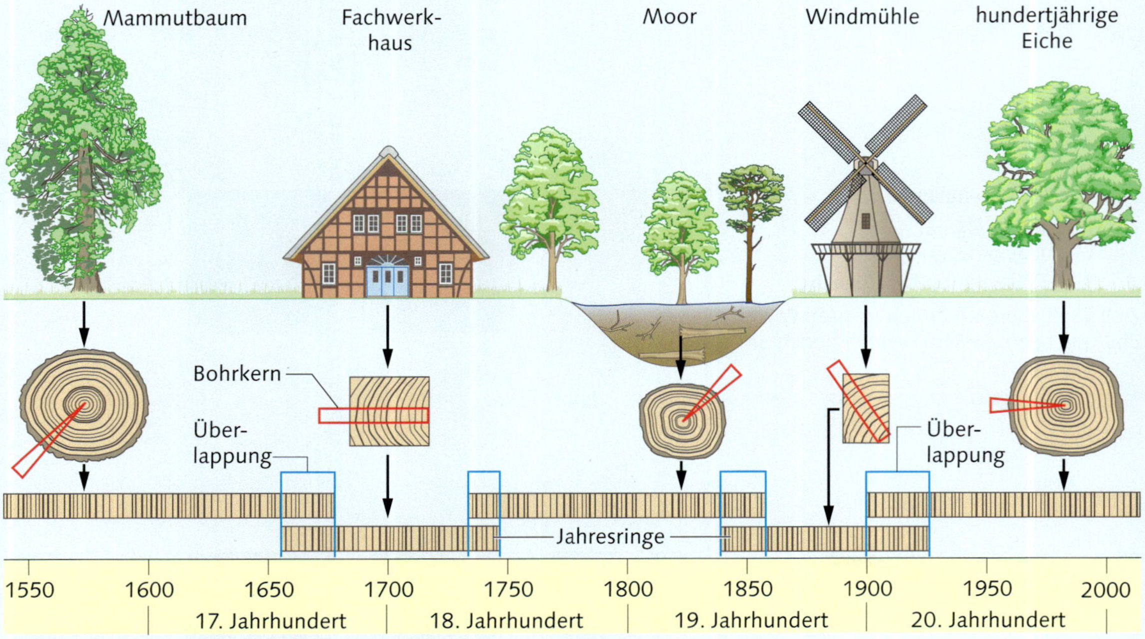

1 Altersbestimmung durch Dendrochronologie

Die *Dendrochronologie* ist eine Möglichkeit zur absoluten Altersbestimmung von fossilen Holzstücken. Der Begriff setzt sich zusammen aus den griechischen Wörtern »dendros« für Baum, »chronos« für Zeit und »logos« für Lehre und bedeutet Lehre vom Baumalter.

Bei dieser Methode werden die Breiten der Jahresringe von Bäumen bestimmt. Der Holzzuwachs eines Jahres mit guten Bedingungen ist größer als der Zuwachs aus Jahren mit schlechten Bedingungen. Da die Umweltbedingungen in einer Region für alle Bäume gleich sind, stimmen die Jahresringbreiten aller Bäume einer Art in einer Region überein.

Mit Hilfe von Hohlbohrern werden unterschiedlich alten Hölzern Bohrkerne entnommen, deren Jahresringe vermessen werden. Um eine Jahreschronologie zu erstellen, müssen sich die Jahresringe von Bohrkernen unterschiedlicher Hölzer am Anfang und Ende überlappen.

a ◻ Beschreibe die in Bild 1 dargestellte Datierungsmethode der Dendrochronologie.

b ◪ Stelle Vermutungen über wichtige Anwendungsgebiete der Dendrochronologie an.

c ◪ Beschreibe die Genauigkeit der Dendrochronologie im Vergleich zur Radiokarbonmethode.

d ◪ Erläutere, weshalb es sich bei der Dendrochronologie um eine absolute Datierungsmethode für Fossilien handelt.

e ◪ Begründe, weshalb die Altersbestimmung von Fossilien für Wissenschaftler von großer Bedeutung ist.

2 Bohrkern

2 Stammbaum der Pferde

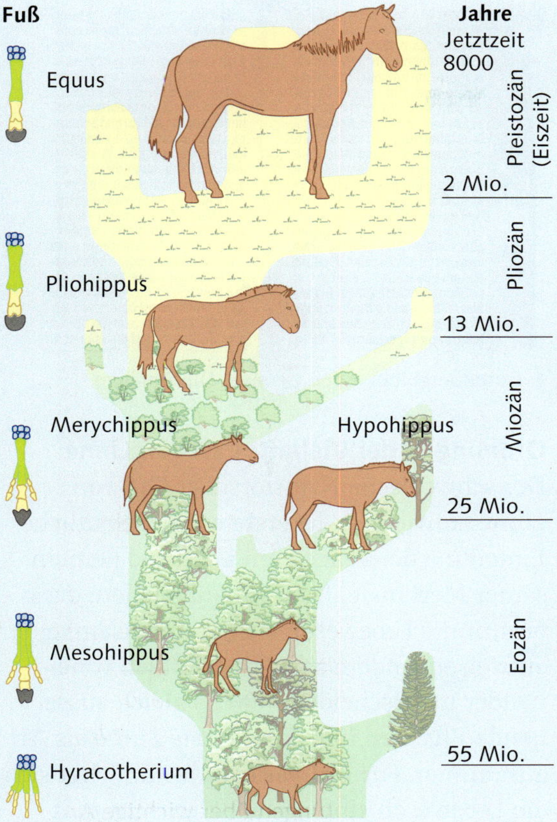

3 Stammbaum der Pferde

Viele Fossilienfunde des Urpferds Hyracotherium belegen, dass es vor etwa 55 Millionen Jahren in dichten, sumpfigen Urwäldern lebte. Es war katzengroß, hatte kurze Beine, einen gewölbten Rücken, eine kurze Schnauze und einen kurzen Hals. Mit der Zeit veränderte sich der Lebensraum der Pferde. Aus den Urwäldern entstanden langsam Steppen.

a □ In Bild 3 ist der Stammbaum der Pferde dargestellt. Beschreibe die Veränderungen im Körperbau der Pferde im Laufe der Evolution.

b ◪ Erläutere die Aussage, dass das Urpferd an das Leben im Unterholz des Waldes gut angepasst war.

c ◪ Begründe die Entwicklung der Fußformen mit Hilfe der dargestellten Veränderungen des Lebensraums.

d ■ Begründe, warum die Pferde im Laufe der Evolution in verschiedenen Lebensräumen unterschiedlich groß sind.

3 Homologe Verhaltensweisen

4 Balzputzverhalten verschiedener Entenarten

Angeborene Verhaltensweisen sind artspezifisch. Einige laufen nach einem starren Schema ab. Ähneln sich diese Verhaltensweisen bei verschiedenen Arten, können es homologe Verhaltensweisen sein.

a ◪ In Bild 4 ist das Scheinputzverhalten verschiedener Entenarten während ihrer Balz dargestellt. Dabei werden die auffälligen Schwungfedern gesäubert. Dies ist ein angeborenes, homologes Verhalten. Begründe.

b ◪ Der Muntjak, ein Moschushirsch, besitzt ein verkümmertes Geweih, aber hauerartig verlängerte Eckzähne. Die Eckzähne des Rothirschs sind zurückgebildet, er droht jedoch ebenfalls durch Zurückziehen der Oberlippe. Begründe, weshalb das Verhalten des Rothirschs ein homologes Verhalten zu den Drohgebärden des Muntjaks ist.

c ◪ Der Handgreifreflex ist eine angeborene Verhaltensweise bei Menschenbabys. Affen- und Eichhörnchenjunge zeigen diesen Reflex ebenso, andere am Boden lebende Nagetiere aber nicht. Leite daraus einen möglichen Rückschluss auf die Verwandtschaftsbeziehungen der Säugetiere ab.

Geschichte der Evolutionstheorien

Bis zur Mitte des 18. Jahrhunderts glaubten die Menschen an die Schöpfungsgeschichte, wie sie in der Bibel dargestellt ist. Demnach hat Gott die Erde mit allen Lebewesen innerhalb von sechs Tagen erschaffen. Er hat sie so geschaffen, wie sie heute sind. Der Glaube an eine Schöpfung und insbesondere an die Konstanz der Arten ist nachvollziehbar, wenn man bedenkt, dass ein Mensch im Verlauf seines Lebens kaum eine Veränderung in der Tier- und Pflanzenwelt erkennt.

Ein Weltbild beginnt sich zu ändern

Im christlichen Kulturkreis wurde alles, was in der Bibel steht, wortwörtlich ausgelegt. Eine wortgetreue Auslegung der biblischen Schöpfungstexte kann seltsame »Blüten« treiben, das zeigt das Beispiel des irischen Bischofs Ussher, der im Jahre 1650 das Jahr und den Tag errechnete, an dem Gott die Erde erschaffen hat. Er kam auf den 22. Oktober 4004 vor Christus.

Eine allmähliche Einstellungsänderung brachte die Entdeckung von Nord- und Südamerika. In der »Neuen Welt« begegnete man bisher unbekannten Tier- und Pflanzenarten sowie fremden Völkern und Kulturen. Das bis dahin allgemein anerkannte Weltbild veränderte und erweiterte sich. Unter anderem fragte man sich, ob die vielen verschiedenen Tierarten in Noahs Arche überhaupt Platz finden konnten.

Mit der Entwicklung der experimentell-forschenden Wissenschaften gegen Ende des 17. Jahrhunderts begann man alle Phänomene des Lebens zu untersuchen und ihre Ursachen kritisch zu hinterfragen. Was jahrhundertelang als absolut richtig und als selbstverständlich galt, wurde jetzt auf seine Richtigkeit hin überprüft.

1 Gutenbergbibel, Buch Genesis: Die Anfänge

Ordnung in der Vielfalt: Carl von Linné

Der schwedische Naturforscher Carl von Linné entwickelte die erste wissenschaftliche Einteilung der Lebewesen aufgrund gemeinsamer Merkmale. Ihm war aufgefallen, dass bestimmte Lebewesen viele Gemeinsamkeiten aufweisen, andere sich aber deutlich voneinander unterscheiden. Jeweils gleich aussehende Pflanzen und Tiere fasste Linné als Art zusammen. Für ihn war klar: Je ähnlicher sich die Lebewesen sind, desto näher verwandt sind sie. Mit seiner Einteilung versuchte er, die Verwandtschaftsbeziehungen zwischen Lebewesen aufzuzeigen. Den Menschen ordnete er ins Tierreich ein, als nahen Verwandten des Schimpansen und des Orang-Utans. Carl von Linné glaubte an die Unveränderlichkeit, die Konstanz der Arten. Er war davon überzeugt, dass Gott alle Arten geschaffen hat, so wie es in den Schöpfungstexten der Bibel steht.

2 Carl von Linné (1707–1778)

Evolutionstheorie nach Lamarck

Jean-Baptiste de Lamarck gilt als Begründer der Abstammungslehre. Nach seiner Theorie sind Lebewesen, entsprechend dem Grad ihrer Ähnlichkeit, unterschiedlich eng miteinander verwandt. In seinem 1809 veröffentlichen Buch »Philosophie zoologique« führte er als Erster den Begriff Evolution ein, wonach sich alle Lebewesen aus einfacheren Vorfahren im Laufe der Erdgeschichte allmählich entwickeln. Als Beweis nannte er Fossilien, die je nach Alter unterschiedlich aussehen.

Die Ursache für die Evolution oder den Artenwandel versuchte er so zu erklären: Durch den Gebrauch oder Nichtgebrauch von Organen werden diese entweder besonders gut ausgebildet oder sie verkümmern. Solche erworbenen Eigenschaften werden auf die Nachkommen vererbt. Bis heute gibt es keinen Beweis dafür, dass erworbene Eigenschaften, wie zum Beispiel die Fähigkeit vieler Menschen mit der Zehn-Finger-Technik auf einer Tastatur schreiben zu können oder eine handwerklich erlernte Technik, vererbt werden. Die Evolutionstheorie von Lamarck wird daher als falsch abgelehnt.

Katastrophentheorie von Cuvier

Georges Cuvier war einer der streitbarsten Verfechter von der Lehre der Unveränderlichkeit der Arten. Die unterschiedlich aussehenden Fossilien erklärte er mit Hilfe seiner Katastrophentheorie: Durch Naturkatastrophen, wie zum Beispiel die biblische Sintflut werden weitgehend alle Lebewesen vernichtet – und entstehen anschließend in gleicher oder in anderer Form neu. Aufgrund geologischer Erkenntnisse kann die häufige Wiederkehr globaler Naturkatastrophen ausgeschlossen werden.

Da auch die Katastrophentheorie von der Unveränderlichkeit der Arten ausgeht, gilt sie heute als wissenschaftlich widerlegt.

3 Jean-Baptiste de Lamarck (1744–1829)

4 Georges Baron de Cuvier (1769–1832)

In Kürze

Ausgehend von der Überzeugung der Unveränderlichkeit der Arten versuchten im Laufe der vergangenen 200 Jahre verschiedene Theorien die Abstammung der Lebewesen zu begründen. Die Theorien von Lamarck und Cuvier werden heute als falsch abgelehnt.

Aufgaben

1 □ Gib die Definition des Begriffs Evolution wieder.

2 ◪ Erläutere, wie Lamarck die schlechte Sehfähigheit von Maulwürfen begründen würde.

3 ◪ Nenne Alltagsbeobachtungen, mit denen man die Theorie von Lamarck widerlegen kann.

4 ■ Cuvier besaß eine umfangreiche Fossiliensammlung. Erläutere, wie er dennoch die Lehre von der Unveränderlichkeit der Arten vertreten konnte.

Die Evolutionstheorie nach Darwin

Als Darwin im Alter von 23 Jahren zu einer Forschungsreise aufbrach, war er noch fest davon überzeugt, dass alle Pflanzen und Tiere in einem einmaligen Schöpfungsakt von Gott erschaffen wurden. Aber die Erkenntnisse, die er auf seiner Reise gewann, ließen ihn immer mehr an der Unveränderlichkeit der Arten zweifeln. Diese Zweifel verstärkten sich, als er nach der Rückkehr seine Aufzeichnungen auswertete und 1859 in seinem Buch »*On the Origin of Species* ...« veröffentlichte.

Tauben helfen ein »Geheimnis« zu lüften

Bei seinen Versuchen, dem Geheimnis über die Entstehung der Artenvielfalt auf die Spur zu kommen, nutzte Darwin auch die Beobachtungen, die er als Taubenzüchter gemacht hatte. Bei der Tierzucht werden nur die Jungtiere mit den gewünschten Eigenschaften und Merkmalen für die Weiterzucht ausgewählt. Durch diese *künstliche Zuchtwahl* gelang es in relativ kurzer Zeit, aus Wildtauben eine Vielzahl unterschiedlichster Taubenrassen zu schaffen. Darwin vermutete, dass auch in der Natur so etwas wie Zuchtwahl stattfindet. Unklar war ihm noch, »wer« auswählt und »wie« ausgewählt wird.

2 Es gibt etwa 200 gezüchtete Taubenrassen.

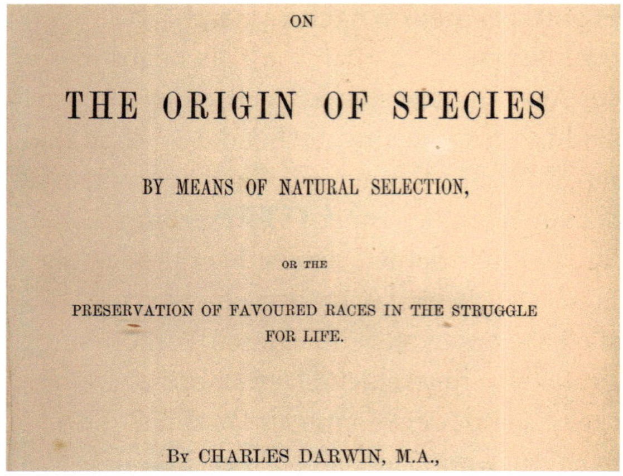

ON

THE ORIGIN OF SPECIES

BY MEANS OF NATURAL SELECTION,

OR THE

PRESERVATION OF FAVOURED RACES IN THE STRUGGLE FOR LIFE.

BY CHARLES DARWIN, M.A.,

1 Titelseite der Erstausgabe »On the Origin of Species«

Darwins Beobachtungen

Auf seiner Suche nach einer naturwissenschaftlichen Erklärung für die Entstehung der Artenvielfalt ging Darwin von drei Beobachtungen aus:

Alle Lebewesen haben mehr Nachkommen, als für die Erhaltung der Art notwendig sind. Folglich müsste ihre Zahl von Generation zu Generation stetig zunehmen. Das ist in der Natur aber nicht der Fall. Also müssen viele Nachkommen sterben.

Die Nachkommen einer Art sehen nicht alle vollkommen gleich aus. Zwar werden die Merkmale der Eltern an die nächste Generation vererbt, es sind aber zwischen den Nachkommen Unterschiede beobachtbar.

In einem Lebensraum gibt es Faktoren, die die Überlebenschancen eines Individuums beeinflussen. Nahrung, Verstecke vor Fressfeinden oder geeignete Geschlechtspartner stehen nicht unbegrenzt zur Verfügung.

Darwins Schlussfolgerungen

Aus diesen Beobachtungen leitete Darwin seine Theorie über die Entstehung der Arten ab. Alle Lebewesen einer Art konkurrieren in einem Lebensraum um ihre Überlebenschancen. Darwin nannte es »struggle for life«. Viele der Nachkommen überleben diesen Kampf ums Dasein nicht. Da sie sich in ihren Eigenschaften unterscheiden, gibt es einige, die aufgrund der neuen vererbten Merkmale in ihrem Lebensraum besser zurechtkommen.

3 Evolution der Giraffen nach Darwins Evolutionstheorie

Sie sind an die herrschenden Lebensbedingungen optimal angepasst. Sie leben länger und haben dadurch bessere Chancen, sich fortzupflanzen. Darwin sagte, sie werden durch die Umweltbedingungen ausgewählt oder selektiert. Verändern sich Umweltbedingungen, so können über lange Zeiträume durch diese *natürliche Zuchtwahl* oder *Selektion* allmählich neue Arten entstehen, die sich deutlich von der ursprünglichen Art unterscheiden.

Darwin wusste nicht, dass es sich bei den neuen, vererbten Merkmalen um »Mutationen« handelt. Daher taucht dieser Begriff in seinem Buch über die Entstehung der Arten nicht auf.

Evolution am Beispiel der Giraffe

Urgiraffen waren kurzhalsige Waldbewohner. Durch Umweltveränderungen verschwanden die Wälder. Es blieben nur einzelne Bäume übrig. Zufällig besaßen einige dieser Giraffen einen etwas längeren Hals. Sie hatten nun bessere Überlebenschancen. Sie wurden selektiert, weil sie auch die weiter oben wachsenden Blätter erreichten. Viele der kurzhalsigen Tiere, die vielleicht den heute noch lebenden Okapis ähnlich sahen, verhungerten.

Reaktion auf Darwins Evolutionstheorie

Die Öffentlichkeit reagierte auf Darwins Theorie mit Entsetzen, da sie der damals weitverbreiteten Ansicht widersprach, Gott habe alle Arten perfekt und in einem einmaligen Schöpfungsakt geschaffen. Als ehemaliger Theologiestudent war sich Darwin dieser Tatsache durchaus bewusst. Daher wartete er über 20 Jahre, bis er seine Lehre veröffentlichte. Erst als er erfuhr, dass andere Forscher zu ähnlichen Ergebnissen kamen, trat er mit seiner Evolutionstheorie an die Öffentlichkeit. Er sagte, er fühle sich, als würde er einen Mord bekennen. Heute wird die Richtigkeit seiner Theorie in der Naturwissenschaft nicht mehr ernsthaft angezweifelt.

In Kürze

Charles Darwin begründete durch sein Lebenswerk die moderne Evolutionstheorie. Danach sind die heute lebenden Organismen allmählich aus früheren Formen entstanden.

Aufgaben

1 □ Nenne den Unterschied zwischen künstlicher und natürlicher Selektion.

2 □ Liste natürliche Selektionsfaktoren auf.

3 ◪ Begründe, weshalb Darwin die Selektion, nicht aber die Mutation als »Motor der Evolution« nannte.

4 ◪ Suche nach einer Erklärung, weshalb sich Darwin durch die Veröffentlichung seines Buches als »Mörder« fühlte.

Extra

Charles Darwin

Leben und Werk

Charles Robert Darwin kam am 12. Februar 1809 in Shrewsbury in England zur Welt. Er stammte aus einer wohlhabenden Familie. Bereits sein Großvater war Naturforscher und beschäftigte sich auch mit der Abstammungslehre. Auf Wunsch seines Vaters studierte Darwin Theologie. Sein großes Interesse galt aber schon sehr früh der Botanik und der Zoologie. Daher besuchte er oft naturwissenschaftliche Vorlesungen.

1831 erhielt er auf Vermittlung seines Botanikprofessors das Angebot, als Naturforscher an der Expedition mit dem Segelschiff »Beagle« teilzunehmen. Während dieser fast fünfjährigen Weltreise sammelte er zahlreiche Fossilien, Pflanzen und Tiere.

Auf den Galapagosinseln fielen ihm Vögel auf, die er vorher noch nie gesehen hatte und die nur hier vorkamen. Er stellte fest, dass sich die heute nach ihm benannten »Darwinfinken« in ihrer Größe, ihrem Verhalten und besonders in der Schnabelform unterscheiden. Diese Beobachtung brachte ihn auf den Gedanken, dass die Finken von einer ursprünglichen Art abstammen, dass sie sich also aus ihr entwickelt haben könnten.

1859 veröffentlichte Darwin in seinem Buch *»On the Origin of Species ...»* eine umfassende Theorie über die Entstehung der Arten. Das Buch löste damals einen Sturm der Entrüstung aus. 1882 starb Darwin.

1 Charles Darwin (1809–1882); hier mit 31 Jahren

2 Darwins Weltreise mit der H.M.S. Beagle

On the Origin of Species by Means of Natural Selection

»Wenn [...] das Alpenschneehuhn im Winter weiß, die schottische Art heidenfarbig ist, so müssen wir glauben, dass solche Farben den genannten Vögeln [...] dadurch nützlich sind, dass sie dieselben vor Gefahren schützen. [...] Habichte werden durch das Gesicht auf ihre Beute geführt, und zwar in einem Grad, dass man in manchen Gegenden von Europa vor dem Halten von weißen Tauben warnt. [...] Es dürfte daher die natürliche Zuchtwahl entschieden dahin wirken, jeder Art von Waldhühnern die ihr eigentümliche Farbe zu verleihen und, wenn solche einmal hergestellt ist, dieselbe echt und beständig zu erhalten.«

Aus: »Die Entstehung der Arten« von Charles Darwin

Aufgabe

1 □ Alpenschneehühner sehen im Winter anders aus als im Sommer. Stelle dar, wie Darwin die jahreszeitlich unterschiedlichen Farbkleider des Alpenschneehuhns zu begründen versuchte.

Extra

Kreationismus und Intelligent Design

Das Creation Museum ist eines von mehreren Museen in den USA, das den Besuchern unter anderem Videos über die Schöpfung zeigt. Man sieht Adam und Eva im Paradies, umgeben von Sauriern, die Sintflut mit der Arche Noah und viele andere Szenen aus der Bibel. Hinter diesen Museen steht eine Bewegung, die sich Kreationismus oder Schöpfungswissenschaft nennt.

1 Im Creation Museum »leben« Menschen und Saurier zusammen.

Die Anschauungen des Kreationismus

Der Begriff Kreationismus leitet sich vom lateinischen Wort »creatio« ab, das bedeutet Erschaffung oder Schöpfung. Kreationisten verstehen die biblischen Schöpfungstexte als historische Berichte. Sie sind fest davon überzeugt, dass die Entstehung der Welt und aller Lebewesen so verlief, wie es die biblischen Texte darstellen. In den USA geht es den Kreationisten nicht nur um Religion. Ein Ziel ist unter anderem, das Thema Kreationismus neben der Evolutionstheorie zum Inhalt des Biologieunterrichts an Schulen zu machen.

Kreationisten lassen nur die wörtliche Auslegung der Bibel zu. Die Ergebnisse der naturwissenschaftlichen Forschungen können nach ihrer Ansicht nur in Übereinstimmung mit den Bibeltexten interpretiert werden. Über 30 Prozent der US-Amerikaner vertreten heute die Meinung der Kreationisten, etwa 15 Prozent sind Anhänger der Evolutionstheorie.

Das Alter der Erde im Kreationismus

Im Gegensatz zur Evolutionstheorie behauptet der Kreationismus, dass die Erde einschließlich aller Lebewesen erst vor etwa 10 000 Jahren in sechs Tagen erschaffen wurde. Pflanzen, Tiere und der Mensch sind von Gott so geschaffen worden, wie sie heute noch sind.

Intelligent Design

1990 entstand in den USA die Bewegung des Intelligent Design, abgekürzt ID. Die Anhänger des Intelligent Designs stellen die stammesgeschichtliche Entwicklung als Tatsache nicht in Frage. Sie bestreiten auch nicht, dass die Erde älter als 10 000 Jahre ist und dass sich das Leben allmählich entwickelt hat. Nach ihrer Lehre sind die Phänomene des Lebens aber nicht allein durch Zufall und die Evolutionsfaktoren erklärbar.

Intelligent Design besagt, dass die Entstehung der Erde nur durch eine übergeordnete Kraft, ein intelligentes Wesen, einen Schöpfer oder Designer gesteuert werden kann. Als Beispiel wird die Mausefalle genannt: Sie ist so zweckmäßig konstruiert, dass niemand auf die Idee käme, sie könnte von alleine entstanden sein. Weil es in der Natur auch viele höchst zweckmäßige und in sich fein abgestimmte Design-Signale wie Flügel, Beine oder Augen gibt, muss es auch einen intelligenten Planer oder Designer geben.

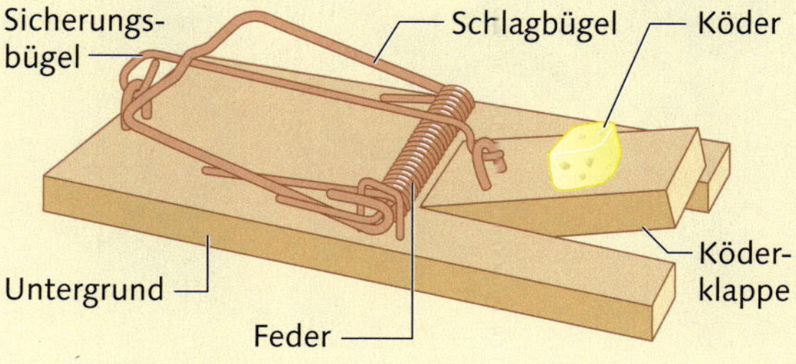

2 Mausefalle als Beispiel für ein Design-Signal

Evolutionsfaktoren

Beobachtet man im Frühsommer Falter an einem Schmetterlingsflieder, fallen sofort die herrlichen, ganz verschiedenen Farben, Muster sowie die unterschiedliche Größe und Gestalt der Schmetterlinge auf. Wie aber entwickelte sich diese Artenvielfalt?

»Motoren« der Entwicklung

Die Vielfalt der Arten entstand und entsteht durch das Zusammenspiel von Einflüssen, die als *Evolutionsfaktoren* bezeichnet werden. Sie sind »Motoren«, die einen Entwicklungsprozess antreiben. Dazu gehören die Neukombination der Erbinformationen, die Mutation, die Selektion und die Isolation.

Erbinformation wird neu zusammengestellt

Eine wichtige Voraussetzung für die Entwicklung der Lebewesen ist die genetische Vielfalt. Durch geschlechtliche Fortpflanzung wird die Erbinformation der Eltern neu kombiniert. Die Nachkommen unterscheiden sich in Genotyp und Phänotyp sowohl voneinander als auch von ihren Eltern. Durch sich verändernde Umweltbedingungen wandelt sich über lange Zeit das Erscheinungsbild der Lebewesen. So entstehen zum Beispiel unterschiedliche Fellfarben. Diese können wiederum Auswirkungen auf das Überleben und den Fortpflanzungserfolg der Lebewesen haben.

2 Variabilität bei Schnirkelschnecken

1 Falter an einem Schmetterlingsflieder

Zufällige Veränderungen der Erbinformation

Durch *Mutationen* werden die Erbinformationen zufällig verändert. Es entstehen neue, vererbbare Merkmale, die meist einen Nachteil für das Lebewesen darstellen. Mutationen treiben aber den Entwicklungsprozess auch voran, wenn sie einen Vorteil für die Angepasstheit eines Lebewesens darstellen. Dies kann zum Beispiel das Erschließen neuer Nahrungsquellen sein oder einen besseren Schutz vor Fressfeinden bedeuten.

Natürliche Auslese

Es hängt von der Umwelt ab, wie sich eine Mutation oder Neukombination der Erbinformationen für ein Lebewesen auswirkt. Tiere mit günstigen Merkmalen kommen mit den

Extra

Variabilität und Angepasstheit

Schnirkelschnecken unterscheiden sich in der Farbe der Gehäuse und der Bänderung. Diese Veränderlichkeit wird als *Variabilität* bezeichnet. Sie beruht auf Mutationen und der Neukombination der Erbinformationen. Schnecken mit dunklem Gehäuse können mehr Lichtenergie aufnehmen. In kälteren Regionen ist dies ein Vorteil, da sie bei niedrigeren Temperaturen aktiv sein können. Dadurch erhöht sich die Wahrscheinlichkeit, zu überleben und sich fortzupflanzen. Variabilität ist die Voraussetzung für die Entstehung von Angepasstheiten an bestimmte Umweltbedingungen.

Lebensbedingungen besser zurecht und haben so höhere Chancen, zu überleben und sich fortzupflanzen, als Tiere mit ungünstigeren Merkmalen. Es findet eine natürliche Auswahl oder *Selektion* statt. Fressfeinde, Nahrungskonkurrenz, Krankheitserreger, aber auch klimatische Bedingungen wirken als Selektionsfaktoren. Viele Lebewesen haben mehr Nachkommen, als zur Arterhaltung notwendig sind. Die natürliche Auslese führt dazu, dass sich nur Tiere fortpflanzen können, die gut an die Umwelt angepasst sind.

3 Birkenspanner auf Flechten und Borke

Mutation und Selektion wirken zusammen

Birkenspanner mit heller Flügelfarbe sind auf den hellen Flechten der Baumstämme für Fressfeinde kaum erkennbar. Durch Mutation entstandene Birkenspanner mit dunklen Flügeln werden dagegen leicht entdeckt und oft schnell gefressen. Durch die Industrialisierung wurde die Luft in vielen Gebieten stark verschmutzt. Dadurch starben die hellen Flechten ab. Helle Birkenspanner waren nun auf den dunklen Baumstämmen für Vögel gut erkennbar. Sie verschwanden allmählich, während sich die dunklen Birkenspanner stark vermehrten.

Veränderungen durch Isolation

Ein weiterer wichtiger Evolutionsfaktor ist die *Isolation*. Darunter versteht man die räumliche Trennung von Lebewesen einer Art, die bisher einen Lebensraum besiedelt haben. Dies kann durch Umweltkatastrophen, Krankheiten oder klimatische Veränderungen geschehen. Die getrennten Tiergruppen besitzen nur jeweils einen Teil der in der Ursprungsgruppe vorhandenen Merkmale. Verschiedene Umweltbedingungen in den unterschiedlichen Lebensräumen führen dazu, dass sich die Tiergruppen jeweils völlig anders entwickeln. Eine Vermischung der Merkmale der einen Gruppe mit denen der anderen Gruppe ist durch die räumliche Trennung nicht mehr möglich. Es entstehen allmählich verschiedene Arten mit unterschiedlichen Merkmalen.

Dies geschieht zum Beispiel auch bei der Neubesiedlung von Inseln durch einige wenige Individuen einer Art. Auf den Kerguelen, einer Inselgruppe im Pazifik, entstand zufällig eine Fliegenart mit Stummelflügeln. Tiere mit großen Flügeln wurden leicht auf das Meer hinausgeweht, Tiere mit kleineren Flügeln dagegen hatten bessere Überlebenschancen.

4 Kurzflügelige Fliegenart auf den Kerguelen

In Kürze

Evolutionsfaktoren treiben den Entwicklungsprozess an. Dazu gehören die Neukombination der Erbinformationen, Mutation, Selektion und Isolation.

Aufgaben

1 □ Nenne die Evolutionsfaktoren und beschreibe ihre Wirkung.

2 ◪ Beschreibe anhand des Birkenspanners das Zusammenspiel von Mutation und Selektion.

Entstehung der Arten

1 Europäische Kohlmeisen

Emsig kümmert sich eine Kohlmeise um ihren Nachwuchs. Die Fütterung der zahlreichen Jungvögel zeigt, dass diese Art bei uns gut überleben kann. Kohlmeisen sind nicht nur in unseren Breiten häufig anzutreffen, es gibt sie in ganz Europa und Asien. Allerdings handelt es sich um unterschiedliche Arten.

Der biologische Artbegriff

Zu einer *Art* gehören die Lebewesen, die den gleichen Grundbauplan besitzen, sich untereinander fortpflanzen können und fortpflanzungsfähige Nachkommen haben. Ob sich neue Arten gebildet haben, kann man daran erkennen, ob die Lebewesen noch in der Lage sind, miteinander fruchtbare Nachkommen zu zeugen.

Im Tierreich entstehen neue Arten durch das Zusammenspiel von Mutation, Selektion und Isolation.

Räumliche Trennung

Ein Faktor, der die Entstehung neuer Arten begünstigt, ist die Isolation. Ursprünglich war nur eine Kohlmeisenart in ganz Europa und Asien verbreitet. Während der Eiszeit, vor über 20 000 Jahren, wurde ihr Verbreitungsgebiet durch Gletschervorstöße in mehrere kleinere Gebiete geteilt. Nur in den wärmeren Gegenden konnten die getrennten Gruppen von Kohlmeisen die Eiszeit überstehen. Diese Isolation dauerte mehrere Tausend Jahre. Während dieser Zeit ereigneten sich zahllose Mutationen, sodass die Meisen in den voneinander getrennten Gebieten zu große genetische Unterschiede aufwiesen. Es entstanden drei verschiedene Kohlmeisenarten.

Fortpflanzung ist nicht mehr möglich

Nach der Eiszeit traten die Meisen wieder in Kontakt. Einige konnten sich paaren, weil die genetischen Unterschiede nicht zu groß waren und sie sich am Gesang erkannten. Bei der Zentralasiatischen und der Europäischen

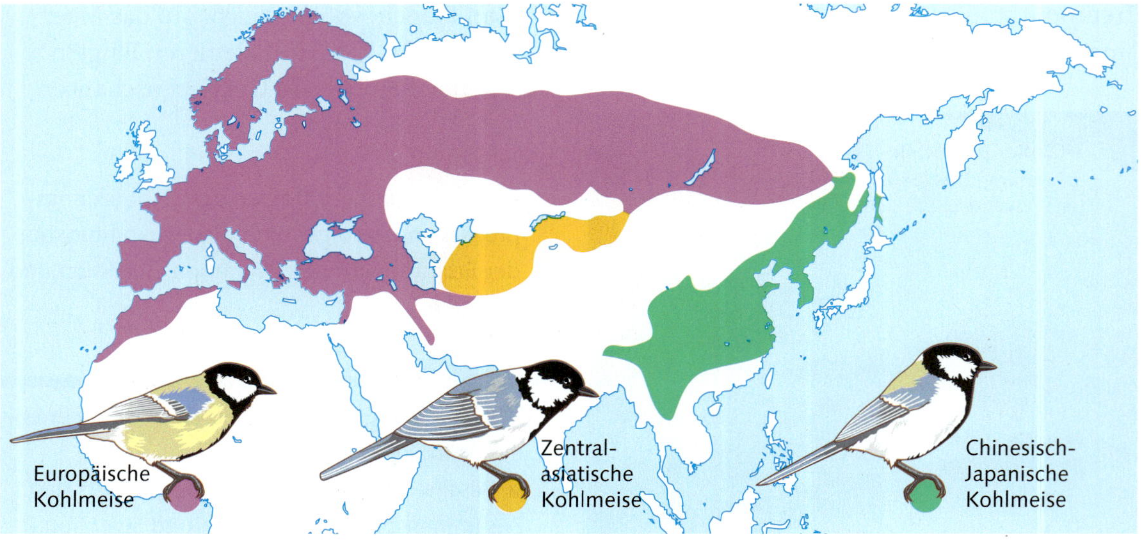

2 Verbreitung der Kohlmeisen

Kohlmeise waren die Unterschiede aber bereits zu groß. Sie konnten sich nur noch innerhalb ihrer eigenen Gruppe fortpflanzen. Durch das Zusammenspiel von Mutation und Isolation waren neue Arten entstanden.

Die *sexuelle Isolation* ist eine wichtige Voraussetzung für die Entstehung neuer Arten. Die Fortpflanzung zu verschiedenen Tages- oder Jahreszeiten, unterschiedliches Balz- und Paarungsverhalten und der Verlust einer gemeinsamen »Sprache« können dazu führen, dass eine Paarung nicht mehr erfolgt.

3 Zentralasiatische Kohlmeise

Ökologische Isolation

Bei der Besiedlung eines neuen Gebiets kann es ebenfalls zur Entstehung neuer Arten kommen. Ein Beispiel sind die Darwinfinken der Galapagosinseln, die alle von einer Finkenart des Festlands abstammen. Die Konkurrenz um Nahrung im begrenzten Lebensraum der Inseln führte zur Entwicklung unterschiedlicher Finkenarten. Durch Mutationen entstanden verschiedene Schnabelformen, die den Finken die Erschließung neuer Nahrungsquellen ermöglichten. Diese Angepasstheiten führten zu einer Selektion unter den Finken. Der Dickschnabel-Grundfink besitzt einen kräftigen Schnabel, mit dem er harte Samenschalen knacken kann. Der Spechtfink dagegen nutzt seinen länglichen Schnabel, um an der Rinde von Bäumen verborgene Insekten aufzuspüren. Diese Spezialisierung oder *Einnischung* verringert die Konkurrenz und ermöglicht ein Nebeneinander vieler Vögel in einem Lebensraum. Die ökologische Nischenbildung führt über lange Zeiträume zur Entstehung von mehreren Arten aus einer Stammart.

In Kürze

Neue Arten entstehen durch das Zusammenspiel von Mutation, Selektion und Isolation.

Aufgaben

1 □ Stelle unterschiedliche Möglichkeiten der Entstehung neuer Arten dar.

2 □ Beschreibe die Entstehung unterschiedlicher Arten der Darwinfinken.

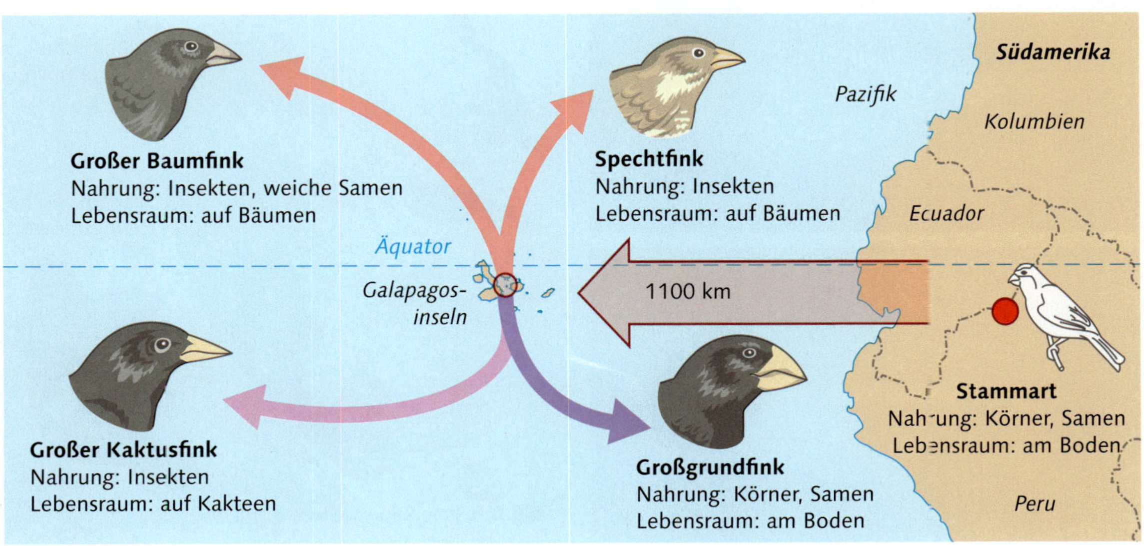

4 Darwinfinken

Evolutionsmechanismen

1 Unterschiedlich und doch eine Art

Salmler sind Fische, die sehr unterschiedlich aussehen können. Es gibt pigmentierte und sehende Fische, die das Oberflächenwasser bewohnen, aber auch farblose und blinde Salmler, die in der vollständigen Dunkelheit von Höhlensystemen leben. Der blinde Höhlensalmler ist deshalb auf andere Sinne angewiesen. Das Wachstum der Augen wird während der Entwicklung eingestellt, da dies unnötig Stoffwechselenergie erfordern würde. Mit seinem großen Maul, das mehr Zähne besitzt als die sehende Form, kann er am Gewässergrund Nahrung aufspüren. Zudem sind an Maul und Gaumen sehr viele Geschmacksknospen vorhanden. Gehirnregionen, die visuelle Informationen verarbeiten, sind verkleinert. Das typische Schwarmverhalten Oberflächenwasser bewohnender Fische zeigen Höhlensalmler nicht.

a □ Beschreibe die Unterschiede im Körperbau der beiden Fische. Erstelle dazu eine Tabelle.

b ◪ Erläutere jeweils aus Sicht von Lamarck und Darwin die Entstehung der beiden unterschiedlichen Formen.

c ■ Begründe, welche der beiden Theorien zutrifft.

1 Salmler im Vergleich

2 Arten bilden sich neu

Die Eiszeiten im Quartär verdrängten die Möwen aus den nördlichen Regionen, bis sie nur noch in einem isolierten Gebiet rund um das Kaspische Meer vorkamen. Von dort breiteten sie sich wieder in die Nordpolargegend aus. Die Verbreitung erfolgte dabei über Skandinavien und Sibirien auf den nordamerikanischen Kontinent. Die Vorfahren der britischen Heringsmöwe kamen von Nordamerika auf die Britischen Inseln. Durch geografische Isolation, Mutation und Selektion sind also unterschiedliche Arten entstanden. Einige Herings- und Silbermöwengruppen können miteinander fruchtbare Nachkommen zeugen. Die britischen Silber- und Heringsmöwen jedoch verpaaren sich nicht, obwohl sie häufig gemeinsam anzutreffen sind.

a ◪ Beschreibe das Zusammenwirken von Isolation, Mutation und Selektion bei der Artbildung der Möwen anhand von Bild 2.

b ◪ Stelle Vermutungen an, warum es zwischen der britischen Herings- und Silbermöwe zu keiner Verpaarung kommt.

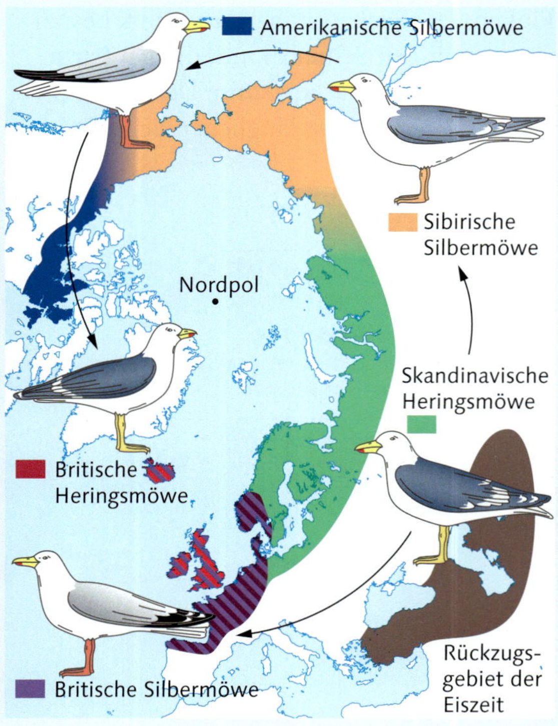

2 Verbreitungsgebiete verschiedener Möwenarten

3 Selektion wirkt unterschiedlich

Die Farbe der Schneckengehäuse ist für den Schutz vor Fressfeinden und für die Aktivität bei unterschiedlichen Temperaturen von Bedeutung. Da Fressfeinde helle oder dunkle Gehäuse besser erkennen, werden Schnecken mit diesen Gehäusen eher gefressen.

Schnecken mit mittlerer Gehäusefarbe haben deshalb bessere Überlebenschancen, sie kommen häufiger vor und haben mehr Nachkommen. Schnecken mit dunklem Gehäuse können jedoch mehr Lichtenergie aufnehmen, dadurch können sie auch bei niedrigeren Temperaturen noch aktiv sein und haben daher bei Klimaveränderungen Vorteile. Die Wahrscheinlichkeit zu überleben und sich fortzupflanzen wird dadurch erhöht.

- **a** □ Werte das Diagramm A in Bild 3 aus.
- **b** ◪ Beschreibe die unterschiedlichen Auswirkungen der Selektion. Ordne dazu die Diagramme B und C in Bild 3 sinnvoll zu und begründe deine Zuordnung.
- **c** ■ Stelle Vermutungen an, welche Auswirkungen eingeschleppte Tiere, die Schnecken fressen, haben könnten.

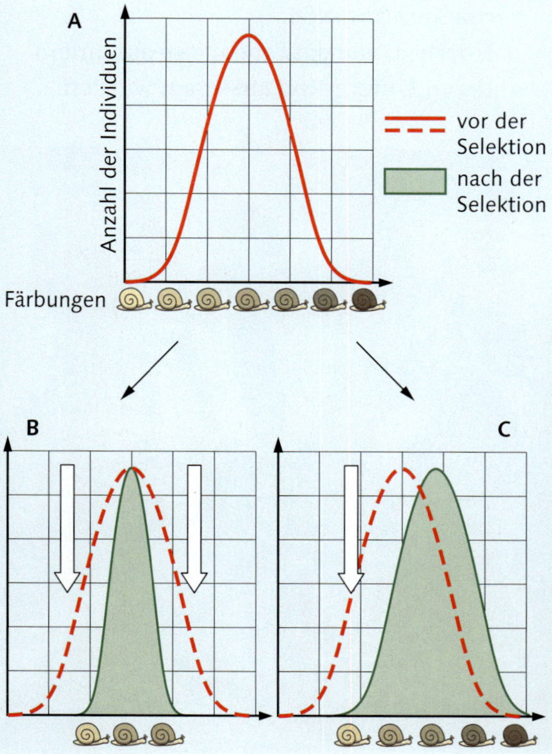

3 Wirkungen der Selektion

4 Gemeinsam profitieren

Sokotra ist eine Inselgruppe im nordwestlichen Indischen Ozean vor Afrika. Sie wird auch das »Galapagos des Indischen Ozeans« genannt. Viele Tier- und Pflanzenarten sind hier *endemisch*, das bedeutet, dass sie nur hier vorkommen.

Auf Sokotra gibt es relativ wenige Insekten, die die Bestäubung der Pflanzen sichern. Bei den Nektarvögeln und den Sokotra-Wüstenrosen kann man nachvollziehen, wie beide Arten von einer wechselseitigen, aufeinander bezogenen Entwicklung profitieren. Die Blüten der Sokotra-Wüstenrose haben besonders tiefe Blütenkelche. Der Nektarvogel hat einen langen Schnabel mit einer dünnen Zunge, der genau in diese Blüten passt. Die Blüten und die Schnabelform des Vogels zeigten im Laufe der Evolution immer bessere Angepasstheiten. Sie bilden eine symbiotische Beziehung. Beide Arten haben dadurch Vorteile: Der Vogel bekommt Nahrung und bestäubt gleichzeitig die Pflanzen. Diese können sich dadurch vermehren. Einen solchen Prozess einer Entwicklung zum gemeinsamen Nutzen bezeichnet man als Koevolution.

- **a** □ Beschreibe, in welcher Beziehung die beiden Arten zueinander stehen.
- **b** ◪ Beschreibe, inwiefern beide Arten Angepasstheiten aneinander zeigen.
- **c** ◪ Recherchiere weitere Beispiele für eine Symbiose im Internet.
- **d** ■ Stelle Vermutungen an, wann eine Koevolution auch negativ wirken kann.

4 Nektarvogel und Sokotra-Wüstenrose

Evolutionsspiele

A Entstehung von Arten

Dieses Spiel könnt ihr gemeinsam auf einer mit Laub bedeckten Lichtung im Wald oder einem Rasen spielen. Immer drei Schülerinnen und Schüler bilden eine Gruppe.

Vorbereitung Markiert mit langen Stöcken ein Quadrat von ungefähr drei mal drei Metern auf dem Boden. Jede Gruppe sucht sich einen Platz, der mindestens zehn Meter von diesem Quadrat entfernt ist und einen gut geschützten Brutplatz bildet. Baut in der Gruppe dort ein Vogelnest aus Zweigen und Blättern, die ihr in der Umgebung findet.

Material je 30 rot, blau, gelb, grün und braun gefärbte Zahnstocher, Stoppuhr

Durchführung Alle Gruppen begeben sich zu ihren Nestern. Ein Spielleiter wirft alle Zahnstocher auf einmal gemischt in das markierte Quadrat und startet die Stoppuhr. Aus jeder Gruppe läuft nun ein Mitglied zum Quadrat und sucht einen Zahnstocher. Diesen bringt ihr zum Nest. Wenn der Zahnstocher im Nest liegt, kann der nächste Spieler loslaufen. Nach 5 Minuten ist das Spiel beendet. Die Gruppe mit den meisten Zahnstochern im Nest hat gewonnen.

Alternative Im Sommer könnt ihr bunte Bänder in Büschen verteilen. Diese müssen eingesammelt werden.

Auswertung

1 □ Sortiert die gefundenen Zahnstocher nach Farben und zählt sie jeweils aus. Stellt das Ergebnis grafisch dar und begründet es.

2 □ In diesem Versuch stellen die Zahnstocher Würmer dar, die Futter für die Vögel sind. Ihr seid die Vögel, die das Futter zu ihren Jungen ins Nest bringen. Begründet, weshalb viele Würmer braun gefärbt sind.

3 ◪ Stellt Vermutungen auf, weshalb sich rote oder blaue Würmer weniger erfolgreich vermehren könnten.

4 ◪ Überlegt, wie die Ergebnisse auf einem anderen Untergrund aussehen würden.

1 Jugendliche beim Evolutionsspiel

B Mutation und Selektion

Macht ein Gedankenexperiment: Stellt euch vor, ihr lebt als Vögel zusammen mit anderen Vögeln auf einer Insel. Die verschiedenen Vogelarten der Insel unterscheiden sich in ihrer Schnabelform. Ihr müsst Nahrung sammeln, damit euer Überleben, das eurer Nachkommen und damit der ganzen Art gesichert ist. Sieger ist, wer die meiste Nahrung gesammelt und damit die besten Überlebenschancen hat.

Material Strohhalm, Pinzette, Präpariernadel, dicker Arbeitshandschuh, 20 Unterlegscheiben, Glas, Stoppuhr

Durchführung Bildet Gruppen mit je fünf Schülerinnen und Schülern. Bestimmt pro Gruppe einen Spielleiter. Die restlichen Gruppenmitglieder bekommen die verschiedenen Werkzeuge. Diese stehen für unterschiedliche Schnabelformen von Vögeln. Jeder hat nun 10 Sekunden Zeit, um mit seinem Werkzeug möglichst viele Unterlegscheiben in das Glas zu legen. Wiederholt die Spielrunden fünf Mal. Der Spielleiter stoppt die Zeit und notiert die Ergebnisse in einer Tabelle. Zählt abschließend alle Ergebnisse pro Werkzeug zusammen und ermittelt das Werkzeug mit dem größten Erfolg.

Auswertung

1 □ Stellt eure Ergebnisse grafisch dar.

2 ◪ Diskutiert eure Ergebnisse in der Gruppe. Bezieht in eure Diskussion die unterschiedlichen Schnabelformen der Finkenarten in Bezug auf ihre Nahrungsquelle mit ein.

3 ◪ Auf den Galapagosinseln leben viele unterschiedliche Finkenarten. Sie besitzen verschiedene Schnabelformen. Begründet, weshalb alle Finkenarten ausreichend Nahrung finden.

4 ■ Stellt einen Zusammenhang zwischen Schnabelform und Nahrungsquelle her.

5 ■ Nennt die Evolutionsfaktoren, die die Entwicklung dieser vielfältigen Finkenarten begünstigt haben.

2 Schnäbel der Finkenarten auf den Galapagosinseln mit ihren Nahrungsquellen

	Hand	Handschuh	Präpariernadel	Strohhalm	Pinzette
Runde 1					
Runde 2					
...					
Gesamt					

3 Protokoll der Beobachtungen

Teste dich

Stammesgeschichtliche Entwicklung

1 Fossilien

1 Bodenprofil mit Fossilien

Das Wissen über die Entstehung und das Alter von Fossilien ist wichtig, um Funde in die stammesgeschichtliche Entwicklung einordnen zu können.

a □ Nenne die Definition von Fossil.
b □ Benenne die Fossilien in Bild 1.
c □ Beschreibe anhand von Bild 1 die Entstehung dieser Fossilien.
d ◪ Erläutere verschiedene Methoden zur Altersbestimmung von Fossilien.
e ◪ Nenne und beschreibe zwei weitere Arten von Fossilien.

2 Entwicklung der Wirbeltiere

a □ Nenne die fünf Wirbeltiergruppen und gib je ein Beispiel an.
b □ Nenne die Gruppe der Wirbeltiere, die den Schritt vom Wasser ans Land vollzogen hat.
c ◪ Ichthyostega war vermutlich eines der ersten an Land lebenden Wirbeltiere. Erläutere die Angepasstheiten von Ichthyostega an das Landleben.
d ◪ Stelle die Angepasstheiten der Wirbeltiergruppen an die Lebensräume Land, Luft und Wasser in einer Tabelle dar.

3 Mosaikformen

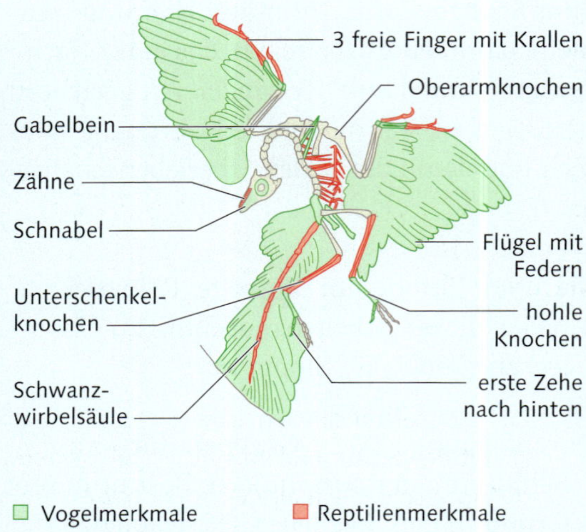

2 Mosaikform

Die in Bild 2 dargestellte Mosaikform ist für die Paläontologie ein besonders wichtiger Fund.

a □ Benenne diese Mosaikform.
b ◪ Erläutere, was man unter einer Mosaikform versteht, am Beispiel des Fundes von Bild 2.
c ◪ Erläutere, welche Bedeutung Mosaikformen für den möglichen Verlauf der Evolution gehabt haben könnten.
d ◪ Beschreibe weitere Mosaikformen.

4 Ähnlichkeit und Verwandtschaft

a ◪ Erläutere, was man unter homologen und unter analogen Organen versteht.
b ◪ Erkläre die Verwandtschaftsbeziehungen der Tiere in Bild 3.
c ■ Dornen und Stacheln sind Beispiele für Konvergenz. Erläutere.

3 Ähnlichkeit oder Verwandtschaft?

5 Evolutionstheorien

4 Graureiher

a ◪ Cuvier vertrat die Lehre der Unveränderlichkeit der Arten. Erkläre, wie er begründete, dass unterschiedlich alte Fossilien verschieden aussehen.

b ◪ Beschreibe die unterschiedlichen Evolutionstheorien von Lamarck und Darwin.

c ◪ Reiher wie der Graureiher in Bild 4 haben sehr lange Beine. Erläutere die Entstehung dieses Körpermerkmals jeweils aus der Sicht von Lamarck und Darwin.

d ■ »Survival of the Fittest« bedeutet nach Darwin nicht, dass der »Stärkste überlebt«. Begründe, was Darwin damit ausdrückte.

6 Evolutionsfaktoren

a □ Nenne die »Motoren«, die den Evolutionsprozess antreiben.

b ◪ Beschreibe das Zusammenwirken der Evolutionsfaktoren.

c ◪ Europäische und zentralasiatische Kohlmeise sind zwei Vogelarten, die sich untereinander nicht fortpflanzen können. Erkläre, wie es zur Entstehung der zwei Arten kam.

5 Europäische und zentralasiatische Kohlmeise

Auf den Punkt gebracht

Evolution

- Fossilien sind Überreste oder Spuren früherer Lebewesen. Sie geben Auskunft über die Entwicklung des Lebens. Diese über lange Zeiträume andauernde Entwicklung bezeichnet man als Evolution.
- Die stammesgeschichtliche Entwicklung der Wirbeltiere erfolgte vom Wasser aufs Land. Durch Angepasstheiten bei der Atmung, Fortbewegung sowie der Fortpflanzung wurde diese Entwicklung möglich.
- Mosaikformen wie der Archaeopteryx sind Lebewesen, die Merkmale verschiedener Tiergruppen vereinen. Sie geben Hinweise über den möglichen Verlauf der Evolution.
- Homologe Organe weisen auf mehr oder weniger enge Verwandtschaft von Lebewesen hin. Es sind Organe mit dem gleichen Grundaufbau. Analoge Organe haben nicht den gleichen Grundaufbau, erfüllen aber die gleiche Funktion.
- Der Begründer der modernen Evolutionstheorie ist Charles Darwin. Danach entwickelten sich die Lebewesen aus früheren Formen.
- Mutation, Neukombination und natürliche Auslese oder Selektion sowie Isolation sind die Motoren der Evolution.

Evolution des Menschen

Der Mensch und seine »Verwandtschaft«

Jahrhundertelang galt der Mensch als Krone der Schöpfung und es war kaum vorstellbar, dass er von einem Tier abstammen könnte. Heute belegen genetische sowie anatomische Vergleiche die enge Verwandtschaft zwischen Menschenaffen und Menschen.

1 Mensch und Schimpanse

Menschenaffen – unsere nächsten Verwandten

Man unterscheidet zwischen den kleinen Menschenaffen, zu denen zum Beispiel die Gibbons zählen, und den großen Menschenaffen wie Schimpansen, Orang-Utans und Gorillas. Den großen Menschenaffen oder *Hominiden* steht auch der Mensch verwandtschaftlich sehr nahe. Vor ungefähr 5 bis 6 Millionen Jahren trennten sich die Entwicklungslinien und frühe Vorfahren des modernen Menschen entstanden.

Körperbau im Vergleich

Aufrecht zu gehen, das schaffen Menschenaffen nur für kurze Zeit. Das liegt unter anderem an der Stellung des Beckens, das bei Menschenaffen nach vorn gekippt ist. Seine Wirbelsäule ist C-förmig gekrümmt und zudem am Hinterkopf und nicht wie beim Menschen am unteren Kopfbereich befestigt. Die Arme des Menschen sind kürzer als seine Beine, bei Menschenaffen ist das umgekehrt. Zudem liegt der Körperschwerpunkt der Menschenaffen weiter vorne als der des Menschen.

Der Daumen ermöglicht das Greifen

Die Daumen der Hände sind bei Mensch und Menschenaffen den anderen Fingern gegenübergestellt. Dieser *opponierbare Daumen* ermöglicht es, wie mit einer Pinzette zu greifen, um beispielsweise Werkzeuge zu gebrauchen. Die *Greiffüße* der Menschenaffen sind mit einem ebenfalls opponierbaren großen Zeh ausgestattet, was das Klettern und Festhalten im Baum erleichtert. Der große, kräftige Zeh des Menschen ist nach vorn gerichtet und stabilisiert den *Standfuß* beim aufrechten Gehen.

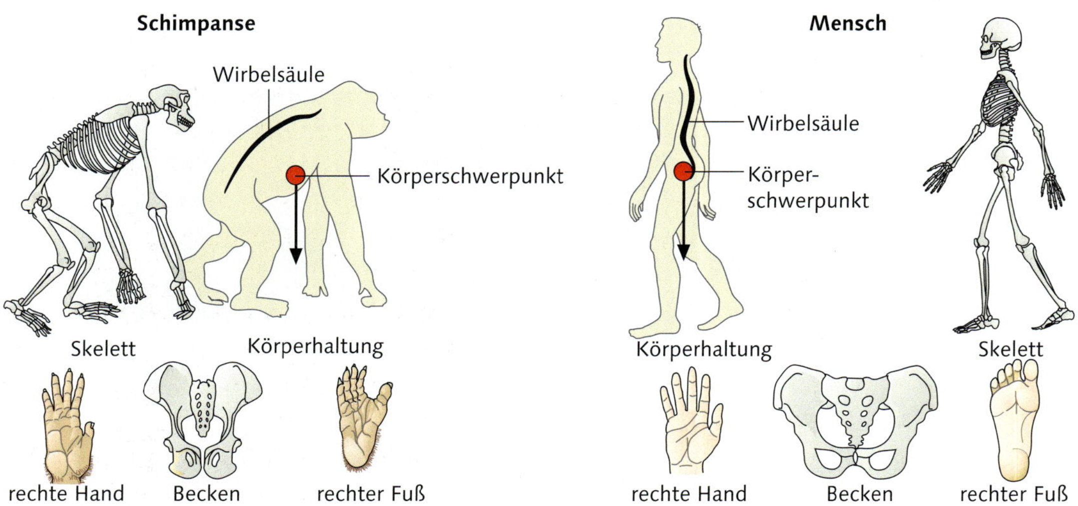

2 Körperbau von Menschenaffe und Mensch im Vergleich

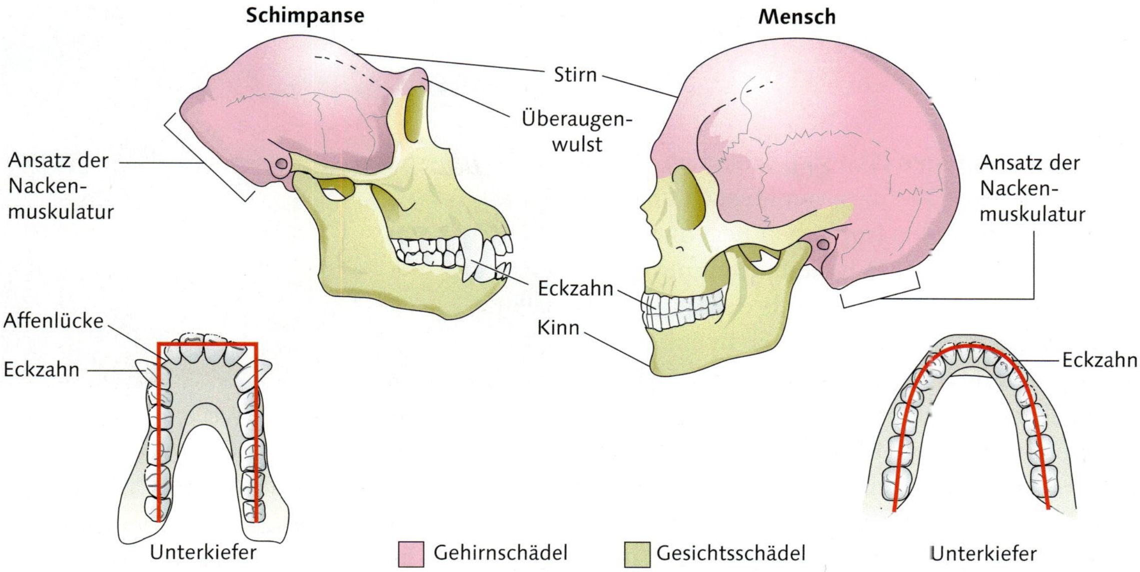

3 Schädel und Gebiss von Schimpanse und Mensch im Vergleich

Die Schädel unterscheiden sich

Der Vergleich der Schädel ergibt deutliche Unterschiede. Der Gesichtsschädel der Menschenaffen ist schnauzenförmig nach vorne gezogen. Die Stirn ist deutlich flacher als die des Menschen. Außerdem haben Menschenaffen über den Augen wulstartige Verdickungen, die *Überaugenwülste*. Mensch und Menschenaffen besitzen beide jeweils 32 Zähne. Beim Affengebiss ist die sogenannte *Affenlücke* zwischen den Schneide- und Eckzähnen erkennbar, die bei geschlossenem Maul Platz für die dolchartig verlängerten Eckzähne bietet. Bezogen auf ihre Körpergröße haben Menschenaffen die größten Gehirne aller landlebenden Säugetiere. Das Gehirn eines Menschen ist jedoch etwa dreimal so groß.

Genanalysen liefern Hinweise

Vor einigen Jahren untersuchten Forscher den genetischen Code der großen Menschenaffen, um mehr über deren Verwandtschaftsbeziehungen zum Menschen zu erfahren. Es stellte sich heraus, dass die Erbinformation des Menschen zu knapp 99 Prozent mit der des Zwergschimpansen übereinstimmt. Er kann somit als nächster Verwandter des Menschen angesehen werden. Gorillas sind den Untersuchungen zufolge näher mit dem Menschen verwandt als Orang-Utans. Die Anzahl der Chromosomen ist jedoch unterschiedlich: Der Mensch besitzt 46 Chromosomen, der Schimpanse dagegen 48. Man vermutet, dass das Chromosom 2 des Menschen aus zwei miteinander verbundenen Chromosomen besteht.

In Kürze

Die Verwandtschaft zwischen Mensch und Menschenaffe lässt sich sowohl genetisch als auch anatomisch belegen. Es gibt jedoch auch deutliche Unterschiede, wie etwa bei der Form der Wirbelsäule und der Größe des Gehirns.

Aufgaben

1 □ Nenne die großen Menschenaffen.

2 ◪ Erläutere den Vorteil eines opponierbaren Daumens.

3 ◪ Vergleiche mit Hilfe des Textes und der Bilder 2 und 3 Gemeinsamkeiten und Unterschiede von Mensch und Schimpanse in einer Tabelle.

Schlüsselereignisse der Menschwerdung

Aus Fossilienfunden lässt sich schließen, dass der gemeinsame Vorfahre von Mensch und Menschenaffe in den tropischen Regenwäldern Afrikas lebte. Durch die Entstehung des ostafrikanischen Grabens wurde der Lebensraum vor etwa 8 Millionen Jahren in einen westlichen und östlichen Teil getrennt. Östlich des Grabens veränderten sich die Lebensbedingungen drastisch: Es wurde trockener und kühler. Die Savanne, eine Graslandschaft mit vereinzelt stehenden Bäumen, verdrängte den Regenwald. Viele der baumlebenden Primaten starben aus, aber nicht alle.

1 Savanne in Ostafrika

Vorteile des aufrechten Gangs

In Laetoli in Tansania wurden versteinerte Fußabdrücke gefunden, die beweisen, dass es bereits vor 3,6 Millionen Jahren aufrecht gehende Primaten gab. Diese müssen gegenüber ihren ausgestorbenen Artgenossen einen Selektionsvorteil gehabt haben. Mutation und Selektion sind die Evolutionsfaktoren, die auch bei der Menschwerdung wirksam wurden. Durch Mutation entstanden Nachkommen, deren Körper bestimmte Veränderungen aufwiesen. Durch Selektion überlebten nur die am besten an den veränderten Lebensraum angepassten Individuen. Bei aufrechter Haltung ist nur ein relativ kleiner Teil der Körperoberfläche der intensiven Sonneneinstrahlung ausgesetzt. Zudem benötigt man beim aufrechten Gehen deutlich weniger Energie als bei der Fortbewegung auf vier Beinen. Auch bei Bonobos, den Zwergschimpansen, lässt sich der aufrechte Gang beobachten. Sie können allerdings nur kurze Strecken aufrecht laufen, da sie aufgrund ihres Körperbaus beim zweibeinigen Gehen zu viel Kraft aufwenden müssen.

Savannenhypothese zum aufrechten Gang

Naturwissenschaftler versuchen das Phänomen des aufrechten Gangs zu erklären, indem sie Hypothesen formulieren und Beweise dazu suchen. Die Savannenhypothese geht davon aus, dass durch den Klimawechsel aus

Körpermerkmal	Vorteil
Wirbelsäule mit doppelt gebogener Form	Federung beim Gehen und Laufen
Gewölbeform des Fußskeletts	Federung
breiter Brustkorb	bessere Atmung; Gleichgewicht
Hinterhauptloch nach vorne geschoben	Gleichgewicht
schüsselförmiges Becken	Stütze für die Eingeweide

2 Angepasstheiten an den aufrechten Gang

3 Aufrecht gehender Zwergschimpanse

dem tropischen Regenwald eine Savanne entstand. Hier hatten aufrecht gehende Lebewesen bessere Überlebenschancen. Sich nähernde Feinde oder Beute waren früher zu erkennen. Die Hände waren frei zum Tragen von Nahrung oder Werkzeug. Sie hatten sich zu universell verwendbaren Greifhänden entwickelt. Die Savannenhypothese begründet auch, weshalb sich das Fell im Laufe der Menschwerdung zurückgebildet hat. Weniger behaarte Lebewesen mit Schweißdrüsen, die Menschenaffen nicht besitzen, können in der heißen Savanne über lange Strecken schneller laufen. Durch das Schwitzen kann überschüssige Wärme besser abgegeben werden. Dadurch wird eine Überhitzung des Körpers verhindert.

Eine weitere Hypothese

Der Savannenhypothese steht die Vermutung gegenüber, dass die Zweibeinigkeit und damit der aufrechte Gang durch das Waten in Gewässern, etwa auf der Suche nach proteinreicher Nahrung wie Schnecken und Muscheln, entstanden sein könnte. Solche Beobachtungen hat man ebenfalls bei den heute lebenden Bonobos gemacht. Die Befürworter dieser Hypothese nennen als weitere Begründungen die Zurückbildung des Fells sowie den angeborenen Tauchreflex bei Säuglingen.

Entwicklung des Gehirns

Die Größe des Gehirns steigerte sich erst im Laufe der Entwicklung der Hominiden. Die

4 Bonobo watet aufrecht durch ein Gewässer.

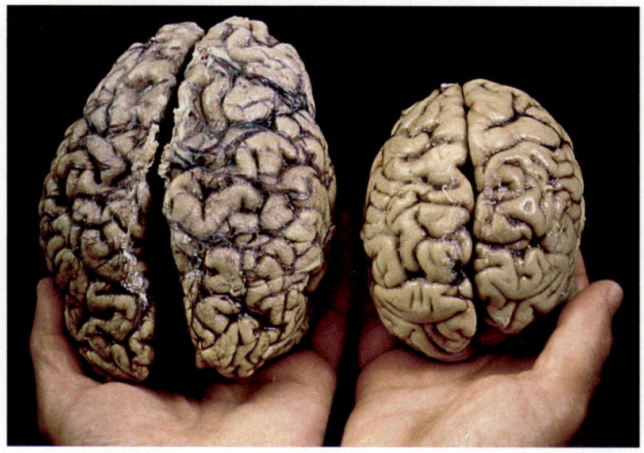

5 Gehirne von Mensch und Gorilla im Vergleich

ersten aufrecht gehenden Lebewesen besaßen kleine, den Schimpansen ähnliche Gehirne. Erst vor 2,5 Millionen Jahren lebten Hominiden, deren Gehirne größer waren. Vermutlich bewirkte die Größenzunahme eine Leistungssteigerung, die sich in der Herstellung und im Gebrauch von Werkzeugen oder der Nutzung von Feuer zeigte. Welche Faktoren dafür ursächlich waren, ist heute noch unklar.

Erwerb der Sprache

Wann und weshalb, also unter welchem Selektionsdruck, sich die menschliche Sprache entwickelte, ist ebenfalls noch unbekannt.

Voraussetzungen dafür waren die Entwicklung des nach oben gewölbten Mundraums und des tief gestellten Kehlkopfs. Erst diese Veränderungen im Körperbau führten dazu, dass die Zunge deutliche Laute bilden konnte..

In Kürze

Die Entwicklung des aufrechten Gangs ist ein Schlüsselereignis auf dem langen Weg zur Menschwerdung. Über seine Entstehung gibt es verschiedene Hypothesen. Die Vergrößerung des Gehirns und der Erwerb der Sprache sind weitere Schlüsselereignisse.

Aufgaben

1 ☐ Nenne die Vorteile des aufrechten Gangs.

2 ◪ Beschreibe die unterschiedlichen Hypothesen zur Entwicklung des aufrechten Gangs.

3 ◪ Recherchiere weitere Gründe, die zum Erwerb der Sprache geführt haben.

Afrika – die Wiege der Menschheit

Wissenschaftler können bis heute keine gesicherten Aussagen über die genaue Stammesgeschichte des Menschen machen. Fossilienfunde geben allerdings Hinweise darauf, dass die Evolution des Menschen in Afrika ihren Ursprung hat. Schon Darwin vermutete Afrika als »Wiege der Menschheit«, weil dort die Menschenaffen, die nächsten Verwandten des Menschen, leben.

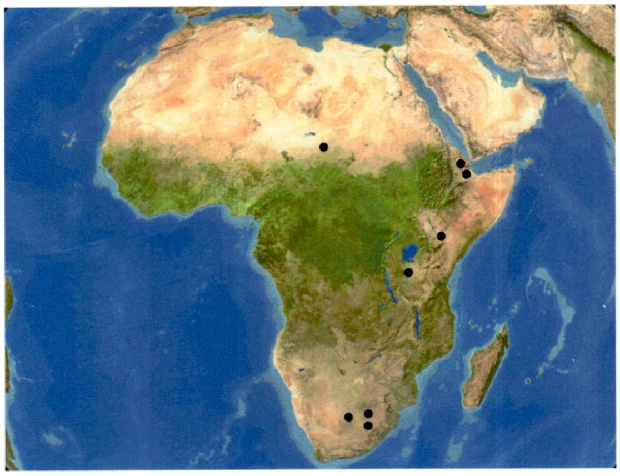

1 Fundorte einiger der ältesten Hominiden in Afrika

Der Ursprung der Menschen

Sahelanthropus tchadensis ist der bisher älteste Fund, der auf einen gemeinsamen Ursprung von Mensch und Menschenaffe hinweist. Er ist etwa 7 Millionen Jahre alt und wurde im Tschad, einem Staat in Zentralafrika, gefunden. Die kleinen Eckzähne und die kurze Schnauze von Sahelanthropus werden bereits als erste menschliche Merkmale gedeutet. Da man aber bis auf einzelne Schädelfragmente bisher keine weiteren Funde machen konnte, ist es schwierig, diesen Fund eindeutig in die Ahnenreihe des Menschen einzuordnen.

Vormenschen gingen zeitweise aufrecht

Ardipithecus ramidus war vermutlich einer der ersten Vormenschen. Etwa 4,4 Millionen Jahre alte Skelettteile dieser Vormenschen wurden in Äthiopien entdeckt. Sie geben Hinweise darauf, dass Ardipithecus noch auf Bäume kletterte, aber auch in der Lage war, sich am Boden auf zwei Beinen fortzubewegen. Die ältesten fossilen Fußspuren sind etwa 3,6 Millionen Jahre alt. Sie stammen von der Gattung *Australopithecus,* von der mehrere Arten gleichzeitig im selben Gebiet vorkamen. Ein Vorteil der Zweibeinigkeit war, dass die Arme frei waren, zum Beispiel zum Pflücken oder Transportieren von Nahrung. Außerdem war es durch das Aufrichten möglich, über die hohen Gräser der Savanne hinweg Ausschau nach Feinden oder Nahrung zu halten. Der bisher älteste Fund ist *Australopithecus anamensis* und stammt aus dem heutigen Kenia.

2 Vermutetes Erscheinungsbild verschiedener menschlicher Vorfahren

Die ersten Menschen benutzten Werkzeuge

Bei Ausgrabungen in der Nähe des früheren Rudolfsees – heute Turkanasee – in Ostafrika wurden Schädelreste eines Hominiden gefunden. Die Fossilien haben ein Alter von etwa zwei Millionen Jahren. Bemerkenswert ist, dass man neben den Skelettresten auch sehr einfach bearbeitete Steinwerkzeuge fand. Daraus kann man schließen, dass der Mensch vom Rudolfsee, der *Homo rudolfensis* Werkzeuge herstellte und sie auch benutzte. Dies sind die bisher ältesten Werkzeuge des Menschen. Etwa zur gleichen Zeit lebte in Ostafrika eine weitere Art der Gattung Homo. Dieser als *Homo habilis,* als »geschickter Mensch« bezeichnete Frühmensch war etwas kleiner als Homo rudolfensis. Auch er benutzte Werkzeuge wie Steinmesser oder Mahlsteine. Als Fleischesser stand ihm ein erweitertes Nahrungsangebot zur Verfügung. Dies bedeutete einen Vorteil gegenüber den vorwiegend von Pflanzen lebenden Vormenschen.

Die Menschen breiteten sich aus

Nach dem heutigen Stand der Forschung war es vermutlich *Homo erectus,* das bedeutet »aufgerichteter Mensch«, der vor etwa 2 Millionen Jahren als Erster den afrikanischen Kontinent verließ. Sein Skelett entspricht weitgehend dem des modernen Menschen, er besitzt jedoch noch Überaugenwülste. Seine Fähigkeiten, Feuer zu machen, Kleidung aus Leder zu fertigen und einfache Hütten zu bauen, ermöglichten mit jeder Generation eine weitere Ausdehnung des Lebensraums in Richtung Asien und Europa. Vor etwa 400 000 Jahren war Homo erectus in Ostasien, Südostasien sowie in Mittel- und Südeuropa verbreitet. Fossilienfunde belegen, dass die räumlich getrennten Populationen von Homo erectus eine unterschiedliche Entwicklung durchliefen. In Deutschland etwa fand man in der Nähe von Heidelberg einen etwa 600 000 Jahre alten Unterkiefer. Man zählt ihn zur Art *Homo heidelbergensis,* die aus Homo erectus hervorging.

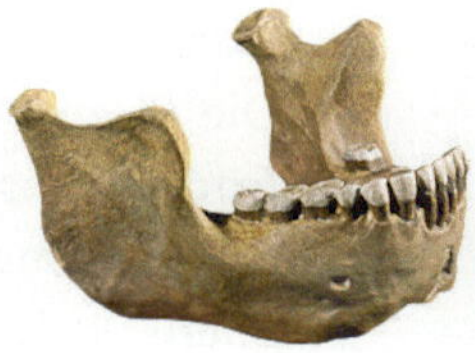

In Kürze

Zahlreiche Fossilienfunde in Ostafrika belegen, dass der Ursprung des Menschen in Afrika liegt. Homo erectus wanderte vermutlich als Erster aus Afrika aus und verbreitete sich in Richtung Asien und Europa.

Aufgaben

1 □ Nenne Fähigkeiten, über die Homo erectus verfügte, um Afrika verlassen zu können.

2 □ Beschreibe, welche Vorteile ihm diese Fähigkeiten jeweils brachten.

»Lucy«

Fossilienfunde sind sehr selten und für den Menschen nahezu die einzige Möglichkeit, Urahnenforschung zu betreiben. Im Jahr 1974 war deshalb die Freude des Forschungsteams um Donald Johanson groß: Sie fanden in Äthiopien das zu diesem Zeitpunkt mit 40 Prozent am besten erhaltene, älteste Skelett eines menschlichen Vorfahren.

1 »Lucy«: A Skelett; B Rekonstruktion

Lucy gehört zu den Australopithecinen

Die *Paläoanthropologie* beschäftigt sich mit der Erforschung der Stammesgeschichte des Menschen. Donald Johanson ist einer der erfolgreichsten Paläoanthropologen unserer Zeit. Bei Ausgrabungen in Äthiopien begleitete er am 30. November 1974 den Studenten Tom Gray zu einer Fundstelle. Auf dem Rückweg bemerkte er das Stück eines Armknochens und war sich sicher, dass dieser Knochen nicht von einem Affen stammte. Ringsum lagen Wirbel, Rippen und Stücke von einer Hand. Die Knochen ordnete er der Gattung *Australopithecus afarensis* zu, die vor etwa 3,2 Millionen Jahren lebte. »Lucy« war vermutlich weiblich, ungefähr einen Meter groß und 25 Kilogramm schwer. Anhand der Knochen folgerten die Forscher, dass »Lucy« bereits aufrecht ging. Ihr Gesicht hingegen war noch affenähnlich mit Überaugenwülsten und einer niedrigen Stirn.

»In der ersten Nacht nach der Entdeckung gingen wir nicht zu Bett. Wir redeten unaufhörlich und tranken ein Bier nach dem anderen. Wir hatten ein Tonbandgerät im Lager und dazu ein Band mit dem Beatles-Song ›Lucy in the Sky with Diamonds‹. Wir ließen dieses Band immer wieder mit voller Lautstärke ablaufen. Irgendwann an diesem unvergesslichen Abend … gaben wir dem Skelett den Namen ›Lucy‹, und seither heißt es so.«

Aus: »Lucy. Die Anfänge der Menschheit«

Ein Bild von »Lucy«

Mit Hilfe einzelner Knochen kann man sich dank moderner Technik bereits ein Bild davon machen, wie »Lucy« und ihre Verwandten ausgesehen haben könnten. Hierzu werden mit einer Kamera 3-D-Aufnahmen der Knochen gemacht. Um ein komplettes Skelett entstehen zu lassen, müssen fehlende Knochen durch Vergleich mit ähnlichen Skeletten ergänzt werden. Auch Muskulatur, Haut und Haare können am Computer hinzugefügt werden, sodass ein vollständiges Bild entsteht. Da noch nie ein komplettes Skelett gefunden wurde und das Aussehen von Haut und Haaren meist auf Vermutungen basiert, sind diese Rekonstruktionen jedoch immer nur eine Annäherung an die Realität.

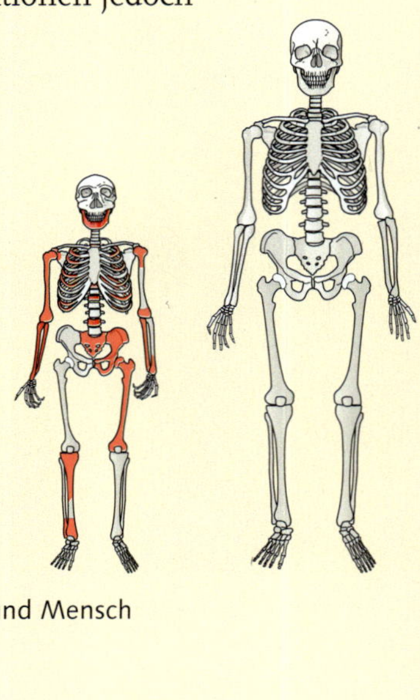

rot markiert: gefundene Knochen von »Lucy«

2 Vergleich »Lucy« und Mensch

Extra

Neandertaler

Im Jahre 1856 fand man bei Arbeiten in einem Steinbruch im Neandertal bei Mettmann ungewöhnlich geformte Knochen. Waren dies die Überreste eines Verbrechens oder etwa die Knochen eines Höhlenbären? Der Naturforscher Carl Fuhlrott wurde um Klärung des rätselhaften Falles gebeten. Er war überzeugt, dass die Knochen von einem »Menschen aus vorhistorischer Zeit« stammten.

Fuhlrotts später Triumph

Die These eines Urmenschen aus der Eiszeit löste weitreichende Diskussionen aus. Damals war der Glaube an die göttliche Schöpfung vorherrschend und fast niemand glaubte an die Vermutungen Fuhlrotts. Ein Pathologe deutete den Fund als krankhafte Veränderung eines »normalen« Menschen. Fuhlrott gab daraufhin seine These auf und äußerte sich nie wieder zu diesem Thema. Nachdem Darwins Evolutionstheorie bekannt wurde, befasste sich der Geologe William King 1864 mit dem Fall und bestärkte die Vermutungen Fuhlrotts. Er gab dem Fund schließlich den Namen *Homo neanderthalensis*. Aber erst im 20. Jahrhundert erhielt diese Einschätzung sowie Fuhlrotts Arbeit ihre verdiente Anerkennung.

Heute befindet sich in der Nähe des Fundorts das bekannte Neandertalmuseum.

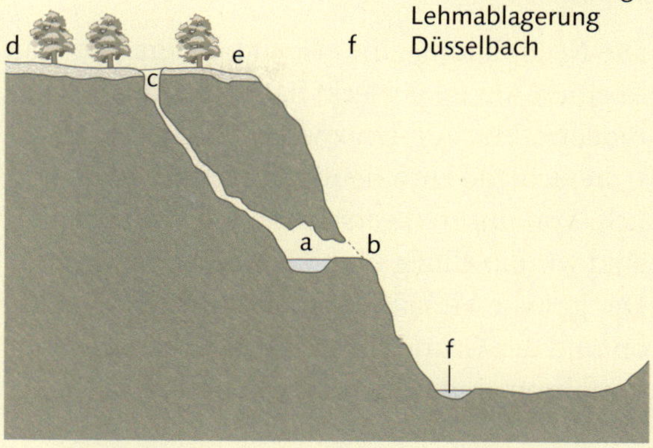

1 Fuhlrotts Beschreibung des Fundorts (1856)

Das Leben der Neandertaler

Forschungen ergaben, dass der gefundene Neandertaler vor etwa 42 000 Jahren lebte.

Der Homo neanderthalensis entwickelte sich vor rund 300 000 Jahren aus Homo heidelbergensis und lebte in ganz Europa. Er war etwa 1,60 Meter groß, 60 bis 80 Kilogramm schwer und insgesamt robuster gebaut als der heutige Mensch. Dies war vermutlich eine Angepasstheit an das ehemals kältere Klima in Mitteleuropa. Neandertaler jagten ihre Beute mit Speeren und lebten in Gruppen zusammen. Sie pflegten kranke Artgenossen und bestatteten die Toten in Gräbern. Es ist bis heute unbekannt, warum die Neandertaler ausstarben.

Im Jahre 2010 ergaben Untersuchungen, dass 1 bis 2 Prozent unserer DNA vom Neandertaler stammen.

2 So könnte der Neandertaler ausgesehen haben.

3 Jäger bei der Verarbeitung der Beute

Entwicklung zum modernen Menschen

Die Nachbildung eines Neandertalers, die man in einen Anzug gesteckt hat, wirkt täuschend modern. Erst auf den zweiten Blick werden Unterschiede zum heutigen Menschen deutlich. Von unseren verschiedenen Vorfahren sind wir die einzig überlebende Menschenart. Der genaue Verlauf der menschlichen Evolution und der Grund für das Aussterben unserer Vorfahren sind noch weitgehend unklar.

1 Neandertaler im Anzug

Der moderne Mensch

Der Mensch wird wissenschaftlich als *Homo sapiens* bezeichnet, das bedeutet »weiser Mensch«. Es ist nicht eindeutig zu bestimmen, wann, wo und wie er sich entwickelt hat. Vermutlich entstand er vor etwa 300 000 Jahren in Afrika aus den Australopitecinen. Die gefundenen Skelettteile werden der neuen Gattung Homo zugeordnet, da sie ein größeres Gehirn besitzen und bereits Werkzeug benutzten. Diese Spezies Homo zeichnete sich durch ein größeres Gehirn und den Gebrauch von Werkzeugen aus.

Verbreitung des Homo sapiens

Der Homo sapiens verbreitete sich zunächst in ganz Afrika und wanderte von dort vor etwa 100 000 Jahren in das Gebiet des heutigen Israel aus. Die Wanderbewegungen lassen sich anhand von Skelettfunden nachvollziehen. In Europa lebte vor etwa 40 000 Jahren der *Cro-Magnon-Mensch*. Er ist benannt nach der Höhle in Südfrankreich, in der die ersten Skelettreste dieses bekanntesten fossilen Vertreters des Homo sapiens gefunden wurden. Anatomisch ist der Cro-Magnon-Mensch vom heutigen Menschen kaum zu unterscheiden.

Bereits vor etwa 50 000 Jahren erreichten die modernen Menschen über Südasien und das heutige Indonesien schließlich Australien, vermutlich mit Hilfe von Booten oder Flößen. Die heute noch in Australien lebenden Aborigines sind Nachfahren dieser Erstbesiedler.

Nach Amerika gelangte der moderne Mensch über damals bestehende Landbrücken vom heutigen Sibirien nach Alaska. Die Besiedlung begann wahrscheinlich vor etwa 12 000 Jahren, der genaue Zeitpunkt ist jedoch noch unklar.

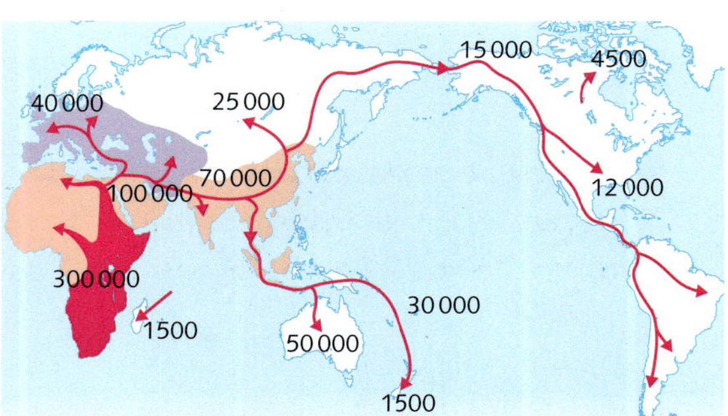

2 Ausbreitung des Homo sapiens über die Erde

»Verwandtschaftstreffen« unserer Vorfahren?

Vor weniger als 100 000 Jahren lebten zeitgleich mindestens drei verschiedene Menschenarten auf der Erde: Homo sapiens in Afrika und Europa, Homo neanderthalensis in Europa und Homo erectus in Afrika, Europa und Asien. Es gilt inzwischen als gesichert, dass sich alle drei Arten in verschiedenen Gegenden begegnet sind. Wie sie sich der anderen Art gegenüber verhalten haben, lässt sich bisher nur vermuten.

Durch genetische Untersuchungen wurde bisher nachgewiesen, dass Homo sapiens sich

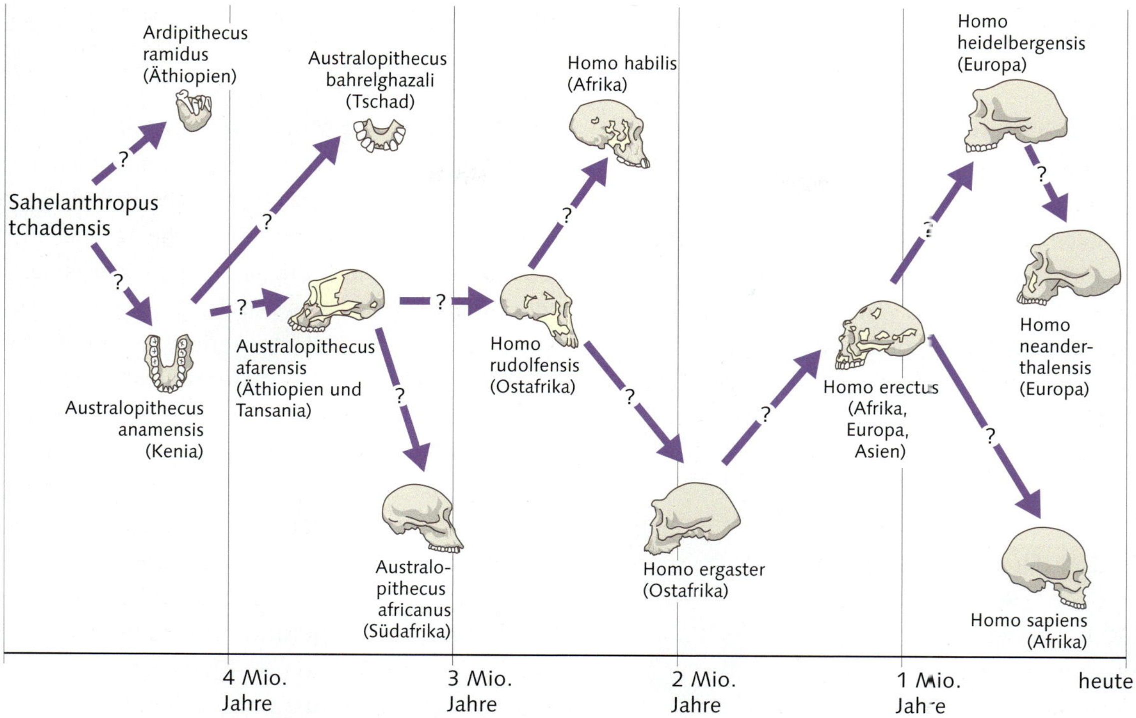

3 Die vermuteten Verwandtschaftsbeziehungen des Menschen

mit Homo neanderthalensis gepaart haben muss. Vor allem im Genom der Europäer konnte man 1 bis 2 Prozent Neandertaler-DNA nachweisen.

Der Neandertaler starb vor 30 000 bis 40 000 Jahren aus. Es wird angenommen, dass er an die Änderungen des Klimas schlechter angepasst war. Er könnte aber auch gegenüber Krankheitserregern anfälliger gewesen sein als der moderne Mensch.

Stammbaum im Wandel

Die Evolution des Menschen verlief weder geradlinig noch zielgerichtet. Es entstanden immer wieder neue Arten und diese verschwanden auch wieder. Die zahlreichen Verzweigungen veranlassen viele Wissenschaftler, den Stammbaum eher als einen »Stammbusch« zu bezeichnen.

Alle Stammbäume, die es heute gibt, sind aufgrund der wenigen Funde lückenhaft und können nur als hypothetisch betrachtet werden. Immer wieder werden neue Skelettteile gefunden, deren Alter nur sehr schwer bestimmt werden kann und die nur ungenau den verschiedenen Arten zugeordnet werden können. Häufig werden aufgrund neuer Funde neue Arten benannt. Später wird oft nach genaueren Untersuchungen deutlich, dass sie einer bereits bekannten Art zugeordnet werden müssen. Die neuen Belege für die Entwicklung des Menschen müssen immer wieder wie ein Mosaik zusammengesetzt werden.

In Kürze

Alle stammesgeschichtlichen Vorfahren des heutigen Menschen sind ausgestorben.
Die bisherige Stammesgeschichte des Menschen verlief nicht geradlinig und ist zum größten Teil noch ungeklärt.

Aufgaben

1 □ Gib an, auf welchen Wegen und wann Homo sapiens nach heutiger Forschungslage nach Europa kam.

2 □ Erläutere die verschiedenen Vermutungen über die Ursachen des Aussterbens des Neandertalers.

3 ◪ Erläutere, warum in Bild 3 Fragezeichen in den Pfeilen stehen.

Entwicklung des Menschen

1 Verhalten von Menschenaffen und Menschen

a □ Beschreibe die in den Bildern dargestellten Verhaltensweisen von Menschen und Schimpansen.

b ◪ Vergleiche die Verhaltensweisen der Schimpansen mit denen der Menschen, ordne sie einander zu und begründe diese Zuordnung.

2 Deutung von Mimik und Gestik

Wenn man Schimpansen im Zirkus oder in einer Fernsehshow sieht, verziehen sie häufig ihre Gesichter zu einem Grinsen und scheinen viel Spaß zu haben. Tierverhaltensforscher weisen jedoch darauf hin, dass es sich meist um ein »Angstgrinsen« handelt, das Unterwerfung bedeutet. Wir Menschen interpretieren diese Affenmimik falsch als Lachen.

a ■ Nimm kritisch Stellung zum Einsatz von Schimpansen im Zirkus unter Berücksichtigung der Information über das Angstgrinsen.

1 Verhaltensweisen bei Menschen und Schimpansen

3 Menschenaffe oder Mensch?

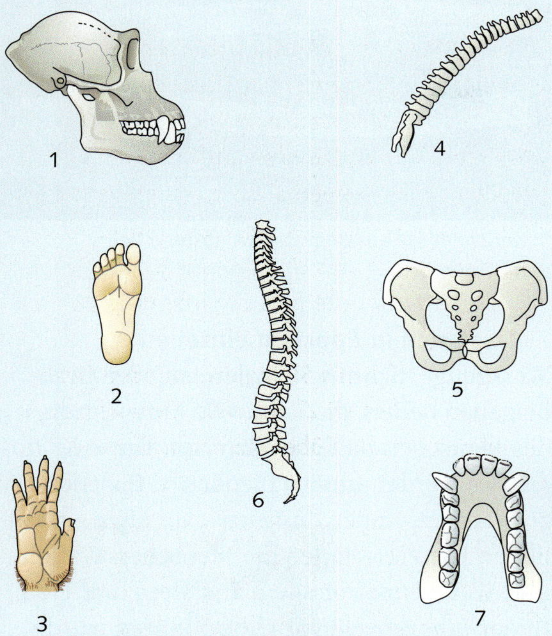

2 Körperteile von Menschenaffe und Mensch

a □ Benenne die in Bild 2 dargestellten Körperteile.

b ◪ Ordne die Körperteile entweder Menschenaffen oder Menschen zu und begründe deine Entscheidungen.

4 Verwandtschaft? Nein danke!

»Du meine Güte! Wir sollen vom Affen abstammen? Wir wollen hoffen, dass das nicht stimmt. Aber wenn es stimmt, wollen wir beten, dass es nicht bekannt wird!«

Frau des Bischofs von Worcester, 19. Jahrhundert

Die Vorstellung, dass Menschen und Menschenaffen gemeinsame Vorfahren haben, löste früher heftige Reaktionen aus.

a ◪ Stelle Vermutungen an, warum man die Theorie der Verwandtschaft von Mensch und Menschenaffen schwer akzeptieren konnte.

b ◪ Begründe, warum es nicht richtig ist zu behaupten, dass der Mensch von den heutigen Menschenaffen abstammt.

5 Der Aufstieg des Menschen?

Bild 3 zeigt eine häufig verwendete Darstellung der menschlichen Evolution. Sie vermittelt jedoch ein falsches Bild in Bezug auf die Entwicklung des Menschen.

a ■ Bewerte Bild 3 unter kritischer Beleuchtung der Bezeichnung »Aufstieg des Menschen«.

3 Darstellung des menschlichen »Aufstiegs«

6 Fußspuren für die Ewigkeit

Im Jahre 1978 machten Wissenschaftler im ostafrikanischen Laetoli eine sensationelle Entdeckung. Sie legten gut erhaltene fossile Fußspuren von aufrecht gehenden Hominiden frei. Die Fußspuren wurden auf ein Alter von etwa 3,6 Millionen Jahren datiert.

a □ Betrachte die Fußspuren in Bild 4 genau und gib an, wie viele Hominiden diese Spur hinterlassen haben.

b ◪ Stelle Überlegungen an, woran man erkennen kann, dass diese Hominiden aufrecht gegangen sind.

4 Fossile Fußspuren

Die kulturelle Entwicklung

2017 wurden sechs Höhlen auf der Schwäbischen Alb zum Weltkulturerbe ernannt. In diesen Höhlen hat man sehr viele Gegenstände aus dem Leben der ersten modernen Menschen gefunden. Der älteste Fund ist eine 40 000 Jahre alte Flöte aus einem Knochen.

1 Knochenflöte aus dem Geißenklösterle bei Blaubeuren

Die Entwicklung der Kultur …

Alles, was der Mensch selbst gestaltend hervorbringt, fasst man im weitesten Sinne unter dem Begriff *Kultur* zusammen. Hierzu gehören zum Beispiel die Werkzeugherstellung oder die Schaffung von Kunstwerken, aber auch Religion und Wissenschaft. Unsere direkten Vorfahren erlernten ihre Fähigkeiten auf diesen Gebieten zunächst durch Nachahmung. Dadurch wurde Wissen von Generation zu Generation weitergegeben. Voraussetzung hierfür war das hoch entwickelte Großhirn des Menschen. Die Entstehung einer Kultur ist ein typisch menschliches Phänomen.

… lässt sich in Epochen einteilen

Werkzeuge, Schmuck, Malereien oder Grabbeigaben helfen, die kulturelle Entwicklung des Menschen nachzuvollziehen. Diese *Kulturfossilien* werden unterschiedlichen Epochen zugeordnet. In der *Altsteinzeit* vor etwa 2,5 Millionen Jahren fertigten die Menschen Waffen und Werkzeuge vor allem aus Stein und Holz. In der *Jungsteinzeit* vor 12 000 Jahren wurde der Mensch sesshaft und entwickelte Handwerke wie die Töpferei und Weberei. Während der Bronze- und Eisenzeit vor 2500 bis 4000 Jahren wurde hauptsächlich Metall für die Werkzeug- und Waffenherstellung verwendet.

Der Gebrauch von Werkzeugen

Die Fähigkeit, Werkzeuge herzustellen und zu gebrauchen, ermöglichte es dem Menschen, sich aktiv an bestimmte Umweltbedingungen anzupassen. Dadurch konnte er auch in kälteren Gegenden überleben, zum Beispiel durch das Errichten von Häusern oder das Fertigen von Kleidung.

2 A Faustkeil aus Stein (Altsteinzeit); B Pfeilspitzen aus Flintstein (Jungsteinzeit); C Gefäß aus Ton (Jungsteinzeit); D Messerklinge (Bronzezeit); E Dolch (Bronzezeit); F Webspindeln (Eisenzeit); G Webkamm (Eisenzeit)

3 Menschliche Kunstwerke: A Höhlenmalerei (35 000 Jahre alt); B Löwenmensch (34 000 Jahre alt); C Venus von Blaubeuren (31 000 Jahre alt); D Büste der Nofretete (3360 Jahre alt); E Achilles und Ajax auf griechischer Amphore (2530 Jahre alt); F Gemälde Maria mit Kind (650 Jahre alt)

Kunst ist typisch für den Menschen

Bereits in der Altsteinzeit fertigte der Mensch auch Gegenstände, die Ausdruck künstlerischen Schaffens waren. Die Höhlenmalereien von Lascaux sind dafür ebenso ein Hinweis wie eine etwa 40 000 Jahre alte Frauenfigur aus geschnitztem Mammutstoßzahn. Diese Kunstgegenstände waren Beiträge zu religiösen Ritualen oder sollten einfach nur gefallen. Sie weisen darauf hin, dass der Mensch ein Bewusstsein von sich selbst entwickelte und das Bedürfnis hatte, sein Denken und Empfinden auszudrücken und zu gestalten.

Entwicklung von Sprache und Schrift

Der Mensch ist durch seine Sprache in der Lage, über Vergangenes zu berichten oder Zukünftiges zu vermuten. Besonders bei der Weitergabe von erlernten Fähigkeiten oder für die Zusammenarbeit in der Gruppe ist die Sprache von entscheidendem Vorteil. Die frühen Menschen konnten wahrscheinlich durch Lautäußerungen die Jagd organisieren und so den Jagderfolg steigern.

Erste Ansätze einer Schrift waren Kerben in Holz oder Striche an Wänden. Später entwickelte der Mensch Bilder- und Zeichenschriften mit umfangreicheren Bedeutungen. Vor der Entwicklung der Schrift waren es meist die ältesten Mitglieder einer Gruppe, die von Erfahrungen berichten oder Tätigkeiten beschreiben konnten. Mit Hilfe der Schrift konnte Wissen dauerhaft gespeichert und jederzeit wieder abgerufen werden.

Sozialverhalten und Religion

Wahrscheinlich begann bereits der Neandertaler, sich um kranke und verletzte Gruppenmitglieder zu kümmern, also Ansätze sozialen Verhaltens zu zeigen. Dies schloss man aus Funden von Neandertalern mit sehr schweren Verletzungen, die aber wieder verheilt waren. Aus Gräberfunden weiß man, dass die Neandertaler ihre Toten in einer Hock- oder Schlafstellung bestatteten. Dies scheint für eine gewisse Idee von einem möglichen Leben nach dem Tod zu sprechen und könnte auf erste religiöse Vorstellungen hindeuten.

In Kürze

Die kulturelle Entwicklung ist ein typisch menschliches Phänomen. Zu ihr gehören die Herstellung von Werkzeugen, Waffen oder Kunst, die Entwicklung von Sprache und Schrift sowie die Entwicklung einer Religion. Erfahrungen und Wissen werden innerhalb einer Gruppe weitergegeben.

Aufgaben

1 □ Nenne einen Vorteil des Werkzeuggebrauchs.

2 ◪ Begründe, warum alte Menschen in der Zeit, in der man noch keine Schrift kannte, einen besonderen Platz in der Gruppe einnahmen.

Meilensteine in Wissenschaft und Technik

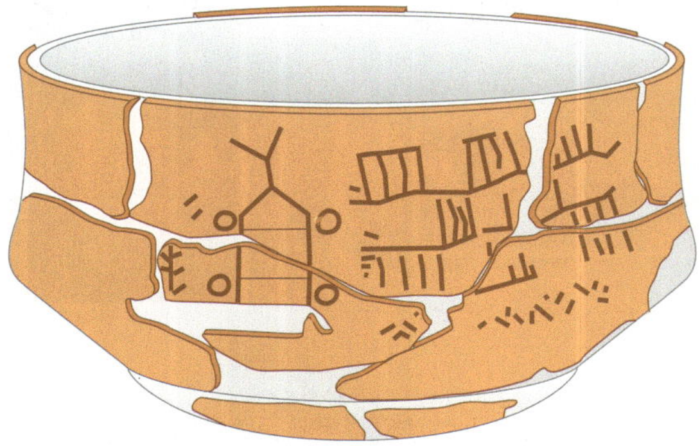

1 Älteste Darstellung eines Wagens mit Rädern

Das Rad gehört mit zu den wichtigsten Erfindungen in der Geschichte der Menschheit. Es wurde an verschiedenen Orten in Europa und Asien erfunden. Der bisher älteste Beleg ist die Abbildung eines Wagens auf einem Tongefäß, das ungefähr aus dem Jahr 3500 vor Christus stammt. Das Rad muss somit deutlich früher erfunden worden sein.

Der Mensch verändert die Umwelt

Bereits lange vor der Erfindung des Rades gelang es dem Menschen, sich nicht nur der Umwelt anzupassen, sondern sie auch in seinem Interesse zu verändern. Durch die Herstellung von Werkzeugen glich er seine verhältnismäßig geringe Körperkraft aus. Mit Hilfe von wärmedämmender Kleidung aus Tierfellen und Pflanzenteilen schützte er sich vor Wärmeverlust. Dadurch wurde er von den Einflüssen der Umwelt immer unabhängiger. Er wandelte sich vom Jäger und Sammler zum Ackerbauern, der in festen Siedlungen lebte.

Der Mensch gestaltete die Umwelt zunehmend nach seinen Bedürfnissen. Aus Urwäldern wurden Ackerflächen, auf denen er besonders gezüchtete Pflanzen anbaute. Diese erbrachten größere Erträge und hatten auch eine bessere Qualität als die ursprünglichen Wildpflanzen. Ähnliche Erfolge gab es in der Tierzucht. Aus Wildtieren wurden Nutztiere, die er als Arbeitstiere, aber auch zur eigenen Ernährung nutzte.

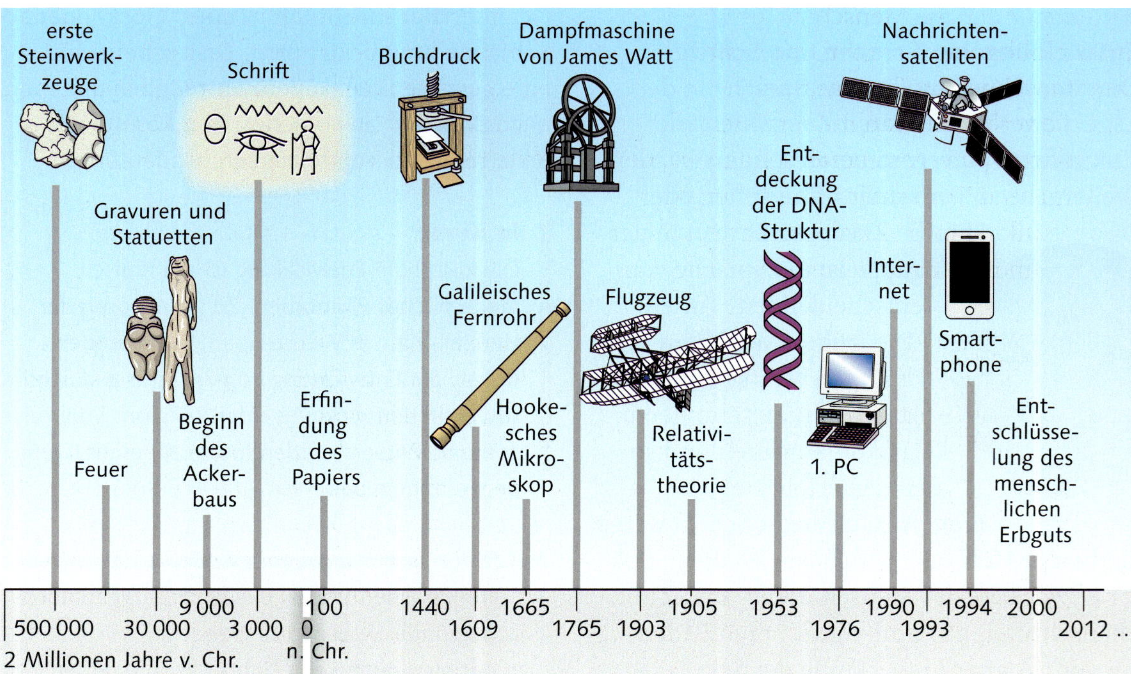

2 Meilensteine der technischen Entwicklung

3 Gutenberg-Bibel aus dem 15. Jahrhundert

Die neue Entwicklung

Ein weiterer Meilenstein in der technischen Entwicklung war die Erfindung des Buchdrucks. Dadurch ließen sich Informationen rasch verbreiten. Mit der Erfindung der Dampfmaschine im Jahre 1765. Mit ihr begann die »industrielle Revolution«. Es entstanden Fabriken, in denen mit Dampf betriebene Maschinen die verschiedensten Produkte in großen Mengen sehr schnell und vor allem preiswert herstellten. Die Erfindung der Dampflokomotive veränderte den internationalen Handel und den Verkehr. Jetzt war es möglich, in relativ kurzer Zeit große Warenmengen in die entferntesten Gebiete zu transportieren. Auch die Menschen konnten jetzt meist problemlos verreisen. Es entwickelte sich ein weltweiter Tourismus.

Heute verbindet man mit dem Begriff Technik computergesteuerte Maschinen in Industrie und Wirtschaft sowie Internet, Onlinebanking oder soziale Netzwerke. Ähnlich der »industriellen Revolution« kann man heute von einer »digitalen Revolution« sprechen, die das berufliche und private Leben der Menschen immer mehr bestimmt.

4 Transportsysteme werden immer schneller.

Die Entwicklung der Menschheit

Einst haben die Kerle auf den Bäumen gehockt, / behaart mit böser Visage. / Dann hat man sie aus dem Urwald gelockt / und die Welt asphaltiert und aufgestockt, / bis zur dreißigsten Etage.

Da saßen sie nun, den Flöhen entflohn, / in zentralgeheizten Räumen. / Da sitzen sie nun am Telefon / und es herrscht noch genau derselbe Ton wie seinerzeit auf den Bäumen.

Sie hören weit, sie hören fern. / Sie sind mit dem Weltall in Fühlung. / Sie putzen die Zähne. Sie atmen modern. / Die Erde ist ein gebildeter Stern / mit sehr viel Wasserspülung.
(...)
So haben sie mit dem Kopf und dem Mund / den Fortschritt der Menschheit geschaffen. / Doch davon mal abgesehen und / bei Licht betrachtet sind sie im Grund / noch immer die alten Affen.

5 Erich Kästner: Gesammelte Schriften für Erwachsene, Gedichte, Bd. 1, ©Atrium Verlag AG, Zürich 1969

In Kürze

Der Mensch kann die Umwelt nach seinen Vorstellungen verändern. Die Erfindung des Rades und der Dampfmaschine spielten dabei eine wichtige Rolle. Die heutige Entwicklung ist geprägt durch die digitale Revolution.

Aufgaben

1 □ Nenne Gründe, weshalb die Erfindung des Rades bereits vor mehr als 3500 Jahren stattgefunden haben muss.

2 □ Nenne Beispiele, wie es dem Menschen gelang, sich im Gegensatz zum Tier von der Umwelt unabhängig zu machen.

3 ◪ Stelle Vermutungen an, weshalb die Meilensteine der technischen Entwicklung in immer kürzeren Abständen erfolgten.

4 ■ Erläutere, was Erich Kästner mit seinem Gedicht in Bild 5 ausdrückt.

Der Mensch gestaltet seine Umwelt

Eine intakte Umwelt fördert unser Wohlbefinden und unsere Gesundheit in erheblichem Maße. Das ergab eine Umfrage innerhalb der Europäischen Union. Fast 90 Prozent der Befragten gaben an, dass eine intakte Umwelt für sie eine wichtige Voraussetzung für hohe Lebensqualität ist. Auch eine vom Menschen gestaltete Landschaft kann diese Voraussetzung erfüllen. Das ist aber nicht überall auf der Welt so.

1 Blühende Obstplantage

Gründe für die Umgestaltung

Bis vor etwa 10 000 Jahren lebte der Mensch noch im Einklang mit der Natur. Ein Wandel trat erst ein, als er vom Jäger und Sammler zum sesshaften Ackerbauern und Viehzüchter wurde. Jetzt begann der Mensch immer stärker in die Umwelt einzugreifen und sie nach seinen Bedürfnissen umzugestalten. Er rodete Wälder, um Platz für Äcker und Siedlungen für die sich allmählich vermehrende Bevölkerung zu schaffen. Dies führte zu einer Überbeanspruchung der Böden, in der Folge sanken die Ernteerträge. Neue Ackerflächen mussten geschaffen werden, was zu einer immer stärkeren Umgestaltung bis hin zur Zerstörung der natürlichen Umwelt führte.

Folgen der Eingriffe in die Umwelt

Der technische Fortschritt befähigt den Menschen, in alle Lebensräume vorzudringen. Sie werden als Wohnraum oder zur Gewinnung von Baumaterial, Nahrung oder Energieträgern wie Holz, Kohle und Erdöl genutzt. Die in den Ökosystemen lebenden Tiere und Pflanzen werden vom Menschen meist nach ihrer Nützlichkeit bewertet. Um das Überleben und den Profit zu sichern, nimmt der Mensch häufig keine Rücksicht auf die für ihn weniger wertvollen Tiere und Pflanzen. Viele Tiere und Pflanzen sind durch Eingriffe des Menschen in die Natur bereits ausgestorben oder stark bedroht. In der Roten Liste sind alle Lebewesen mit dem Grad ihrer Gefährdung aufgeführt.

2 Brandrodung im tropischen Regenwald

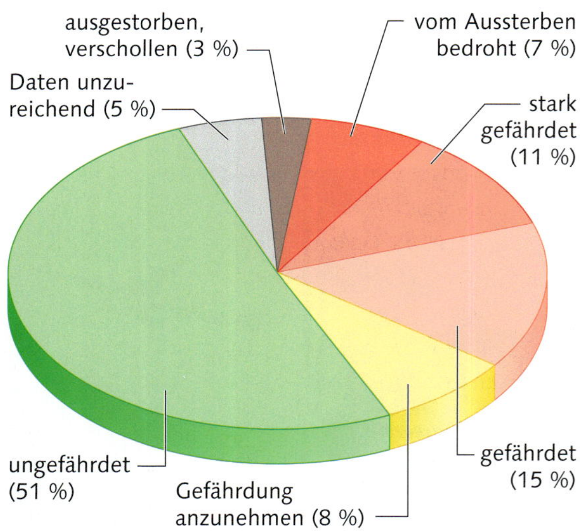

3 Die Rote Liste als Diagramm

4 Rückkehr zum Urwald: Schwarzwald

Der Mensch gestaltet die Natur

Nicht alle Eingriffe des Menschen in die Natur waren oder sind zerstörerisch. Nachdem die Folgen der Umweltzerstörung immer deutlicher wurden, entwickelte sich der Gedanke, große Gebiete in ihren ursprünglichen Zustand zurückzuführen und als Nationalparks für Pflanzen und Tiere unverändert zu bewahren. Aber auch durch die Gestaltung des Menschen entstanden viele neue Ökosysteme. Wiesen, Streuobstwiesen, Heidelandschaften und Parkanlagen sind vom Menschen geschaffene Lebensräume.

Extra Hans Carl von Carlowitz

Hans Carl von Carlowitz (1674–1714) gilt als Begründer des Prinzips der Nachhaltigkeit. Über ihn schrieb der evangelische Landesbischof Wolfgang Huber:

»Es war die Zeit Friedrich des Großen, in der das Wort Nachhaltigkeit zum ersten Mal verwendet wird (…) von dem sächsischen Oberberghauptmann Hans Carl von Carlowitz. Aber wir wissen, dass zur selben Zeit auch in Preußen in der Landwirtschaft genau der gleiche Gedanke vorangetrieben wurde: Nämlich den Ackerboden so zu bewirtschaften, dass die Erträge auch für die nächste Generation sichergestellt werden. Diese Art von Tugend haben wir lange Zeit sträflich vernachlässigt.«

Aus einem Interview der Wochenzeitung »Der Sonntag« für die Evangelisch-Lutherische Landeskirche Sachsen vom 22. Januar 2012

Das Prinzip der Nachhaltigkeit

Nach langen Phasen des Raubbaus an der Natur erkannte man im 18. Jahrhundert insbesondere in der Forstwirtschaft, dass man nur so viel Holz einschlagen darf, wie im gleichen Zeitraum wieder nachwächst. Man spricht in diesem Zusammenhang von *Nachhaltigkeit*. Das bedeutet, dass man Ökosysteme nur insoweit nutzen darf, dass Natur und Umwelt für die nachfolgenden Generationen erhalten bleiben. Man darf also auf einem Acker, einer Wiese oder in einem Wald nur so viel ernten, wie im Folgejahr wieder nachwachsen kann. Nachhaltigkeit ist in einer Welt der begrenzten Ressourcen und mit rasch wachsender Bevölkerung eine wichtige Voraussetzung, um die Lebensqualität zu sichern. Nachhaltige Entwicklung oder *Sustainable Development* beschreibt, wie eine intakte Umwelt mit sozialer Gerechtigkeit und mit wirtschaftlichem Wohlstand in Einklang zu bringen ist.

In Kürze

Mit der Entwicklung zum Ackerbauern und Viehzüchter begann der Mensch, seine Umwelt zu verändern. Dabei kam es auch zu Umweltzerstörungen und zur Verdrängung von Tier- und Pflanzenarten. Heute gilt das Prinzip der Nachhaltigkeit. Es besagt, dass einem Ökosystem nur so viel entnommen werden darf, wie in einem bestimmten Zeitraum wieder nachwächst.

Aufgaben

1 □ Nenne zwei Merkmale, an denen man erkennen kann, dass es sich in Bild 1 um eine vom Menschen gestaltete Landschaft handelt.

2 □ Was versteht man unter Nachhaltigkeit? Nenne die Definition für diesen Begriff.

3 ◪ Informiere dich über negative und positive Beispiele für Eingriffe des Menschen in Ökosysteme. Nenne dabei auch die jeweilige Informationsquelle.

4 ◪ Das Prinzip der Nachhaltigkeit ist am Beispiel der Waldwirtschaft leicht nachzuvollziehen. Erläutere es darüber hinaus am Beispiel des Ackerbaus oder der Fischerei.

Die weiteren Aussichten sind ungewiss

Ein beeindruckendes Bild: der Blick vom Mond auf den Blauen Planeten, die Erde. Geht hier die Erde auf oder geht sie unter? Könnte dieses Bild ein Symbol für die Zukunft der Erde sein?

Problem: Bevölkerungsentwicklung
Zurzeit leben etwa 7,2 Milliarden Menschen auf der Erde. Jede Minute werden etwa 165 Babys geboren. Das bedeutet, dass sich die Weltbevölkerung bei konstantem Wachstum bis 2050 auf über 11 Milliarden Menschen fast verdoppeln wird. Das geht aus dem Weltbevölkerungsbericht der Vereinten Nationen hervor. Eine derartige Entwicklung bringt große Probleme mit sich, denn wichtige Ressourcen wie Nahrung, Wasser, Wohnraum und Energie werden knapp. Die Frage ist, wie viele Menschen verträgt die Erde, wie viele kann sie ernähren. Unser Planet ist ein Lebensraum, in dem nur begrenzt Ressourcen zur Verfügung stehen. Wenn die Bevölkerungszahl weiterhin so rasant ansteigt, wird ein Zustand erreicht, bei dem die Erde die Menschen nicht mehr ernähren kann. In China versuchte der Staat durch strenge Maßnahmen, das Bevölkerungswachstum zu bremsen, indem er die Ein-Kind-Familie fördert. Erst seit 2016 darf jedes Paar zwei Kinder haben.

1 Die Erde, vom Mond aus gesehen

Problem: Flächenbedarf
Um die steigende Nachfrage nach Fleisch, Agrartreibstoffen und Tropenholz zu bedienen, werden ständig neue Flächen für Tierzucht und Plantagenwirtschaft benötigt.

Jedes Jahr werden dafür weltweit etwa 120 000 Quadratkilometer Regenwald vernichtet. Das entspricht einer Fläche von 35 Fußballfeldern, die pro Minute verloren gehen.

Auf der ganzen Welt nimmt die Verstädterung zu. Durch die Bebauung sind die Böden sehr stark verdichtet und versiegelt, das Regenwasser kann nicht versickern. Große Wassermassen müssen rasch oberirdisch abfließen, was zu Überschwemmungen führen kann.

Insgesamt verringert sich außerdem das zur Verfügung stehende Ackerland. Während 1960 der Weltbevölkerung pro Kopf 0,44 Hektar zur Verfügung standen, waren es 2003 noch 0,22 Hektar. 2025 sind es vermutlich nur noch 0,17 Hektar.

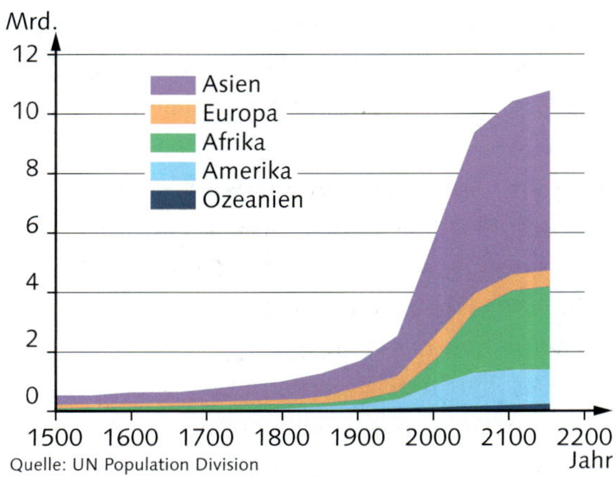

2 Entwicklung der Weltbevölkerung

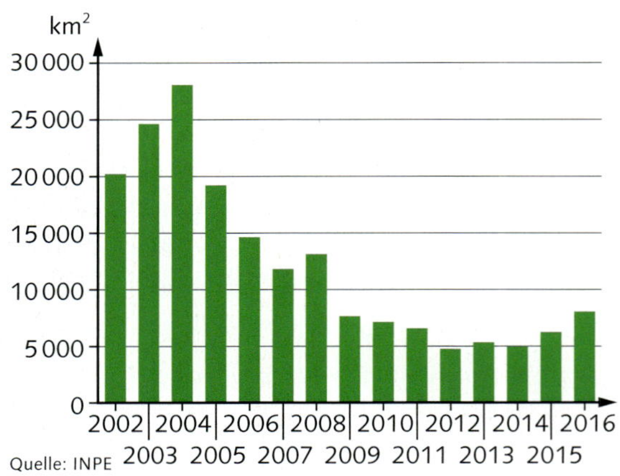

3 Zerstörung des brasilianischen Regenwalds

4 Luchse siedeln sich in Nationalparks wieder an.

Problem: Erhalt der Biodiversität

Biodiversität bezeichnet die biologische Vielfalt, sie umfasst nicht nur die Vielfalt der Arten, sondern auch der Ökosysteme. Das derzeitige Bevölkerungswachstum gefährdet beides. Natürliche Lebensräume werden in Ackerflächen umgewandelt und auch die sich immer weiter ausdehnenden Städte beanspruchen immer mehr Landflächen.

Eine Gegenbewegung setzte Ende des 19. Jahrhunderts in den USA mit der Gründung des Yellowstone-Nationalparks ein. Heute hat sich die Nationalpark-Idee weltweit durchgesetzt. In Deutschland wurde 1970 der Nationalpark Bayerischer Wald gegründet. Die bisher jüngste Gründung ist der 2014 eröffnete Nationalpark Schwarzwald. Dabei handelt es sich um Schutzgebiete, in denen besonderer Wert auf Biodiversität gelegt wird. Es handelt sich um echte Urwälder, die sich selbst überlassen sind. Menschliche Eingriffe in diese Ökosysteme sind streng verboten.

5 Ein Drittel der Amphibien ist bedroht.

Problem: Umweltgifte

In den letzten 200 Jahren ist eine Vielzahl chemischer Stoffe hergestellt worden. Jedes Jahr kommen neue hinzu. Einmal in die Umwelt, also in Gewässer, Böden und die Atmosphäre eingebracht, verteilen sich Schwermetalle, schwer abbaubare organische Stoffe und hormonell wirksame Verbindungen weltweit. Ein Beispiel ist das Insektizid Dichlordiphenyltrichlorethan, kurz DDT genannt. Man verwendete es zur Malariabekämpfung gegen Fiebermücken, setzte es als Entlausungsmittel aber auch am Menschen ein. Das gegen Insekten hochwirksame Gift hat sich inzwischen in der Nahrungskette angereichert, sodass es auch für den Menschen gefährlich werden kann. Heute ist seine Verwendung verboten.

Die Zukunft des Menschen

Es gibt noch viele Probleme zu lösen, um das Überleben der Menschen zu sichern. Der Mensch erkennt diese und sucht Lösungen, um die Lebensräume auf unserem Planeten auch für die nachfolgenden Generationen zu erhalten.

In Kürze

Die Zukunft der Erde ist ungewiss. Das größte Problem stellt die rasche Zunahme der Bevölkerung dar. Dadurch werden große Flächen für Ackerbau und Siedlungen benötigt, aber auch immer mehr Tiere und Pflanzen verdrängt. Der Erhalt der Biodiversität ist in Gefahr.

Aufgaben

1 ◪ Vergleiche die Entwicklung der Bevölkerungszunahme in Europa mit der in Asien. Berichte. Finde mögliche Begründungen für die unterschiedliche Entwicklung

2 ◪ Bild 3 zeigt eine eigentlich zuversichtliche Entwicklung. Nimm dazu kritisch Stellung.

3 ◪ Erläutere, was der Begriff Biodiversität besagt.

Über eine Frage debattieren

In einer Debatte können biologisch und ethisch relevante Fragen, wie zum Beispiel: »Soll zum Schutz der Umwelt der Skitourismus in den Alpen eingeschränkt werden?« thematisiert werden. Das ist eine Frage, bei der die richtige Antwort sehr umstritten ist und nicht sofort auf der Hand liegt. Da lohnt es sich zu debattieren. Das heißt: Stellung beziehen, Gründe nennen, Kritik vortragen und verschiedene Argumente austauschen.

Was ist eine Debatte?

Eine Debatte ist ein Gespräch nach festen Regeln und mit klaren Rollen. Am Anfang steht immer eine Soll-Frage, auf die man nur mit Ja oder Nein antworten kann. Wer mit Ja antwortet, spricht sich für das Gefragte aus. Er nimmt die Position »pro« ein. Wer Nein sagt, wendet sich dagegen. Er nimmt die Position »kontra« ein.

1 Die Debatte vorbereiten

Um in einer Debatte überzeugend argumentieren zu können, braucht ihr eine gute Sachkenntnis über das Thema. Dazu könnt ihr in Gruppenarbeit Hintergrundinformationen und Argumente für »pro« und »kontra« sammeln.

2 Schüler debattieren.

1 Skipiste im Sommer.

Ihr könnt eure Argumente auch zu Hause erarbeiten. Dafür müsst ihr aber ausreichend Zeit einplanen.

2 Die Debatte durchführen

Wer für »pro« oder »kontra« debattiert, entscheidet ihr selbst oder mit Hilfe eines Losverfahrens. Ihr debattiert jeweils zu viert: Zwei Sprecher nehmen die »Pro«-Position ein, zwei die »Kontra«-Position. Ihr tragt die Argumente abwechselnd vor, wobei immer »pro« beginnt. Ein Zeitwächter, den ihr vor der Debatte bestimmt, wacht über die Einhaltung der Redezeiten. Im Bundeswettbewerb »Jugend debattiert« wird vorgeschlagen, die Debatte in folgende Phasen zu gliedern:

A Die Eröffnungsrunde
Im ersten Teil der Debatte erläutert und begründet ihr – entweder als Befürworter oder als Gegner – abwechselnd eure jeweilige Position. Dafür habt ihr je zwei Minuten Zeit. Die Position, die ihr in der Debatte einnehmt, muss nicht eurer persönlichen Meinung entsprechen.

B Die freie Aussprache
In dieser Phase könnt ihr jedes Argument, das in der ersten Phase vorgebracht wurde, nochmals erörtern. Ihr könnt aber auch neue Argumente vorbringen. Dafür habt ihr zwölf Minuten Zeit.

3 Debattieren in drei Phasen

C Die Schlussrunde
In der abschließenden Phase ist die Redezeit in der Regel auf eine Minute begrenzt. Dabei steht es euch frei, eure Position gegenüber der Eröffnungsrunde zu verändern. Ihr solltet aber nur Argumente nennen, die in den ersten beiden Phasen vorgebracht worden sind.

3 Die Debatte auswerten
Wenn ihr an der Debatte nicht teilnehmt, dann beobachtet und bewertet ihr sie nach bestimmten Kriterien. Dazu bildet ihr vor der Debatte Gruppen, die jeweils ein Kriterium beobachten und anschließend bewerten. Ihr könnt für jedes Kriterium bis zu fünf Punkte vergeben.

Die Bewertungskriterien

Sachkenntnis:
Weiß der Redner, worum es geht?

Ausdrucksvermögen:
Wie hat der Redner vorgebracht, was er meint?

Gesprächsfähigkeit:
Hat er zugehört und die anderen berücksichtigt?

Überzeugungskraft:
Hat er auch gut begründet, was er sagte?

4 Bewertungskriterien und ihre Bedeutung

5 Schüler präsentieren Bewertungskriterien.

Zum Abschluss der Debatte geben die Gruppensprecher den Debattierenden zu den einzelnen Kriterien eine respektvolle, knappe und konstruktive Rückmeldung in der Art »Was war gut? Was könntest du besser machen?«.

Aufgaben

1 □ Gib stichwortartig an, woran die Klasse bei der Vorbereitung einer Debatte denken muss.

2 ◪ Informiere dich im Internet über den Wettbewerb »Jugend debattiert«. Diskutiert in der Klasse über eine mögliche Teilnahme.

3 ■ Debattiert in der Klasse über die Frage »Soll es zum Schutz der Umwelt Fahrverbote geben?«.

6 Teilnehmer am Wettbewerb »Jugend debattiert«

Evolution des Menschen

1 Vergleich Mensch – Menschenaffe

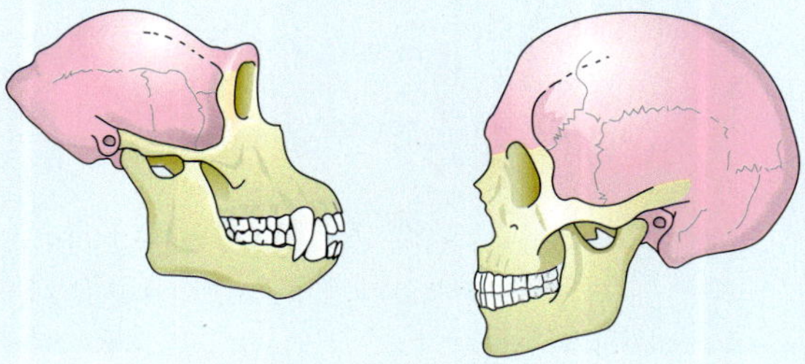

1 Schädel von Schimpanse und Mensch im Vergleich

- **a** □ Beschreibe die farbig gezeichneten Schädelteile in Bild 1.
- **b** □ Nenne weitere Unterscheidungsmerkmale der beiden Schädel.
- **c** ◪ Erkläre, weshalb Menschenaffen nur für kurze Zeit aufrecht gehen können.
- **d** ◪ Mensch und Menschenaffe besitzen opponierbare Daumen. Erläutere mit Hilfe von Bild 2, was man darunter versteht.
- **e** ◪ Vergleiche den Fuß von Mensch und Schimpanse in Bild 2.
- **f** ◪ Nenne die Bedeutung, die der Fuß für den Schimpansen und für den Menschen hat.
- **g** ◪ Erkläre, mit welchem Menschenaffen der Mensch am engsten verwandt ist.

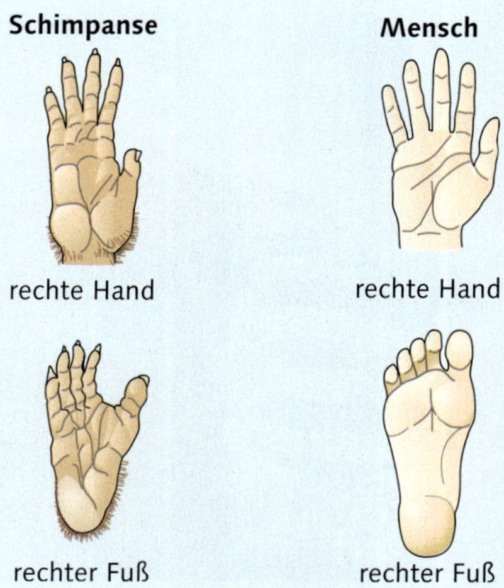

2 Vergleich von Fuß und Hand

2 Entwicklung zum modernen Menschen

3 Evolution des Menschen

- **a** ◪ Beschreibe die Bedeutung des aufrechten Gangs für die Entwicklung des Menschen.
- **b** ◪ Ordne die wichtigsten Vorfahren des Menschen in einen Zeitstrahl ein.
- **c** ◪ Erkläre, weshalb man Afrika als die Wiege der Menschheit bezeichnet.
- **d** ◪ Nenne Merkmale, die eine Zuordnung eines Fundes zur Gattung Homo ermöglichen.
- **e** □ Vor etwa 100 000 Jahren lebten gleichzeitig drei verschiedene Menschenarten. Nenne diese.
- **f** ■ Vergleiche den Schädel in Bild 4 mit den beiden Schädeln in Bild 1. Erkläre, wo du ihn in Bild 1 einordnen würdest.
- **g** ■ Häufig wird der Verlauf der Evolution des Menschen wie in Bild 3 dargestellt. Begründe, weshalb diese Darstellung falsch ist. Nenne die Aussagen des Bildes, die korrekt sind.

4 Schädel eines Hominiden

3 Kulturelle Entwicklung

5 Spuren der kulturellen Entwicklung

Die Spuren der kulturellen Entwicklung sind Kulturfossilien.

a □ Nenne die Definition von Kultur sowie Beispiele hierfür.

b □ Benenne die Kulturfossilien in Bild 5.

c ◪ Ordne sie nach ihrem Alter. Begründe deine Entscheidungen.

d ■ Die Evolution des Vogelflügels dauerte Jahrmillionen. Zwischen dem Bau des ersten Flugzeugs und der Mondladung vergingen nur rund 80 Jahre. Begründe.

e ◪ Die kulturelle Entwicklung kann die Zukunftsaussichten des Lebens auf der Erde bedrohen. Erläutere diese Aussage.

4 Der Mensch als Gestalter der Umwelt

Der Mensch passt die Umwelt seinen Bedürfnissen, aber auch seinen Ansprüchen an.

a □ Nenne Gründe, weshalb der Mensch seine Umwelt verändert.

b ◪ Erkläre, was man unter dem Prinzip der Nachhaltigkeit versteht.

c □ Nenne drei Hauptprobleme, die für die Zukunft des Menschen von Bedeutung sind.

d □ Beschreibe die Ziele der Nationalpark-Idee.

e ■ Bewerte die folgende Aussage: »Der Schlüssel für das Überleben des Menschen liegt darin, ihn zu einem Teil der Lösung zu machen, und, nicht ihn als Ursache des Problems zu sehen.«

Auf den Punkt gebracht

Evolution des Menschen

- Körperbau und Genetik weisen auf eine enge Verwandtschaft von Mensch und Schimpanse hin.
- Typisch menschliche Merkmale sind der aufrechte Gang, der große Gehirnschädel und das Gebiss.
- Afrika wird als Wiege der Menschheit bezeichnet. Homo rudolfensis stellte bereits Werkzeuge her. Er zählt zu den ersten Menschen. Homo erectus wanderte vermutlich als Erster aus Afrika aus.
- Die stammesgeschichtlichen Vorfahren des modernen Menschen sind ausgestorben. Alle heute lebenden Menschen gehören der Art Homo sapiens an. Seine Stammesgeschichte ist zum größten Teil noch unbekannt.
- Einzigartig für den Menschen ist seine kulturelle Entwicklung. Die Herstellung von Werkzeugen, Waffen sowie die Entwicklung von Sprache und Schrift sind Belege dieser Entwicklung.
- Der Mensch verändert die Umwelt nach seinen Vorstellungen. Damit trägt er auch die Verantwortung für den Erhalt der Biodiversität.

Lösungen

Hinweis: Die Aufgaben des Buches sind mit Symbolen gekennzeichnet, die zeigen, wie hoch der Schwierigkeitsgrad ist: □ leicht, ◪ mittel, ■ schwer.

Grundlagen der Vererbung (S. 42, 43)

1 Aufbau und Funktion des Zellkerns

a 1: Kernmembran, 2: Chromatinfäden, 3: Kernplasma, 4: Kernkörperchen, 5: Endoplasmatisches Reticulum, 6: Kernpore

b

Bestandteil des Zellkerns	Funktion
Kernmembran	äußere Begrenzung des Zellkerns
Chromatinfaden	enthalten die Gene.
Kernplasma	Grundsubstanz des Zellkerns
Kernkörperchen	sind an der Produktion der Ribosomen beteiligt und liefern Baustoffe für die Herstellung von Proteinen.
Endoplasmatisches Reticulum	Informationsaustausch zwischen dem Innern des Zellkerns und dem Zellplasma
Kernpore	Informationsaustausch zwischen dem Innern des Zellkerns und dem Zellplasma

c *Arbeitsform:* Die Erbsubstanz liegt in Form langer, dünner Chromatinfäden vor, die nur wenige Nanometer dick sind.
Transportform: Zusammengezogenes, verdichtetes Chromatin bildet die Chromosomen, die aus zwei Chromatiden bestehen, die am Centromer zusammenhängen.

2 Chromosomen und Erbinformation

a Vergleiche hierzu: Seite 14, Abb. 2 links.

b Hier liegt ein Chromosomensatz eines Mannes vor, da die beiden Geschlechtschromosomen X und Y sind. Die bei Mann und Frau gleichen Körperchromosomen sind 22 Paar homologer Chromosomen. Insgesamt liegt ein doppelter Chromosomensatz mit 23 Chromosomenpaaren vor.
Ordnungskriterien: Gestalt und Größe, Lage des Centromers, Länge der Chromosomenarme, Bänderungsmuster

3 Mitose – Meiose

a Während der Interphase, die etwa 23 Stunden andauert, wird die DNA zunächst verdoppelt. Die Stoffwechselprozesse der Zelle laufen ab. Die eigentliche Mitose dauert dagegen nur etwa eine Stunde. Hierbei werden die Chromosomen aus den Chromatinfäden gebildet und die Chromatiden mit Hilfe des Spindelfaserapparats getrennt und auf zwei neue Zellkerne gleichmäßig verteilt.

b Bei der Mitose werden in der *Prophase* die Chromosomen gebildet und die Kernmembran und Kernkörperchen aufgelöst. Außerdem bildet sich der Spindelfaserapparat. Während der *Metaphase* ordnen sich die Chromosomen in der Äquatorialebene an. Die Spindelfasern verbinden sich mit den Centromeren der Chromosomen.
In der *Anaphase* werden die Chromatiden am Centromer voneinander getrennt und zu den Polen gezogen.
Anschließend bildet sich in der *Telophase* die Kernmembran neu, die Chromosomen nehmen wieder als Chromatin die Arbeitsform an und neue Kernkörperchen bilden sich. Das Zellplasma wird geteilt und eine neue Zellmembran trennt die zwei neuen Zellen voneinander.

c Bei Wachstum und Entwicklung eines Lebewesens werden immer neue Zellen durch Mitosen gebildet. Auch bei Verletzungen müssen neue Zellen nachgebildet werden. Bei Wundheilung, Erneuerung der Haut oder Knochenbruch muss neues Gewebe erzeugt werden. Blutzellen werden täglich in großer Menge durch Mitosen produziert.

d Bei der Meiose ordnen sich vor der Teilung alle homologen Chromosomen paarweise in der Zellmitte an. Dabei ist es dem Zufall überlassen, wie sich mütterliche und väterliche Chromosomen kombinieren. Bei der anschließenden Trennung der homologen Chromosomen kommt es somit zu einer Vermischung des väterlichen und mütterlichen Erbguts.

e Vergleiche hierzu: Seite 25, Abb. 5.

f Bei der Paarung homologer Chromosomen während der ersten Reifeteilung der Meiose kann es zu Überkreuzung von Chromosomenarmen väterlicher und mütterlicher Chromosomen kommen. Es findet ein Stückaustausch zwischen den Chromosomenstücken statt. Diesen Vorgang nennt man Crossing-over. Nach der Trennung der Chromosomen sind nun mütterliche und väterliche Erbinformationen in einem Chromosom neu kombiniert. Somit sind neue Erbkombinationen entstanden, die es vorher nicht gegeben hat. In der Neukombination von mütterlichen und väterlichen Genen liegt die genetische Bedeutung des Crossing-over.

4 Die DNA als Erbsubstanz

a Die DNA ist aus Nukleotiden aufgebaut, die jeweils aus einer Phosphatgruppe, einem Zuckermolekül, der Desoxyribose, und einer der vier Basen Adenin, Cytosin, Guanin oder Thymin bestehen. Die Nukleotide sind miteinander verbunden. Dabei bildet das Phosphat mit dem Zucker des nächsten Nukleotids eine feste Verbindung. Dadurch entsteht ein langer Strang, von dem die Basen nach innen abstehen. Ein zweiter, passgenauer Strang ist über die Basen mit dem ersten Strang verbunden. Zwischen den Basen wirken schwache Bindungskräfte, sogenannte Wasserstoffbrückenbindungen. Adenin kann sich immer nur mit Thymin verbinden und Guanin nur mit Cytosin, daher spricht man von spezifischer Basenpaarung. Den dadurch entstehenden Doppelstrang kann man mit einer Strickleiter vergleichen.
Zeichnung: Vergleiche hierzu Seite 25, Abb. 3

b

Entspiralisierung: Die DNA wird entspiralisiert, sodass sie als langer, glatter Strang vorliegt.

↓

Öffnung des Doppelstrangs: Spezielle Enzyme öffnen den Doppelstrang. Helicase öffnet die Wasserstoffbrückenbindungen.

↓

Bildung eines komplementären Strangs: Freie Nukleotide aus dem Kernplasma lagern sich mit Hilfe der Polymerase komplementär an den Mutterstrang an.

↓

Spiralisierung der Tochterstränge: Zwei neue, erbgleiche Doppelhelices entstehen.

c Die komplementäre Basenpaarung stellt bei der DNA-Replikation sicher, dass der neu entstehende Tochterstrang identisch mit dem Mutterstrang ist. Dies gelingt, da sich Adenin immer nur an Thymin anlagern kann (und umgekehrt) und nur Cytosin und Guanin zueinander passen.

d Die DNA-Polymerase kontrolliert sich während der Verdopplung selbst. Reparaturenzyme suchen falsch eingebaute Nukleotide und ersetzen sie durch passende, komplementäre Nukleotide.

5 DNA und Proteinbiosynthese

a Die Bausteine von Proteinen sind 20 verschiedene Aminosäuren.

b Durch die Kräfte zwischen den Aminosäuren ordnen sich die großen Moleküle im Raum an. Sie nehmen dabei z. B. die Gestalt einer Schraube oder eines gefalteten Blattes an. Die Anzahl und die Abfolge der Aminosäuren, die Aminosäuresequenz, bestimmt den räumlichen Aufbau sowie die Funktionen des Proteins.

c Bei der *Transkription* wird eine einsträngige Kopie eines Gens aus der DNA im Zellkern erstellt. Diese Abschrift nennt man Boten-RNA oder auch messenger-RNA, kurz m-RNA. Diese wird durch die Kernporen zu den Ribosomen im Zellplasma transportiert. Bei der *Translation* wird nun die Basensequenz der m-RNA in die Aminosäuresequenz eines Proteins mit Hilfe des genetischen Codes übersetzt. Als Transportmoleküle für die Aminosäuren dienen sogenannte transfer-RNA-Moleküle, kurz t-RNA genannt.

d Die Basentripletts sind die Codewörter der m-RNA für die Aminosäuren. Jeweils die Abfolge von 3 Basen (Basentriplett) ergibt eine Aminosäure. Aus den 4 Basen lassen sich demnach 64 verschiedene Tripletts für 20 Aminosäuren bilden.

e Die m-RNA ist für die Transkription nötig. Es ist die einsträngige Abschrift eines Genabschnitts aus der DNA.
Die t-RNA Moleküle transportieren bei der Translation aus dem Zellplasma die passenden Aminosäuremoleküle zu den komplementären Basentripletts der m-RNA an den Ribosomen.

6 Veränderung von Erbinformationen

a Gemeinsamkeiten:
- Mutationen können ohne äußere Einflüsse spontan auftreten.
- Mutationen sind ungerichtet: Mutationen passieren nicht auf ein Ziel hin oder zu einem bestimmten Zweck.
- Auswirkungen einer Mutation sind nicht vorhersehbar.
- Häufig bleiben Mutationen unbemerkt.
- Mutationen können für das Lebewesen einen Überlebensvorteil bedeuten oder aber Nachteile wie schwere Behinderungen oder gar den Tod mit sich bringen.

Unterschiede:
- Genmutation: Es ist nur ein Gen, im Einzelfall nur eine Base betroffen.
- Chromosomenmutation: Ein ganzes Chromosom ist betroffen.
- Genommutation: Die Anzahl der Chromosomen ist verändert.

b Mutagene sind z. B. UV-Strahlung, Röntgenstrahlung, Radioaktivität sowie bestimmte Chemikalien wie Asbest, Alkohol oder Tabak. Durch Einfluss von Mutagenen wird die Mutationsrate erhöht, das heißt, die Wahrscheinlichkeit für Mutationen steigt deutlich an.

c Individuelle Lösung, z. B.:
- Hypothese: Die Schwere der Krankheit und ihrer Symptome nimmt von Gen- über Chromosomen- zur Genommutation zu.
- Pro-Argumente: Es sind mehr Gene betroffen, also ist der Krankheitsverlauf schwerer.
- Kontra-Argumente: Nicht die Zahl der Gene bestimmt den Verlauf der Krankheit, sondern die Funktion einzelner Gene. Es gibt zentrale Gene, deren Ausfall zum sofortigen Tod führen kann.

7 Fehlerhafte Chromosomenverteilung

a Die Genommutation der Trisomie tritt auf, wenn während der Meiose durch einen Fehler zwei homologe Chromosomen in eine Tochterzelle wandern. Dann liegt in den Zellen ein Chromosom dreifach vor.

b Bei Trisomien liegt ein Chromosom in der Zelle dreifach vor. Bei Monosomien fehlt ein homologes Chromosom, sodass eines nur einfach vorliegt.

c Personen mit dem Klinefelter-Syndrom sind eher männlich, da sie wie „normale" Männer ein Y-Chromosom besitzen und deshalb die männlichen Hormone produziert werden. Häufig wird aber zu wenig Testosteron gebildet, sodass viele Männer mit dem Klinefelter-Syndrom steril sind, also keine funktionstüchtigen Spermien produzieren.

d Eine mögliche Erklärung ist eine Fehlverteilung des 21. Chromosoms während der Meiose bei der Reifung der Eizelle. Eine weitere Erklärung ist, dass die Fehlverteilung bereits während der Mitose stattgefunden hat, also bereits vor der Geburt der Frau. Dann würden zunächst die gesunden Eizellen heranreifen und die Eizellen mit einem Chromosom zu viel erst in höherem Alter der Mutter.

Angewandte Genetik (S. 84, 85)

1 Mendel'sche Regeln

a Uniformitätsregel, Spaltungsregel, Unabhängigkeitsregel

b Im diploiden Chromosomensatz sind für jedes Merkmal zwei Erbanlagen vorhanden. Ein Allel stammt vom Vater, eines von der Mutter. Sind die Allele identisch, so besitzt das Lebewesen dieses Merkmal reinerbig. Unterscheiden sich die Allele, so ist es mischerbig.

c Bei einem dominant-rezessiven Erbgang überwiegt in der ersten Tochtergeneration das dominante Merkmal, während das rezessive Merkmal nicht beobachtbar ist. In der zweiten Tochtergeneration spalten die Merkmale drei (dominant) zu eins (rezessiv) auf.
Beim intermediären Erbgang liegt die Merkmalsausprägung in der ersten Tochtergeneration zwischen den beiden Elternvertretern. In der zweiten Tochtergeneration kommt es zu einer Aufspaltung im Verhältnis 1 (ein Elternmerkmal) zu 2 (Mischform) zu 1 (das andere Elternmerkmal).

d Die Tiere der P-Generation unterscheiden sich in zwei reinerbigen Merkmalen: der Fellfarbe und der Fellform. Laut Uniformitätsregel zeigen alle Lebewesen der F_1-Generation die gleichen Merkmale, in diesem Fall schwarz und kraus. Bei einer weiteren Kreuzung von Individuen der F_1-Generation spalten sich die Merkmale laut Spaltungsregel wieder auf. Gleichzeitig treten neue Kombinationen der Merkmale auf, z. B. ein weißes, glatthaariges Meerschwein. Diese Neukombinationen von Merkmalen entsprechen der Unabhängigkeitsregel.

e Für gezielte Kreuzungen werden reinerbige Eltern benötigt. Bei den kraushaarigen, schwarzen Vertretern gibt es reinerbige und mischerbige. Durch die Rückkreuzung wird getestet, ob ein Lebewesen reinerbig oder mischerbig ist. Dazu wird es mit dem rezessiven Großelternteil gekreuzt. Zeigen alle Nachkommen das rezessive Merkmal, so ist der getestete Vertreter reinerbig, spalten sich die Nachkommen im Verhältnis 1:1 auf, so ist er mischerbig.
Beispiel Merkmal Fellfarbe:
Reinerbiges (AA) und mischerbiges (Aa) schwarzes Meerschweinchen aus der F_2-Generation werden mit dem rezessiven weißen (aa) der Elterngeneration gekreuzt.

2 Vererbung beim Menschen

a Merkmale, die beim Menschen »mendeln« sind z. B.: angewachsene oder freie Ohrläppchen, Fähigkeit die Zunge einzurollen, Blutgruppen, Form der roten Blutkörperchen, Sichelzellenanämie.

b Die Erforschung der Mendel'schen Regeln beim Menschen ist schwierig, weil es kaum eindeutig unterscheidbare Merkmale gibt, sondern häufig fließende Übergänge. Außerdem stellen die Tatsachen, dass der Mensch nur wenige Nachkommen hat, nur wenige Merkmale reinerbig sind und dass es kaum systematische Aufzeichnungen über Generationen hinweg gibt, Probleme dar.

c Die Mutter besitzt reinerbig die Blutgruppe A (Genotyp AA), der Vater ebenso reinerbig die Blutgruppe B (Genotyp BB). Kodominant bedeutet, dass sich beide Merkmale durchsetzen, das heißt, ein gemeinsames Kind hat die Blutgruppe AB.

3 Möglichkeiten und Grenzen von Zucht

a Zucht ist die vom Menschen kontrollierte Vermehrung von Pflanzen und Tieren mit dem Ziel, bestimmte Merkmale an die nächste Generation weiterzugeben.
b Der Mensch greift kontrolliert in die Vermehrung von Pflanzen und Tieren ein. Er verfolgt dabei bestimmte Ziele. Bestimmte Eigenschaften oder Merkmale sollen an die nächste Generation weitergegeben werden.
c Beispiele für Zuchtziele bei Tieren: verbesserte Fleischqualität, mehr Muskelmasse, größere Milchmenge, höherer Fett- und Eiweißgehalt der Milch, Widerstandsfähigkeit gegen Krankheiten, Fitness der Kälber, (Aussehen: keine Hörner), längere Nutzungsdauer
Beispiele für Zuchtziele bei Pflanzen: Ertragssteigerung, vereinfachte Erntefähigkeit, Größe und Anzahl der Körner (Getreide), Resistenz gegen Schadorganismen, Gehalt an bestimmten Inhaltsstoffen
d Bei der Kombinationszüchtung werden zwei reinerbige Sorten mit zwei unterschiedlichen gewünschten Eigenschaften miteinander gekreuzt.
e Aufgrund der 3. Mendel'schen Regel weiß man, dass eine Kombination der Eigenschaften erst in der zweiten Tochtergeneration erfolgt.
f Nach dem Tierschutzgesetz ist es verboten, Wirbeltiere zu züchten, wenn damit gerechnet werden muss, dass bei der Nachzucht den Nachkommen erblich bedingt Körperteile oder Organe für den artgemäßen Gebrauch fehlen oder untauglich oder umgestaltet sind. Bei den Nackthunden trifft dies in zweierlei Hinsicht zu: Durch den fehlenden Sonnenschutz kann es zu Verletzungen der Haut kommen; durch das unvollständige Gebiss können sie bei der Nahrungsaufnahme behindert sein.

4 Klone

a Beispiele für natürliche Klone im Bereich der Mikroorganismen sind Bakterien oder Einzeller, die sich teilen. Pflanzliche Klone sind beispielsweise Ableger bei Erdbeeren oder Brutzwiebeln bei Tulpen. Durch Jungfernzeugung können auch Blattläuse Klone hervorbringen.
b Unter einem Klon versteht man Nachkommen, die durch ungeschlechtliche Vermehrung aus einer Zelle oder einem Elternorganismus hervorgegangen sind.
c A: diploide Körperzelle mit den gewünschten Eigenschaften; B: Zellkernentnahme; C: haploide Eizelle; D: entkernte Eizelle (Entkernung); E: Zellfusion; F: Blasenkeim; G: embryonale Stammzellen

5 Stammzellen

a Totipotent bedeutet, dass die Stammzellen unbegrenzt teilungsfähig sind und sich zu jeder beliebigen Zellart entwickeln können. Dies schließt auch Keimzellen ein. Totipotent heißt so viel wie »zu allem mächtig«.
b Adulte Stammzellen teilen sich, um fehlerhafte, kranke oder abgestorbene Zellen zu ersetzen. Sie dienen vor allem der Regeneration.
c Beispiel: Behandlung von Leukämie. Stammzellen aus dem Knochenmark passender Spender bilden im Körper des Empfängers gesunde Blutzellen.
d Embryonale Stammzellen sind unbegrenzt teilungsfähig und können sich zu jeder beliebigen Zellart entwickeln. Mediziner hoffen, mit diesen nicht spezialisierten Zellen eines Tages geschädigte Gewebe und Organe ersetzen und Krankheiten wie Diabetes und Multiple Sklerose heilen zu können. Nach dem deutschen Embryonenschutzgesetz gelten embryonale Stammzellen als Embryo. Ihm werden von Anfang an uneingeschränkte Menschenwürde und Schutz der Lebensrechte zugesprochen. Deshalb darf an diesen nicht geforscht werden.

6 Gentechnik

a Eine Voraussetzung ist, dass die Erbsubstanz aller Lebewesen aus dem gleichen chemischen Baustein, der DNA, besteht. Außerdem ist der genetische Code universell.
b Unter einem GVO versteht man einen Organismus, dessen genetisches Material auf einer Art verändert ist (meist durch Gentransfer), wie es natürlicherweise nicht geschehen könnte.
c Anwendungsgebiete der Gentechnik sind:
Grüne Gentechnik: beschäftigt sich mit Pflanzen vor allem für die Landwirtschaft.
Rote Gentechnik: wird bei Tieren in der Medizin sowie bei der Entwicklung und Herstellung von Medikamenten angewandt.
Weiße und graue Gentechnik: finden in der Industrie bzw. der Umwelttechnik Anwendung.
d Umstrittenen an der Gentechnik ist die Frage, ob sie umweltschonend ist. Kritiker befürchten, das Gentechnik die natürliche Vielfalt gefährdet. Strittig ist auch, ob GVOs schädigende Langzeitwirkungen haben und ob die Technik eher Arbeitsplätze schafft oder gefährdet.

7 Pränatale Diagnostik und Beratung

a Ein Ziel der pränatalen Diagnostik ist, den Entwicklungs- und Gesundheitszustand des ungeborenen Kindes zu untersuchen. Das dient zur Information und Beruhigung der Eltern. Im Fall einer Beeinträchtigung werden die Eltern aufgeklärt, eine freie und verantwortungsvolle Entscheidung über das weitere Vorgehen zu treffen.
b A: Ultraschallkontrolle, B: Fruchtblase mit Fruchtwasser, C: kindliche Zelle
c Entnahme von Kindszellen mit Hilfe einer Spritze durch die Bauchdecke aus dem Fruchtwasser
↓
Erbgutanalyse

d Mögliche Situationen: In den Familien eines oder beider Partner sind über Generationen hinweg bestimmte Krankheiten oder Fehlbildungen aufgetreten. Es sind bereits Totgeburten vorgekommen. Das Paar hat bereits Kinder mit Beeinträchtigungen.

Stammesgeschichtliche Entwicklung (S. 124, 125)

1 Fossilien

a Fossilien sind meist versteinerte Überreste oder Spuren von Lebewesen aus früheren Erdzeitaltern.
b Von oben: Saurierreste eines Skeletts und eines Schädels, Muscheln, Donnerkeile, Farne, Ammoniten, Trilobiten
c Die meisten Versteinerungen entstehen am Grund von Meeren oder großen Seen. Stirbt ein Lebewesen, dann sinkt es zu Boden. Werden eine Tierleiche oder eine Pflanze dort sehr rasch von feinen Sedimenten wie Schlamm oder Sand bedeckt und luftdicht abgeschlossen, können sie von Bakterien nicht mehr zersetzt werden.
Der Körper hinterlässt im Schlamm einen Abdruck. Durch Auflagern weiterer Sedimentschichten wird das Wasser ausgepresst und der Schlamm und damit der Abdruck versteinern im Laufe sehr langer Zeiträume. Steinkerne bilden sich, wenn verfaulende Weichteile durch einfließenden Schlamm ersetzt werden. Dann entsteht ein Ausguss des Innern, der versteinert.
d Bestimmung durch Leitfossilien: Ein Fossil ist meist so alt wie die Gesteinsschicht, in der es gefunden wird. Liegen die Ablagerungen ungestört übereinander, sind die Fossilien aus den unteren Schichten älter als die aus den darüberliegen Schichten. Man spricht von der relativen Altersbestimmung.
Bestimmung mit Hilfe der Radiokarbonmethode: Bei lebenden Organismen ist der Gehalt an radioaktivem ^{14}C konstant, da die zerfallenden ^{14}C Atome durch die Nahrung ständig ersetzt werden. Stirbt ein Lebewesen, dann nimmt es kein ^{14}C mehr auf. Das im Körper vorhandene ^{14}C zerfällt mit einer Halbwertszeit von etwa 6000 Jahren. Da man den Gehalt an radioaktivem ^{14}C in Fossilien messen kann, ist eine Berechnung des Alters möglich, indem man die Messergebnisse mit den Werten lebender Organismen vergleicht. Man spricht von der absoluten Altersbestimmung.

e Bernsteineinschlüsse: Bernstein ist das getrocknete Harz urzeitlicher Nadelbäume. In der klebrigen Masse, die an den Baumstämmen herablief, blieben mitunter kleine Tiere oder Pflanzenteile haften. Rasch nachströmendes Harz schloss die Körper vollständig ein.
Einschlüsse im Eis: In den Dauerfrostböden Alaskas und Sibiriens blieben die nahezu vollständigen Körper von Tieren erhalten. Wie in einer Tiefkühltruhe gefroren die Körper von Mammuts oder Wollnashörnern. Sie sind bis zu 40000 Jahre alt.

2 Entwicklung der Wirbeltiere

a Fische – Amphibien – Reptilien – Vögel – Säugetiere;
Hecht – Grasfrosch – Ringelnatter – Elster – Maulwurf
b Amphibien vollzogen den Schritt vom Wasser ans Land.
c Ichthyostega besaß vier gelenkige Gliedmaßen mit je einem Fußskelett. Die Gliedmaßen waren an eine kräftige Wirbelsäule angewachsen und konnten das Gewicht des Tieres an Land tragen. Vermutlich atmete Ichthyostega durch die Haut und mit Lungen.
d Siehe Tabelle.

3 Mosaikformen

a Bild 2 zeigt einen Archaeopteryx als Grafik.
b Mosaikformen sind Lebewesen, die Merkmale verschiedener Tiergruppen vereinen. Ihr Körper ist vergleichbar einem Mosaik aus verschiedenartigen Teilen. Archaeopteryx zeigt die Merkmale von Reptil und Vogel.
c Mosaikformen geben wichtige Hinweise darauf, wie die Evolution verlaufen sein könnte. Sie weisen auf mögliche Übergänge oder Zwischenformen verschiedener Tier- bzw. Pflanzengruppen hin, belegen mögliche Verwandtschaftsbeziehungen und machen eine mögliche stammesgeschichtliche Entwicklung nachvollziehbar.
d Das Schnabeltier besitzt Merkmale von Reptilien und Säugetieren. Das Fell und die Milchdrüsen sprechen für ein typisches Säugetier. Allerdings legt das Schnabeltier Eier mit pergamentartiger Schale, die für kurze Zeit bebrütet werden. Die Männchen tragen an der Ferse einen Giftstachel. Dieser erinnert an den Giftzahn von Schlangen.
Der Ginkgobaum ist eine mögliche Zwischenform von Nadel- und Laubbaum.

4 Ähnlichkeit und Verwandtschaft

a Homologe Organe haben den gleichen Grundbauplan, aber unterschiedliche Funktionen. Ein Beispiel hierfür sind die Skelette der Vordergliedmaßen bei den Wirbeltieren, die aus den gleichen Knochen bestehen, aber unterschiedlich ausgebildet sind. Die Umbildungen ermöglichen sehr unterschiedliche Funktionen. Homologe Organe sind ein Beleg für die gemeinsame Abstammung der Wirbeltiere.
Analoge Organe sehen sich sehr ähnlich und erfüllen ähnliche Funktionen. Sie sind unterschiedlich aufgebaut, haben also keinen gemeinsamen Grundbauplan. Beispiele: Grabhand des Maulwurfs, Grabschaufel der Maulwurfsgrille. Sie erfüllen bei ähnlichen Umweltbedingungen die gleiche Funktion.
b In Bild 3 sind die Grabhand des Maulwurfs und die Grabschaufel der Maulwurfsgrille zu sehen. Sie weisen große Ähnlichkeit auf und erfüllen auch die gleiche Funktion als Graborgane für das Leben unter der Erde. Ihre Grundbaupläne sind aber vollkommen unterschiedlich. Die Grabhand des Maulwurfs besitzt ein knöchernes Innenskelett, während die Grabschaufel der Maulwurfsgrille aus einem Außenskelett aus Chitin besteht. Beide Tiere sind nicht miteinander verwandt.
c Unter Konvergenz versteht man die Entwicklung von analogen Organen bei Lebewesen, die nicht miteinander verwandt sind. Ein Beispiel hier sind in der Botanik Stachel und Dorn. Beide sehen äußerlich ähnlich aus und erfüllen die gleiche Aufgabe. Sie sind aber unterschiedlich aufgebaut. Die Stacheln der Rose werden von der Rinde gebildet, während am Aufbau der Dornen auch die Holzschicht und das Mark beteiligt sind. Die Stachelbeere hat Dornen.

5 Evolutionstheorien

a Cuvier erklärte diesen Widerspruch mit Hilfe seiner Katastrophentheorie. Durch große Naturkatastrophen werden die meisten Lebewesen vernichtet. Anschließend entstehen wieder neue und anders aussehende Lebewesen. Ein Beispiel für eine Katastrophe ist die biblische Sintflut.
b *Darwin:* Heute lebende Organismen haben sich allmählich aus früheren Formen entwickelt.
Lamarck: Durch den Gebrauch oder Nichtgebrauch von Organen werden diese entweder besonders gut ausgebildet oder sie verkümmern. Solche erworbenen Eigenschaften werden auf die Nachkommen vererbt.

Lebensraum	Wasser	Land	Luft		
Wirbeltierklasse	Fische	Amphibien	Reptilien	Vögel	Säugetiere
Körperbedeckung	Schuppen mit Schleimschicht	feuchte Haut	Hornschuppen zum Schutz vor Austrocknung	Federkleid zum Schutz vor Wärmeverlust	Haare zum Schutz vor Wärmeverlust
Körperbau und Atmung	spindelförmiger Körper mit Flossen, Kiemenatmung	vier Extremitäten, oft mit Schwimmhäuten, Kiemenatmung, während der Entwicklung Lungen- und Hautatmung	vier Extremitäten, Lungenatmung	zwei Flügel und zwei Beine, Leichtbauweise der Knochen, Lungenatmung	vier Extremitäten, Lungenatmung
Fortbewegung	schwimmen	schwimmen, springen, kriechen	Kriechen, schlängeln	fliegen	laufen
Fortpflanzung und Entwicklung	äußere Befruchtung im Wasser, Entwicklung findet im Wasser statt	äußere Befruchtung im Wasser, Entwicklung findet im Wasser statt	innere Befruchtung, Eier werden von der Erdwärme bebrütet	innere Befruchtung, Eier werden bebrütet	innere Befruchtung, Entwicklung im Mutterleib, lebend gebärend, säugen

c *Lamarck:* Die Reiher haben sich besonders stark gestreckt, um von oben die Fische besser sehen zu können. Durch das ständige Strecken verlängerten sich die Beine. Dieses erworbene Körpermerkmal wurde an die Nachkommen vererbt.
Darwin: Reiher, die durch Mutation bedingt etwas längere Beine besaßen, hatten Vorteile beim Beutefang, da sie die Fische besser und in einem größeren Umfeld sehen konnten. Dadurch erhöhten sich ihre Überlebenschancen und Fortpflanzungserfolge gegenüber den Reihern mit kürzeren Beinen. Diese Mutation wurde weitervererbt. Über lange Zeiträume und weitere Mutationen entstanden die langen Beine der heute lebenden Reiher.
d Alle Lebewesen einer Art konkurrieren in einem Lebensraum um ihre Überlebenschancen. Da sich die Tiere in ihren Eigenschaften und Fähigkeiten unterscheiden, gibt es einige, die aufgrund ihrer vererbten Merkmale in der entsprechenden Umwelt besser zurechtkommen.
Durch ihre Angepasstheiten haben sie bessere Überlebenschancen und größere Fortpflanzungserfolge. Mit »survival of the fittest« meinte Darwin, dass nur die Lebewesen mit den besten Angepasstheiten überleben. Das müssen nicht immer die stärksten Lebewesen sein.

6 Evolutionsfaktoren

a Als »Motoren« kann man die Neukombination der Erbinformationen, Mutationen, Selektion sowie Isolation bezeichnen.
b Mutation und Neukombination der Erbinformationen verändern die Variabilität der Lebewesen. Hier setzt die Selektion an, da immer die Lebewesen mit den besten Angepasstheiten überleben und sich fortpflanzen können. Die räumliche Trennung, also die Isolation von Gruppen, sorgt für eine zufällige Neuordnung der Vielfalt an Erbinformationen, da in isolierten Gruppen andere Erbinformationen vorhanden sind als in der früheren Gesamtgruppe. Dies kann dazu führen, dass sich die getrennten Gruppen jeweils anders entwickeln. Es entstehen allmählich unterschiedliche Arten.
c Ursprünglich war nur eine Kohlmeisenart in Europa und Asien verbreitet. Während der Eiszeit wurde ihr riesiges Verbreitungsgebiet durch Gletschervorstöße in mehrere kleinere Gebiete getrennt. Nur in den wärmeren Gebieten konnten die jetzt voneinander isolierten Kohlmeisengruppen überleben. Diese Isolation dauerte mehrere Tausend Jahre. In dieser Zeit ereigneten sich viele Mutationen, sodass sich die Tiere in den voneinander getrennten Gebieten veränderten. Sie sahen anders aus und hatten unterschiedliche Gesänge. Nach der Eiszeit trafen die Meisen wieder aufeinander. Zwischen der europäischen und der zentralasiatischen Kohlmeise waren die Unterschiede aber so groß, dass sich die Meisen weder im Aussehen noch im Gesang erkannten. Sie waren sich sozusagen fremd geworden. Durch das Zusammenwirken von Isolation und Mutation waren Arten entstanden, die sich untereinander nicht mehr fortpflanzen konnten.

Evolution des Menschen (S. 150, 151)

1 Vergleich Mensch – Menschenaffe

a Rosa: Gehirnschädel; gelb: Gesichtsschädel
Der Gehirnschädel ist beim Menschen deutlich größer. Genau umgekehrt ist es beim Gesichtsschädel. Er ist beim Schimpansen größer. Durch die Entwicklung des Gehirns hat sich beim Menschen der Gehirnschädel vergrößert. Sein Gehirn ist bis zu dreimal größer als das der Menschenaffen.
b Kennzeichnend für den Schimpansenschädel ist der schnauzenförmig nach vorne gezogene Gesichtsschädel mit den kräftigen Eckzähnen in beiden Kiefern. Diese Zähne bedingen die für Menschenaffen typische Affenlücke zwischen Schneide- und Eckzähnen. Die deutlich flachere Stirn und die Überaugenwülste sind weitere Kennzeichen.
Im Gegensatz dazu hat der Mensch eine steil nach oben aufsteigende Stirn. Überaugenwülste sind zurückgebildet. Die Ansatzfläche für die Nackenmuskulatur am unteren Bereich des Gehirnschädels ist verkleinert. Der Unterkiefer ist bogenförmig. Die Eckzähne sind verkleinert. Deutlich ausgeprägt ist das Kinn und die Nasenöffnung.
c Die wesentlichen Ursachen sind die Form der Wirbelsäule und die Lage des Körperschwerpunkts. Menschenaffen haben eine C-förmig nach vorne gebogene Wirbelsäule, sodass der gesamte Körper nach vorne gebeugt ist. Dadurch liegt der Körperschwerpunkt sehr weit vorne, auch dann noch, wenn sich die Menschenaffen aufrichten. Beim aufrechten Gang des Menschen liegt der Körperschwerpunkt stets im Bereich des Beckens über der Auflagefläche der Füße. Bei den Menschenaffen liegt er immer mehr oder weniger vor dieser Auflagefläche, sodass der Körper sich nach vorne beugt.
d Opponierbarer Daumen heißt, dass er den anderen Fingern gegenübergestellt werden kann. Sowohl Menschen als auch Menschenaffen besitzen opponierbare Daumen. Diese Daumenstellung ermöglicht Fingerbewegungen, wie sie zum Halten von Werkzeugen notwendig sind. Menschen und Menschenaffen haben Greifhände.
e Der Vergleich zeigt, dass der Schimpanse je einen opponierbaren großen Zeh und damit Greiffüße hat. Beim Menschen sind alle fünf Zehen nebeneinander in einer Reihe angeordnet.
f Der Greiffuß ermöglicht dem Schimpansen das Klettern und Festhalten in Bäumen. Der menschliche Fuß stützt beim aufrechten Gehen und Stehen den Körper nach vorne besser ab. Der große Zeh spielt dabei eine besondere Rolle.
g Bei Zwergschimpanse und Mensch stimmen die Erbinformationen zu etwa 99 Prozent überein. Er ist der nächste Verwandte des Menschen.

2 Entwicklung zum modernen Menschen

a Durch das Freiwerden der Arme und Hände konnten die Vorfahren des Menschen Gegenstände wie Werkzeuge oder Waffen sowie Nahrung stets mit sich tragen und transportieren. Außerdem ermöglichte die Aufrichtung des Körpers einen besseren Blick über die hohen Gräser der
Savanne hinweg, um Ausschau nach Beute oder Nahrung zu halten, aber auch um geeignete Wegstrecken durch die Savanne zu planen.

b

Sahelanthropus tchadensis	mehr als 4,6 Millionen Jahre
Australopithecus anamensis	4,4 Millionen Jahre
Ardipithecus ramidus 4,3 Millionen Jahre	
Homo rudolfensis	2,7 Millionen Jahre
Homo erectus	1 Millionen Jahre
Homo heidelbergensis	500 000 Jahre

c Zahlreiche Fossilfunde in Afrika belegen nach heutigem Wissensstand, dass der Ursprung des Menschen in Afrika liegt. Bereits Darwin sprach von Afrika als der »Wiege der Menschheit«, weil dort die Menschenaffen, die nächsten Verwandte des Menschen, leben.
d Funde, die auf die Herstellung und den Gebrauch von Werkzeugen schließen lassen, sind Zuordnungsmerkmale für die Gattung Homo. Aber auch alle für den Menschen kennzeichnenden Körpermerkmale sind von Bedeutung.
e Vor etwa 100 000 Jahren lebten auf der Erde gleichzeitig Homo sapiens in Afrika, Homo neanderthalensis in Europa und Homo erectus in Asien.
f Der Schädel in Bild 4 gleicht auf den ersten Blick dem eines modernen Menschen. Gebiss, zurückgebildete Schnauze und großer Gehirnschädel sprechen hierfür. Auffallend sind aber die stark ausgeprägten Überaugenwülste sowie die flache (»fliehende«) Stirn. Sie sind typische Merkmale von Menschenaffen. Insgesamt überwiegen die menschlichen Merkmale. Man kann den Schädel in Bild 1 zwischen die Schädel von Mensch und Schimpanse, aber deutlich näher beim Menschen einordnen.
g Das Bild vermittelt die falsche Vorstellung, dass die verschiedenen Hominiden sich direkt aus dem jeweiligen Vorfahren entwickelt haben, dass also ein nahtloser Übergang stattgefunden hat. Der heute lebende Mensch wird ausschließlich als hellhäutig dargestellt. Korrekt gezeigt sind der aufrechte Gang, die

Nutzung von Werkzeugen durch die frei gewordenen Vordergliedmaßen, die Höherentwicklung der Werkzeuge, die Rückbildung einer dichten Körperbehaarung sowie die Veränderungen des Schädels.

3 Kulturelle Entwicklung

a Unter dem Begriff Kultur fasst man im weitesten Sinne alles zusammen, was der Mensch selbst gestaltend hervorgebracht hat. Beispiele hierfür sind Höhlenmalereien und Kunstwerke ganz allgemein, Bau von Häusern oder Herstellung und Nutzung von Werkzeugen. Religion, Wissenschaft, bestimmte Verhaltensregeln, Moral, Wertvorstellungen, Gesetze und Gebote sind weitere Beispiele.

b Faustkeil aus Stein, verziertes Gefäß aus Ton, Dolch aus Metall

c

- Faustkeil: ältestes Kulturfossil.
  Begründung: Material Stein, die Grundform ist bereits grob vorhanden.
- Tongefäß: jüngeres Kulturfossil.
  Begründung: Material Ton, das Material erfordert eine komplizierte Aufbereitung und Bearbeitung, z. B. das Brennen der modellierten Tonform.
- Dolch: jüngstes der abgebildeten Kulturfossilien.
  Begründung: Material Bronze (Legierung aus Kupfer und Zinn), die Herstellung von Bronze setzt im Vergleich zu den beiden anderen Materialien ein umfangreiches Wissen sowohl im bergbaulichen als auch im handwerklichen Bereich voraus.

d Der Vogelflügel ist das Ergebnis von Neukombination der Gene, Mutation und Selektion im Laufe der Evolution. Diese Vorgänge ereigneten sich mit Ausnahme der Selektion rein zufällig während sehr langer Zeiträume. Die jeweils herrschenden Umweltverhältnisse beeinflussten die natürliche Auslese, die Selektion.
Flugzeugbau und Mondlandung sind Ergebnisse der kulturellen Entwicklung. Diese Entwicklung kann auf dem Wissen der früheren Generationen, das durch Sprache und vor allem durch die Schrift bewahrt und weitergegeben wird, aufbauen. Dadurch sammelt sich von Generation zu Generation immer mehr Wissen an, das miteinander kombiniert und zielgerichtet eingesetzt werden kann.

e Die kulturelle Entwicklung hat auch negative Auswirkungen, wie die Entwicklungen z. B. in der Waffentechnik, auf dem Verkehrssektor und der Umweltbelastung zeigen.

4 Der Mensch als Gestalter der Umwelt

a Der Mensch verändert seine Umwelt, um
- mehr Anbaufläche und Lebensraum für die wachsende Bevölkerung zu schaffen,
- Rohstoffe zu gewinnen und zu verarbeiten,
- mehr Produkte herstellen zu können,
- schneller von A nach B zu kommen,
- möglichst viele seiner Ansprüche zu befriedigen.
- Lebensräume neu zu gestalten,
- bedrohte Lebensräume zu retten oder bereits zerstörte zu renaturieren.

b Das Prinzip der Nachhaltigkeit besagt, dass man Ökosysteme nur insoweit nutzen darf, dass Natur und Umwelt für die nachfolgenden Generationen erhalten bleiben. Man darf also nur so viel ernten, wie im Folgejahr wieder nachwachsen kann.

c Hauptprobleme für die Zukunft des Menschen sind: Bevölkerungsentwicklung, Verstädterung, Flächenbedarf, Biodiversität, Umweltbelastung.

d Ein Nationalpark ist ein Schutzgebiet, in dem sehr großer Wert auf Biodiversität gelegt wird. Es handelt sich um Gebiete, die sich selbst überlassen sind und in denen keinerlei menschliche Eingriffe vorgenommen werden dürfen.

e Um das Überleben des Menschen zu sichern, müssen eine Reihe von Problemen gelöst werden. Das gelingt am ehesten, wenn der Mensch bereit ist, die anstehenden Probleme zu erkennen und zu deren Lösung beizutragen. Lediglich über die Probleme zu klagen, löst sie nicht.

Einstufung von Gefahrstoffen in diesem Buch nach der GHS-Verordnung

Gefahrenpiktogramm und Piktogrammcode		Mit dem Gefahrenpiktogramm gekennzeichnete Stoffe und Gemische	Signalwort
	GHS02	entzündbare, selbsterhitzungsfähige und gefährliche selbstzersetzliche Stoffe und Gemische, pyrophore Stoffe sowie Stoffe und Gemische, die bei Berührung mit Wasser entzündbare Gase entwickeln	Gefahr oder Achtung
	GHS05	Stoffe und Gemische, die korrosiv auf Metalle wirken	Achtung
	GHS07	gesundheitsschädliche Stoffe und Gemische Stoffe und Gemische, die Haut- und/oder Augenreizungen verursachen und/oder allergische Hautreaktionen, Reizungen der Atemwege und/oder Schläfrigkeit und Benommenheit verursachen können	Achtung

Register

A

B

C

D

E

F

G

H

I

K

Bildquellen

Titelbild: picture alliance / Arco Images GmbH
action press/Courtesy Everett Collection: S. 147/M., FERRARI PRESS AGENCY: S. 105/3, NASA: S. 127/u., S. 146/1, ullstein - Archiv Gerstenberg: S. 110/l, Adobe Stock/Aaron Amat: 78/2, Agentur Focus/SPL: S. 12/1, SPL/A. BARRINGTON BROWN: S. 30/4, SPL/Javier Trueba: S. 4/M., S. 86, S. 125/r, akg-images: S. 110/2, S. 111/M., S. 133/r., S. 141/3a, S. 141/3f, bildwissedition: S. 111/4, British Library: S. 110/1, De Agostini Picture Lib./G. Dagli Orti.: S. 140/2e, S. 151/5b, Gerard Degeorge: S. 141/l., Sputnik: S. 94/1, Arco Images/Hanne & Jens Eriksen/naturepl.: S. 121/4, Aubert, Serge, Grenoble: S. 117/4, bpk/Ägyptisches Museum und Papyrussammlung, SMB/Sandra Steiß: S. 141/3d, Breslawsky, H., Potsdam: S. 14/0, Clip Dealer/Markus Mainka: S. 143/4b, Colourbox/Denys Kuvaiev: S. 40/1, Corbis/Barry Dowsett & Jeremy Burgess/Science Photo Library: S. 73/4b, Cornelsen: S. 6/o., S. 8/3, S. 9/4, S. 13/3, S. 13/4, S. 22/2, S. 23/3, S. 23/4, S. 23/5, S. 41/5, S. 42/3, S. 49/b, S. 50/1, S. 50/2, S. 60/u. r., S. 64/2, S. 66/2, S. 81/r., S. 81/5, S. 105/4, S. 106/r., S. 107/u. r., S. 107/2, S. 107/u. l., S. 135/1, S. 14/2, Cornelsen/Anke Pohlmann: S. 122/1, Cornelsen/Andreas Marquarth: S. 26, Cornelsen/Ingmar Stelzig: S. 92/1, S. 95/1, S. 95/3, Cornelsen/Reinhold Rehbach: S. 14/1, Cornelsen/Volker Döring: S. 76/1+2, S. 77/4, Cornelsen/Yvonne Schanzenbächer, Berlin: S. 127/o., S. 128/1, ddp images: S. 81/4, Digitalstock.de: S. 147/4, F1online: S. 39/5, S. 47/2, Chris Ryan Ojo Images: S. 33/u. l., Cultura Images/Frank Helena: S. 138/1f, David & Micha Sheldon F1online Exclusive: S. 60/1a, Dougal Waters Topaz: S. 3/o., S. 6, S. 43/u., E.A. Janes Age: S. 54/M., Hero Images: S. 3/u., S. 44, K. Transier: S. 118/1, VisualsUnlimited: S. 100/2, fotofinder/BIOSphoto/images.de: S. 130/2, PhotosIndia.com/images.de: S. 143/4a, Science & Society/FOTOFINDER.COM: S. 133/l, Fotolia/Alexander Raths: S. 79/3a, Andrey Popov: S. 60/2b, apops: S. 60/2a, bojeio: S. 88/1, Celeste-RF: S. 142/M. r., cevahir87: S. 78/u., contrastwerkstatt: S. 79/3b, creativenature.nl: S. 103/3, S. 124/3a, deagreez: S. 58/1a, Eric Isselée: S. 61/u., eternalfeelings: S. 32/1, fotogestoeber: S. 138/1d, igorsky: S. 21/1, Jürgen Fälchle: S. 144/1, Kadmy: S. 138/1e, Karlos Lomsky: S. 124, S. 125/4, Ljupco Smokovski: S. 74/2, Mariusz Blach: S. 74/3b, michael luckett: S. 113/u. l., Monkey Business: S. 56/1, nickolae: S. 138/1i, ninell: S. 104/2e, photogl: S. 36/1, photophonie: S. 138/1j, Ralf Hahn: S. 28/1, Robert Kneschke: S. 6/M., Sebastian Kaulitzki: S. 37/1b, Sergey Sukhorukov: S. 56/2, Svetoslav Radkov: S. 142/M. l., unlim3d: S. 104/2c, wuttichok: S. 54/1, Friedrich Strauss Gartenbildagentur/Friedrich Strauss: S. 71/4, Glow Images: S. 141/3b, Heritage Images RM: S. 140/2a, S. 151/5c, FoodandDrink: S. 75/5, Imagebroker: S. 136/1, SPL: S. 73/4a, Stocktrek Images/Walter Myers: S. 96/1, Hollatz, J., Heidelberg: S. 47/3a-3c, imago: S. 150/4, Imago Stock & People GmbH: S. 120/1b, S. 138/1c, blickwinkel: S. 63/5, S. 102/1, Jochen Tack: S. 127/M., M.Zettler: S. 86/M., S. 106/1a, Strussfoto: S. 8/1, Interfoto/Bildarchiv Hansmann: S. 141/3f, IFPAD: S. 135/M. l., Science & Society: S. 140/2d, laif/Elleringmann: S. 140/2b, Frederic Neema: S. 67/M, mauritius images/Anna Blume/Alamy: S. 104/2g, Alamy: S. 8/2, S. 24/1, S. 31/1, S. 46/M., S. 60/1b, S. 80/1, S. 106/1e, S. 106/1f, S. 109/u. r., S. 115/1, S. 130/1, S. 140/2c, S. 145/4, S. 151/5a, alamy stock photo/BSIP SA: S. 69/4, alamy stock photo/The Natural History Museum: S. 134/1a. Fancy: S. 6/u., S. 37/1c, Glasshouse: S. 122/l., ib/ngo Schulz: S. 90/M. r., Ilka Gdanietz: S. 44/o., imageBROKER/Christian Heinrich: S. 90/1, imageBROKER/Alfred & Annaliese Trunk: S. 147/5, imageBroker/Florian Kopp: S. 144/2, imageBroker/Hans Lang/OKAPIA: S. 104/2b, imageBROKER/Justus de Cuveland: S. 116/1, imageBROKER/Norbert Probst: S. 15/2, Images of Africa Photobank/Alamy: S. 139/4, Jiri Hubatka: S. 148/1, Josh Westrich: S. 99/r., Julian Birbrajer: S. 115/l., Minden Pictures: S. 129/l., S. 138/1b, Minden Pictures/Thomas Marent: S. 97/o., Mint Images Ltd.: S. 138/1a, Phototake: S. 11/5, S. 85/r., PjrStudio/Alamy: S. 93/o., Prisma: S. 86/o., Sabena Jane Blackbird/Alamy: S. 93/r., S. 140/2g, Science Faction: S. 69/6, Science Photo Library: S. 44/u., Science Source: S. 10/1, Science Source/Michael Abbey: S. 62/1, Science Stock Photography/Science Source: S. 74/3a, SuperStock: S. 143/3, Suzanne Long/Alamy: S. 104/2a, tbkmedia.de/Alamy: S. 81/l., United Archives: S. 140/2f, Wavebreakmedia: S. 83/1, Neanderthal Museum: S. 135/2, S. 135/3, OKAPIA KG/Dan McCoy/Rainbow: S. 131/5, Holt Studios/Nigel Cattlin: S. 62/3b, imagebroker/Digfoto: S. 62/3a, imagebroker/FLPA/Neil Bowman: S. 119/3, S. 125/5b, Michel Gunther/BIOS: S. 61/3a, NAS/David M. Phillips: S. 10/2, NAS/Michael Tweedie: S. 117/3a, S. 117/3b, OSF/Garry DeLong: S. 20/M., OSF/Science Foto: S. 32/3, Science Source: S. 30/1, Science Source/Omikron: S. 34/M. l., Photoshot: S. 68/1, Photoshot/Mary Evans Picture Library: S. 61/M., picture alliance/akg-images: S. 86/u., S. 114/1, AP Photo: S. 5/o., S. 126, AP Photo: S. 151/u., ap/Süddeutsche Zeitung Photo: S. 66/1, Bildagentur Huber: S. 114/r., picture-alliance/dpa: S. 38/1, S. 41/3, S. 46/1, S. 67/4, S. 70/1, S. 71/3, S. 74/1, S. 82/1, S. 93/3, S. 125/5a, Frank May: S. 64/1, Hans Joachim: S. 106/1c, Hippocampus Bildarchiv: S. 120/1a, KPA/HIP/Jewis: S. 30/2, Mary Evans Picture Library: S. 22/1, S. 30/3, maxppp: S. 111/3, Minden Pictures: S. 138/1h, obs: S. 78/1, OKAPIA KG, Germany: S. 103/4, S. 124/3bm, Okapia/Neufried: S. 38/M., Okapia/Root: S. 99/4, P. Wegner: S. 61/3b, WaterFrame: S. 98/1, Westend61/Rik Rey: S. 72/1, WILDLIFE: S. 75/4, S. 106/1d, S. 131/4, S. 138/1g, ZB: S. 63/6, Projekt Jugend debattiert, Hertie-Stiftung. Fotograf: Dennis Möbus: S. 148/2, S. 149/3, S. 149/5, S. 149/6, Reuters/Stringer Shanghai: S. 21/2, Science Photo Library: S. 17/o., S. 106/1b, Detrick, Alan & Linda: S. 66/M., DR. GONZALO MOSCOSO: S. 16/1, Goetgheluck, Pascal: S. 104/2d, JOHN READER: S. 134/l., NATIONAL LIBRARY OF MEDICINE: S. 36/2, Pascal Goetgheluck: S. 90/2. shutterstock: S. 80/3, Anneka: S. 33/5, Michael Wick: S. 79/2, psamtik: S. 100/1, szefei: S. 104/2f, StockFood/BBS: S. 48/1, superstock/Michiel Schaap/Foto Natura/Minden Pictures: S. 100/3, SZ Photo/ap/dpa/picture alliance: S. 44/M, TopicMedia/Ruckszio: S. 116/2, Universität Tübingen/Hilde Jensen: S. 140/1, S. 141/3c, wikipedia (public domain): S. 112/1, Wissenschaftliche Bildagentur Karly: S. 10/3, www.bridgemanart.com: S. 134/1b, www.colourbox.de/Alexei Toiskin: S. 34/1, Your Photo Today: S. 58/1b, S. 63/M.

Illustrationen:
www.biologiegrafik.de: S. 11/4, S. 12/2, S. 25/M., S. 25/3, S. 28/2, S. 29/3, S. 34/2, S. 35/3, S. 37/2, S. 37/1a, S. 42/1, S. 67/3, S. 84/2, S. 112/2, S. 114/2, S. 128/2, S. 129/3, S. 134/u., S. 139/2, S. 150/2, S. 150/1, Christine Faltenmayr: S. 63/4, S. 89/3, S. 92/2, S. 113/3, S. 132/2, S. 65/4, S. 96/M., S. 96/2, S. 109/4, Jörg Mair: S. 15/1, S. 24/2, S. 32/M., S. 32/2, S. 33/4, S. 37/3, S. 39/3, S. 39/4, S. 40/2, S. 41/4, S. 42/2, S. 60/M. r., S. 61/4, S. 62/2, S. 68/2, S. 68/3, S. 88/2, S. 94/2, S. 101/4, S. 108/2, S. 118/2, S. 119/4, S. 121/3, S. 123/2, S. 124/1, S. 136/2, S. 137/3, S. 146/3, S. 146/2, S. 150/3, Karin Mall: S. 15/3, S. 17/u., S. 18/2, S. 19/3, S. 19/u., S. 20/1, S. 21/3, S. 27/1, S. 31/2, S. 31/3, S. 38/2, S. 49/3, S. 51/3, S. 52/o., S. 53/1, S. 54/2, S. 54/3, S. 55/4, S. 55/5, S. 56/3, S. 57/4, S. 58/2, S. 64/3, S. 65/5, S. 69/5, S. 70/2, S. 72/2, S. 73/3, S. 77/5, S. 79/1, S. 80/2, S. 82/2, S. 83/2, S. 84/1, S. 85/3, S. 91/3, S. 94/3, S. 95/2, S. 98/2, S. 99/3, S. 102/2, S. 103/4, S. 104/1, S. 108/1, S. 109/3, S. 115/2, S. 120/2, S. 124/2, S. 132/1, S. 139/3, S. 142/1, S. 142/2, S. 144/3, Tom Menzel: S. 18/1, S. 57/5, S. 59/3, newVision!GmbH, Bernhard A. Peter: S. 95/o.